발전과 환경위기

-새로운 환경이념의 모색-

마이클 레드크리프트 지음
강현수, 이상헌, 장윤희 옮김

1993

Development and the Environmental Crisis
Red or Green Alternative?

Michael Redclift

Methuen, 1984

역자서문

현재 우리나라뿐만 아니라 전세계적으로 환경문제가 관심의 초점이 되고 있다. 현재 진행되고 있는 환경 파괴의 정도가 더이상의 발전은 물론 인류의 생존까지 위협하고 있다는 인식이 높아지면서 세계 각국에서 민간 수준의 환경운동과 정부 차원의 정책 노력이 활발해지고 있다. 또한 온실효과, 오존층 파괴, 열대우림의 감소, 생물의 멸종 등 한 나라에 국한된 환경문제가 아니라 범지구적 차원의 환경문제가 대두되면서, 국제적 차원의 대책 마련 역시 가시화되고 있다. 작년 6월 브라질 리우데 자네이루에서 개최된 유엔환경개발회의(UNCED)(일명 리우 환경회의)는 바로 이러한 국제적 환경문제 해결노력을 집대성한 것이다.

그런데 환경문제의 심각성과 시급한 해결 필요성에 대해서는 누구나 동의하고 있지만, 환경문제의 원인과 해결 방식에 대해서는 서로 의견이 일치하지 못하고 여러 상이한 견해로 나누어진다. 이러한 견해의 차이는 이 책에서 다루고 있는 주요 주제인 발전과 환경보전과의 관계에 있어서도 마찬가지이다.

우선 이데올로기적으로 볼 때, 신고전파 경제학에 기반을 둔 '우파'의 견해와 맑스 정치경제학에 기반을 둔 '좌파'의 견해가 서로 상이하다. 우파의 견해로는 발전과 환경보전이라는 두 가지 목표는 자유로운 시장활동이 보장되고, 그 위에 적절한 수준의 국가 규제가 덧붙어진다면 그리 쉽지는 않지만 결국에는 함께 달성되리라고 본다. 이들은 환경보전과 관련된 기술발전의 효과를 강조하며, 인류의 무한한 기술발전 능력으로 인해 환경문제는 해결될 수 있다고 생각한다. 이와는 달리 좌파는 환경문제의 근본 원인은 무차별적인 이윤을 추구하는 자본주의 경제체제 바로 그것이며, 따라서 이러한 사회경제체제의 문제가 먼저 해결되어야만 환경문제의 해결도 가능하다고 생각한다.

한편 우파와 좌파의 견해를 모두 거부하고 새로운 대안을 찾는 녹색주의자들이 최근 목소리를 높이고 있다. 이들 녹색주의자들은 환경문제의 원인은 자연에 대한 인간의 과도한 지배에 따른 것이며, 우파와 좌파 모두 인간의 자연 지배를 정당화하는 경제성장과 산업사회 이데올로기의 옹호자들이라고 싸잡아 비판한다. 이들은 자본주의도, 사회주의도 아닌 생태주의라는 제3의 길을 새로운 대안으로 주장하고 있다. 그런데 우파, 좌파, 녹색주의자들 내부에서도 모두 같은 의견을 가지고 있는 것은 아니며, 내부적으로 매우 다양한 입장들이 존재하고 있다.

환경문제의 원인과 해결방식, 그리고 발전과 환경보전과의 관계에 대한 이와 같은 견해의 차이는 이미 어느 정도의 발전을 이룩한 선진국과, 이제 막 발전을 시작하려고 하는 개발도상국 사이에서도 매우 크다. 특히 전지구적인 환경문제에 직면하여 국제적인 환경문제 해결노력을 필요로 하는 최근 시점에서 선진국과 개발도상국 사이의 견해차는 국제적 환경회의 석상에서 항상 쟁점이 되고 있다. 선진국은 개발도상국의 급격한 인구증가와 무분별한 발전정책, 무능한 국가운영 등이 지구환경을 악화시키는 주원인이라고 여기고 있는데 반해, 개발도상국은 선진국의 이러한 주장이 지금까지 누적된 지구환경오염의 진짜 원인인 선진국의 발전과정은 도외시한 채 이제 막 발전을 시작하려는 자신들에게 책임을 전가하고 있다고 비난한다. 또한 개발도상국에서는 선진국이 지배하는 국제경제체제가 지구환경문제뿐만 아니라 개발도상국의 저발전과 빈곤의 원인이라고 주장하고 있다.

역자들이 환경문제를 공부하기 시작하면서 제일 먼저 부딪힌 고민은 이처럼 다양한 환경문제에 대한 견해들 속에서 과연 어떠한 견해가 가장 올바른 것인가 하는 것이었다. 특히 정치경제학적 시각에서 공간과 환경문제를 다루고 있는 '한국공간환경연구회'에서 활동하고 있는 역자들로서는 기존의 정치경제학 방법론을 가지고 어떻게 환경문제라는 새로운 주제에 접근할 수 있을까가 가장 큰 고민거리였다. 이때 접한 레드크리프트의 『발전과 환경 위기』(원제: Michael Redclift, *Development and the Environmental Crisis, Red or Green Alternative?*, Methuen & Co, Ltd, 1984)라는 책은 역자들의 이러한 고민을 푸는 데 상당히 도움을 주었다.

이 책의 원저자인 레드크리프트는 현재 영국의 위(Wye) 대학 환경학과 교수로서 제3세계 농촌계획 전문가이며, 제3세계의 농업발전과정이 그 지역의 환경과 주민생활에 미치는 영향에 많은 관심을 가지고 있다. 이 책은 부룸리(Ray Bromley)와 키칭(Gavin Kitching)이 주도하고 있는 '발전과 저발전(Development and Underdevelopment)' 연구모임의 출판시리즈물 중 한권으로 발간되었는데, 이 시리즈물은 선진국의 발전경로를 그대로 모방하면서 진행된 제3세계의 발전과정이 가져온 갖가지 문제점과 한계를 지적하고, 대안적인 새로운 제3세계 발전모델을 모색하려는 취지에서 발간되고 있다.

레드크리프트는 이 책에서 "발전이 아주 눈에 띄는 방식으로 환경을 위협하는데도, 우리에게는 그 도전에 맞설 수 있는 도덕적 혹은 지적수단을 가지고 있지 못하다"라는 문제의식에서 논의를 출발한다. 그가 보기에 환경문제는 분명히 사회제도와 경제관계에 뿌리를 둔 구조적인 문제로서 정치적인 문제이자 동시에 분배적 결과를 가져오는 문제임에도 불구하고, 지금까지 탈정치화되고 신비화된 어떤 것으로 잘못 다루어져 왔다. 그런데 기존의 맑스주의 정치경제학은 환경문제를 그리 중요한 문제로 고려하지 않았을 뿐 아니라, 환경문제를 다루는 데 있어서 몇가지 내적인 한계를 지니고 있다. 또한 새롭게 대두되고 있는 환경주의는 환경문제를 사고의 중심에 두고 있긴 하지만, 구조적인 시각과 일관된 정치적 방향이 부재하다. 따라서 정치경제학과 환경주의를 새롭게 통합하는 것, 즉 저자의 말을 빌면 "환경위기를 정치경제학의 중심 관심사로, 그리고 환경위기의 구조적 원인을 환경주의의 중심 관심사로 만드는 것이 이 책의 목적이다."

이 책이 가지는 의의는 기존의 정치경제학과 환경주의의 한계를 지적하고 이 두가지 사조를 하나로 결합하려는 시도가 돋보인다는 점이다. 또한 선진국의 관점이 아닌 개발도상국의 관점에서 환경과 발전의 문제를 바라보는 시각을 제시해 주고 있다는 점도 이 책을 가치있게 한다. 레드크리프트는 개발도상국의 환경파괴가 바로 그들의 저발전과 빈곤문제와 밀접히 관련되어 있는 것임을 분명히 하면서, 선진국이 지배하는 국제경제체제 속에서 이루어지는 개발도상국의 발전과정은 개발도상국의 가난한 사람들이 자기생존의 기반이기도 한 환경을 스스로 파괴할 수밖에 없는 과정임을 소상히 밝히고 있다. 레드크리프트가 보기에 개발도상국의 환경문제는 바로 빈곤의 문제이며, 이 동전의 양면과도 같은 문제의 해결을 위해서 선진국의 발전모델 혹은 선진국에서 유래된 환경주의를 그대로 받아들이는 것은 오히려 문제를 더욱 악화시킬 뿐이다. 따라서 필요한 것은 개발도상국에게 지속가능한 발전을 제약하는, 즉 저발전과 환경파괴를 강요하는 구조적 장애를 극복하는 것이다.

이러한 레드크리프트의 시각은 우리가 환경문제를 발전과정과 연관하여, 그리고 국제적 시각에서 바라보는 데 많은 중요한 시사점을 주고 있다. 그렇지만 역자들이 보기에 이 책은 몇가지 문제점과 한계를 지니고 있다. 가장 큰 한계는 레드크리프트가 제시하는 대안의 실효성이다. 그는 이 책 전체에 걸쳐 누누이 정치경제학과 환경주의가 통합되어야 한다고 말하고 있으며 마지막 장에서는 여기에 생태학과 페미니즘까지 한데 결합되어야 한다고 주장하고 있다. 하지만 서로 다른 세계관과 발생 뿌리를 가진 각 이론들이 실제 어떻게 하나로 통합될 수 있을지, 그리고 그 결과로 어떠한 내용을 가진 새로운 이론이 나오게 되는지에 대한 설명은 별로 없다. 단지 통합의 당위성만 강조될 뿐이다. 마찬가지로 레드크리프트는 개발도상국의 환경문제와 빈곤문제를 통합적으로 바라보면서 그것들이 발생하게 되는 구조적 원인에 대해서는 잘 설명하고 있지만, 이를 극복하기 위해 그가 제시하고 있는 대안들—농법 체계 연구나 기술의 사회적 통제 등—은 너무 낭만적이고 비현실적이라고 하지 않을 수 없다. 따라서 전반적으로 레드크리프트가 이 책에서 제기한 문제의식은 아주 정당하고 적절한 것이지만, 문제 해결의 구체적 수단, 즉 제3세계의 환경문제와 저발전 및 빈곤의 문제를 해결할 수 있는 새로운 대안을 제시하는 데는 그 역시 성공하지 못한 것으로 보인다.

또 하나 걸리는 문제는 레드크리프트가 발전과 빈곤, 그리고 환경위기 사이의 관계를 논의하는 데 있어서 주로 제3세계의 농업발전과정에만 초점을 맞추고 있기 때문에, 이 책에서는 오늘날 농업보다 환경에 훨씬 더 심각한 피해를 끼치고 있는 제조업에 대한 분석이 빠져 있다는 점이다. 실제로 선진국은 자국의 환경운동에 직면하여 공해다발 산업이나 자원낭비적 산업을 제3세계로 이전하고 있으며, 산업화를 조속히 달성하려는 목적으로 이들 산업의 부정적 효과를 무시하면서까지 적극 유치에 힘쓰고 있는 제3세계 국가에서 이로 인한 환경 파괴는 매우 심각하다. 그 대표적인 예가 인도의 보팔 참사이다. 그런데 이러한 제3세계 산업화과정에서 나타나는 환경문제들에 대해서는 아쉽게도 이 책에서 거의 다루지 않고 있다. 또한 레드크리프트가 자기 논의의 뒷받침을 위해 경험적 자료를 제시한 지역이 지구상에서 발전이 상당히 뒤처진 제3세계 국가, 그 중에서도 멕시코의 농촌지역에 주로 한정된 탓에, 이 책에서 다루고 있는 내용이 제3세계 일반의 환경문제, 나아가서는 지구환경문제 전반을 포괄하기에는 상당히 미흡하다고 할 수 있다. 그리고 이미 어느 정도의 산업화를 이룩하여 제3세계적 성격을 탈피하고 있으며, 농업보다는 공업으로 인한 환경파괴가 훨씬 더 심각한 우리나라의 환경문제를 설명하는 데 있어서도 역시 이 책의 논의는 많은 한계를 지니고 있다.

또한 이 책의 발간 연도가 1984년도로 꽤 오래된 까닭에 이 책에서 언급하고 있는 내용들이 최근의 상황과는 상당히 거리가 있다는 점, 그리고 너무 많은 내용들을 한데 다루다보니 자세한 설명이 부족한 곳이 몇군데 발견된다는 점 등이 이 책의 가치를 떨어뜨리고 있다.

그렇지만 이같은 단점에도 불구하고 이 책이 가지고 있는 여러 장점들, 즉 저자의 정확한 문제의식과 깊은 통찰력, 광범위한 관련 분야에 대한 해박한 지식과 폭넓은 사고, 이들을 일관되게 한데 묶어 설명하는 통합적인 관점 등은 역자들로 하여금 이 책을 국내에 소개할 가치가 충분히 있다고 판단케 했다. 그리고 얼마전부터 우리나라 기업들의 제3세계 진출이 늘어나면서, 우리나라의 환경이 선진국의 논리에 의해 파괴된 것과 마찬가지로 이제 우리도 우리보다 발전이 뒤떨어진 나라들의 환경파괴에 일말의 책임이 있다는 죄의식이 제3세계 환경문제에 깊은 관심을 보이고 있는 이 책의 번역을 결심한 또 다른 계기가 되었다.

이 책을 번역하는 데 있어서 그 논의의 중요성에 비해 원저자의 설명이 다소 부족하다고 여겨지는 부분에는 역자들이 이해하는 범위내에서 가능한 역자주를 달아 설명을 보충하고자 노력하였다. 한편 이 책에서 다루고 있는 내용을 좀더 현재 상황에 맞게 보완하는 의미에서, 뒷편에 『제3세계 부활(*Third World Resurgence*, No.14/15, The Third World Network, 1991)』이라는 잡지에 실린 글들을 몇 개 추가 수록하였다. 이 글들은 최근 진행된 유엔환경개발회의(UNCED) 과정에서 선진국의 입장을 비판하고 제3세계의 입장을 대변하는 내용들을 담고 있다.

　원래 의도는 이 책을 92년 유엔환경개발회의(리우 환경회의)에 맞추어 출간하는 것이었지만, 역자들의 게으름으로 인해 1년 이상 늦어지게 되었다. 하지만 예상보다 늦어진 출간으로 여러 번역상의 오류를 정정할 기회를 가진 것은 큰 다행이라 생각한다.

　끝으로 환경문제를 함께 공부하면서 이 책을 번역하는 데 여러 가지 도움을 준 한국공간환경연구회 환경분과 사람들, 그리고 어려운 출판여건 하에서도 이 책을 선뜻 출판해 준 한울출판사 관계자분들께 감사를 드린다.

93년 11월
역자 대표 강현수

감사의 글

이 책은 많은 사람들의 격려와 도움이 없었더라면 쓰여지지 못했을 것이다. 내가 몸담고 있는 위(Wye) 대학 환경학과의 동료들은 이 책에 많은 관심과 후원을 보내주었다. 기빈 키칭(Givin Kitching)은 여러 가지 유용한 충고와 함께 구체적인 점들을 지적해 주었다. 나의 아내 나넥(Nanneke)은 이 책에서 제기된 많은 점들을 함께 토론했으며 이 책의 논의가 풍부해지는 데 많은 도움을 주었다. 폴 웨스터(Paul Webster)는 최종 원고를 끝까지 읽고 많은 관점들을 명료하게 하는 데 도움을 주었다. 끝으로 세라 킹스노스(Sheila Kingsnorth)는 시간을 내어 원고를 빠르고 세심하게 타이프 쳐주었다.

두말할 필요도 없이 윗 분들 중 아무도 이 책에 쓰여진 견해에 대해 책임이 없다.

맑스주의자이자 환경주의자였던 나의 할아버지께 바칩니다

지구여, 나에게 당신의 순수한 선물을
그 뿌리의 신성함에서 나오는 침묵의 탑을
되돌려다오.
나는 그 전에 내가 아니었던 존재로 돌아가기를
모든 자연 사물들 속에 있는 심연으로 되돌아가는 방법을 배우기를
내가 그 속에서 살 수 있건, 살지 못하건 관계 없이
원하고 있다.
강물에 실려가는 하나의 돌이 되어,
그것이 어두운 돌이건, 순수한 돌이건
아무 문제가 아니다.

파블로 네루다(Pablo Neruda)
네그라 섬의 기억(Memorial de Isla Negra, 1964) 중에서

발전과 환경위기/새로운 환경이념의 모색

차례

지구환경문제에 대한 제3세계의 입장

서론

1960년대와 1970년대에 들어와 발전연구(development studies)에서 신고전파 경제학에 이의를 제기하면서, 실제적으로 맑스주의적 접근을 띠는 비판적 문헌들이 증가하기 시작하였다. 또한 이때부터 개발도상국에서 점점 심각하게 나타나는 환경에 대한 위협이 국제적 관심을 끌게 되었다. 유엔환경계획(UNEP: United Nations Environment Program)이 시작될 수 있도록 도와준 1972년의 스톡홀롬 회의가 열린 이후 10여 년 동안에도 환경에 대한 위협은 증가하였다. 남부(the South)의 환경위기는 정책의 문제로 여겨지거나, 일반적으로 불가항력인 것으로 여겨진다. 그러나 환경위기를 막기 위해서는 정치적 대응이 필요하고, 이러한 대응은 불가피하게 세계 경제에서 어떤 이에게는 이익을, 또 다른 이에게는 손해를 가져오게 된다. 이 때문에 환경위기는 정치적 문제인데도 불구하고, 아무도 이를 정치적 문제로 간주하지 않았다. 사실 지금까지 환경은 국제 경제관계의 틀 속에서 해석된 적이 없었다. 환경은 발전에 관한 정치적 논의나 저발전에 관한 분석에서 고려대상이 되지 못하였다.

환경은 여러 가지 이유로 무시되어 왔다. 국제적 합의를 필요로 하는 어떠한 행동도 각 독립국가와 그 정부에 의해 거부되는 경우가 많다. 또한 환경에 대한, 보다 일반적으로는 자연에 대한 인간의 태도는 묘한 이중성을 가지고 있다. 미국과 같이 환경운동의 뿌리가 깊은 나라들에서조차도 환경에 대한 명백한 정치적 태도를 갖추는 데는 오랜 시간이 걸렸다. 그러나 더욱 주목해야 할 것은 남부에서는 환경을 둘러싼 갈등을 환경이 아닌 다른 어떤 것으로 규정하는 경향이 있어 왔다는 것이다. 남부의 도시빈민층은 환경에 초점을 둔 정치적 행위를 하기보다는 그들의 사회경제적 '주변성'에 저항했으며, 농민운동도 본질적으로 환경적인 요구를 하기보다는 정치적 억압에 대처하는 데 더 큰 관심을 두었다. 한동안 국제적 차원에서는 환경문제를 탈정치화하였고, 국내적 차원이나 지역적 차원에서는 자원을 둘러싼 갈등을 환경적인 것이라기보다는 다른 어떤 것으로 간주하려는 경향이 있어 왔다.

게다가 정치경제학이 환경에 관한 논쟁에 참여하지 못한 데에는 몇가지 이유가 있다. 자연자원은 결코 맑스주의적 사고의 중심에 놓이지 못했다. 또한 환경은 분배적 문제로 여겨지지 않았다. 환경은 대다수 국가의 발전 상황 속에서 '주어진' 것이었고, 거기에 대한 어떠한 통제도 할 수 없었다. 오히려 기후(氣候)와 같이 자연자원도 인간이 개입할 수 없는 법칙에 따라 분배되는 것이었다. 따라서 맑스주의적 시각에서 보면 자연자원을 둘러싼 인간 사이의 다툼은 본질적으로 환경적인 다툼이 아니다. 이러한 다툼은 세계 경제와 각국의 계급구조에 그 근원을 두고 있는 것이다.

이 책은 '환경'을 탈신비화하려는 목적으로 쓰여진 것이다. 또한 환경이 탈정치화되어 온 기제에 의문을 제기하려는 목적으로 쓰여진 것이다. 환경위기의 많은 원인은 사회제도와 경제관계에 뿌리를 둔 구조적인 문제여서 환경을 정치적으로 다루지 않는 어떠한 접근방법도 적절치 않은 것이다. 그러므로 이 책의 첫번째 목적은 '정치경제학' 전통과 친근한 방법으로 환경위기의 분배적 결과를 살펴보는 것이다. 또 하나의 목적은 자원문제를 사고의 중심에 놓고 있는 사람들―환경주의자들―의 관점에 대하여 정치경제학적 분석을 통하여 논의하는 것이다. 환경위기를 정치경제학의 중심 관심사로 그리고 환경위기의 구조적 원인을 환경주의의 중심 관심사로 만드는 것이 이 책의 목적이다.

이 책의 논의는 남부의 자원의 위기가 또한 발전의 위기라는 것이다. 이 책에서는 서구자본주의 국가의 경험과 이해에 기초한 발전전략과 그 대안으로 나온 맑스주의 접근에 근거한 발전전략이 둘다 매우 부적절하다고 주장한다. 두 전략 모두 환경파괴라는 대가를 치르지 않고서는, 지금 가지고 있는 자원으로 가난한 사람에게 더 나은 생활을 가져다 줄 수가 없다. 앞으로 우리가 살펴보겠지만 환경파괴 과정—이 과정이 대자본에 의해 주도된 것이건, 가난한 사람들 스스로가 자원고갈을 주도하든간에 상관없이—의 피해자는 가난한 사람들이라는 것이다. 덧붙여 남부에서 나타나는 불완전한 발전전략이 단순히 북부(the North)에서 이루어진 '환경 보전' 전략을 그대로 모방한다고 해서 고쳐지는 것은 아니다. 환경 보전은 발전에서 중요한 역할을 하지만, 개발도상국과 선진공업사회를 연결하는 구조적 굴레 때문에 환경을 단지 미봉책으로 땜질하는 것만으로는 환경파괴라는 장기적인 경향을 되돌이킬 수 없게 된다. 만약 이 책에서 주장하는 것처럼 '발전' 때문에 환경파괴가 진행된다고 한다면, 남부에 '환경 보전' 관리기법을 적용하는 것은 그다지 효과가 없고 쓸모 없는 일이 될 것이다.

이 책의 핵심을 구성하고 있는 두 가지 상호 밀접히 연관된 주제, 즉 이론적 설명과 경험적 자료에 관해서는 다음 장들에서 다루게 될 것이다. 한편으로 이론에 너무 치중하게 되면 논의가 '현실세계'와 동떨어지게 된다. 또 내용이 현실세계의 실제적인 환경문제에만 지나치게 치중한다면 이론적 문제를 다루지 못하게 된다. 따라서 논의가 진행됨에 따라 이 두 가지 주제가 책 내용 속에서 그리고 독자의 마음속에서 상호결합되기를 바란다.

이 책은 다음과 같이 구성되었다. 제1장 「정치경제학과 환경」에서는 자연 세계에 대한 관심이 맑스주의를 포함한 19세기 정치경제학과 멀어지게 되는 이유에 대해 논의하고 있다. 여기서는 또한 정치경제학 관점에 영향을 받은 현대의 발전이론이 환경적 요소를 무시하거나 최소화하고 있는 이유에 관심을 모은다. 제2장 「전지구적 자원문제」에서는 전지구적 자원위기의 본질과 그 규모를 서술하고 이의 계급적 특성에 주의를 기울이면서, 환경에 대한 여러 관점들이 발전되어 왔던 맥락을 설명하고 있다. 여기서는 자원위기를 논의하는 방식이 자원위기의 원인뿐만 아니라 그 분배적 결과들을 매우 잘못 보여주고 있다고 주장한다.

제3장 「환경주의와 발전」에서는 '환경주의'의 이데올로기적 중요성을 보다 상세하게 분석하고 있다. 여기서는 선진국가의 경험에서 나온 환경적 접근들을 저발전국가들에 그대로 사용하는 것에 의문을 제기한다. 이 장에서는 환경주의적 관점의 몇 가지 핵심요소를 간단히 살펴보는 것으로 시작해서, 남부에서 보다 자원-의식적인(resource-couscious) 발전전략을 수행하는 데 부딪히는 정치적·이데올로기적 장애물들에 관해 논의하고 있다. 이 장의 마지막 부분에서는 남부와 북부가 공동의 위기를 해결하는 데 상호이해를 가져야 한다고 주장하는 브란트 보고서(Brandt Reports)의 관점과 남부의 환경위기를 북부의 군비증강과 경제적 침체에 연결시켜 보고자 하는 루돌프 바로(Rudolf Bahro)의 견해를 비교해 보고 있다.

4장과 5장에서는 보다 자세하게 남부의 농촌빈곤과 자원고갈문제를 나란히 놓고 바라보고 있다. 제4장 「농촌의 빈곤과 환경」에서는 농촌의 빈곤이 구조적으로 유발되었는지, 즉 더 넓은 사회의 경제관계에서 기인하는지 아니면 가난한 사람들이 의존하는 부존자원의 질에 기인하는지에 대해 묻고 있다. 제5장 「농촌의 환경갈등과 발전정책: 멕시코의 사례」에서는 멕시코라는 한 나라에 초점을 맞추어 이러한 논의를 정교화하고 있다. 이 장에서는 농촌을 가난하게 하는 자본주의적 농업의 성장과 국가정책이라는 구조적 과정들과 자연환경과의 상호관계를 조사한다. 여기에서의 결론은 상황적인 요소와 구조적인 요소의 결합에 의하여 다양한 집단들의 상대적이고 절대적인 사회경제적 위치가 결정된다는 것이다. 환경의 빈곤을 더 잘 이해할 수 있는 열쇠는 구조적 과정이 부존자원을 변화시키는 구체적 방식을 규명하는 데 달려 있다.

제6장 「기술과 자원의 통제」에서는 환경에 대한 기술변화의 영향과 이러한 변화로 인해 다양한 사회계급들이 받는 혜택에 대하여 조사하고 있다. 이 장에서는 개발도상국에서 '선진' 기술을 적용하는 것에 대하여 논의한 다음, 최근에 주장되는 것처럼 '적정' 기술의 적용이 가난한 국가의 빈곤을 악화시키는 데 기여하고 있는지의 여부를 조사하고 있다. 이러한 논의는 제2장에서의 논의와 마찬가지로, 그전에는 가치를 지니지 못했던 몇몇 자원이 지금은 가치를 가질 수 있다는—특히 생명공학연구의 발전을 통하여—결론으로 나아간다. 브라질의 에탄올 계획은 생명공학과 같은 영역에서 기술적 선택이 사회적으로 중요하다는 증거로서 제시되고 있다.

마지막 장 「발전과 환경: 수렴하는 하나의 담론?」에서는 이 책에서 줄곧 언급한 주장, 즉 환경주의와 정치경제학은 서로간의 영양보충을 통해 둘다 풍부해질 수 있다는 주장이 현시대 여러 급진적 담론들의 주제와 관련된다. 여기서는 가부장적인 산업 사회에 대안적인 전망을 제시하려는 현재의 노력에 비추어서 페미니즘과 생태학, 맑스주의를 한군데 '결합'하는 것에 대해 논의한다. 그리고 정치경제학과 환경에 관한 논의에서 이러한 접근이 가지는 함의에 대해 논의하면서 앞으로의 연구와 조사를 위한 새로운 방향을 모색한다.

1. 정치경제학과 환경

　'정치경제학'이란 용어는 오래된 역사를 가지고 있다. 18세기와 19세기 초까지 우리가 오늘날 '경제학'이라고 부르고 있는 학문은 정치학이나 사회학, 역사학과 같은 다른 사회과학 분야와 분리할 수 없는 것이었다. 초기의 '정치경제학자들'은 광범위한 인본주의적 전통 속에서 글을 썼으며, 무역과 제조업에 대한 그들의 관심은 어느 정도는 인류 행복을 최대화하는 방법을 찾으려는 철학적 탐구의 동기 때문이었다. 아담 스미스는 경제성장이 지주계급의 지위와 역할에 영향을 미친다는 사실을 알고 있었고, 존 스튜어트 밀은 경제적 상황이 '제도와 사회관계'의 복잡한 구조망과 결합되어 있다는 것을 고려했다.(Mill, 1873) 맑스는 19세기 경제학자들이 자본주의에 대해 맹목적인 신뢰를 가지고 있다고 생각했는데, 맑스가 경제학의 퇴보기라고 생각했던 그 당시는 사실 경제학이 이제 막 첫걸음마를 하던 때였다. 경제학—자본주의 사회와 사상의 산물—이 자본주의의 분석수단이며 동시에 '객관적' 혹은 '중립적' 과학이라는 관념은 넓게 보아 20세기 실증주의의 산물이다.

　'정치경제학'이란 용어는 현대의 여러 정치경제학자들 사이에서 사용되고 있지만, 이 책에서는 발전에 대한 접근과 관련하여 주로 맑스로부터 유래한 것을 사용하고자 한다. 이러한 접근은 구체적인 사회구성체 속에서 경제분석을 행하며, 다양한 사회계급에 미치는 편익과 비용에 의거하여 발전과정을 설명한다. 예를 들어 빈곤퇴치나 환경보호를 위한 정책들은 국가에 의해 중재되고, 국가와 타협하는 계급이해들 사이의 투쟁의 산물로 간주한다. 이러한 정책들은 도그마나 경험주의에 의거하기보다는 '특수 속에서 일반을 그리고 일반 속에서 특수를'(de Silva, 1982: 7) 찾음으로써 더 잘 이해될 수 있다. 정치경제학은 사회구성체의 역사적 특수성을 인식하면서도 하나의 통합된 해석틀 속에서 구조적 변동을 설명하고자 한다.

이제부터 전개할 논의는 역사유물론과 환경에 대한 관심 사이에 상당히 공통된 기반이 있기는 하지만, 경제성장이 가지고 있는 해방적 측면을 강조했던 초기 정치경제학의 영향 때문에 신고전파나 맑스주의 입장 모두 '발전이론'과 '환경주의(environmentalism)'를 분리하여 취급하게 되었다는 것이다. 이 결과 발전에 대한 '정치경제학적' 관점은 지속가능성(sustainability)에 관한 환경주의적 관심을 포섭하는 데 실패하여 왔다. 오랫동안 사회과학자들은 발전이론을 구성하면서 환경을 무시해 왔으며 환경주의에 관한 것들은 그들이 제기한 이론적 문제들 속에 거의 포함되지 못했다.

맑스주의 사상에서는 '생산력(혹은 하부구조)'과 '생산관계(혹은 상부구조)' 사이에 주요 모순이 놓여 있다. 맑스는 그의 저서『정치경제학 비판 서문』에서 다음과 같이 표현했다.

> 사람들은 그들 생활의 사회적 생산 속에서 피할 수 없는, 그리고 그들의 의지와 무관한 고정된 관계, 즉 그들의 물질적 생산력의 발전 단계에 조응하는 생산관계 속으로 편입된다. …발전의 어떤 한 단계에서 사회의 물질적 생산력은 기존의 생산관계와 갈등을 일으킨다.(Marx and Engels, 1970: 7)

자본주의가 자연자원에 엄청난 위협을 초래하여 발전의 존재 그 자체에 문제를 제기하리라는 것은 맑스와 엥겔스가 활동하던 시기에는 예측할 수 없었던 것이었다. 그런데 오늘날의 관점에서 보면 사회의 정치적·법적·사회적 구조, 즉 상부구조는 생산력의 완전한 실현에 장애물이 될 뿐만 아니라, 또한 경제발전 모델에 신뢰성과 정당성의 문제를 제기하는 환경주의적 이데올로기를 낳고 있다. 유럽대륙에서 일고 있는 녹색운동(Green Movement)과 같이 자본주의적 발전경향을 되돌리려고 하는 사회운동들이 나타나고 있다. 이러한 사회운동들은 선진국의 심화된 경제위기와 남부(South)[1]의 항상적 저발전이 연계되고 있는 바로 그 시점에서 일어나기 시작했다.(Brandt, 1980) 선진국에서도 '성장의 한계'에 대한 인식은 닥쳐오는 핵전쟁에 대한 공포와 결합되어 나타났다. 자연자원을 무절제하게 남용하며, 핵군비의 생산과 판매에 지나치게 의존하는 경제체제는 사멸하게 될 것이다. 그때까지의 역사에서는 교훈을 얻을 수 있는 것이 거의 없었기 때문에, 초기 맑스주의자들이 정치경제학에서 환경위기의 완전한 의미를 이해하는 것은 불가능했을 것이다. 하지만 그들의 정신을 계승하고 있는 우리들은 이제는 환경문제를 심각하게 고려해야만 한다. 약 10여 년 전에 에이든 포스터 카터(Aiden Foster-Carter)는 다음과 같이 말했다.

> 이 과정(환경파괴 과정)이 맑스주의와 아무런 관계가 없다고 주장하는 사람들은 그들이 맑스주의라고 부르는 것이 이 세상에서 일어나는 일들과 아무런 관계가 없다고 주장하는 것과 같다.(Forster-Carter, 1974: 94)

---

1) 여기서 남부란 발선된 선진국가들을 포괄하여 지칭하는 북부에 대응되는 개념으로 저발전된 제3세계 국가들 일반을 지칭함. 이하 이 책의 모든 각주는 모두 역자주임.

맑스주의 사상에서의 환경

맑스는 산업화가 기술을 적용하여 자연자원을 이용하고 농업에 대한 의존을 줄이는 진보적 힘이라고 생각했다. 『자본론』 제3권에서 맑스는 다음과 같이 썼다.

> 자본주의 생산양식의 주요한 결과 중의 하나는… 그것이 사회에서 가장 낙후된 부분에 속한 단순히 경험적이고 기계적인 자기보존적 과정에 있던 농업을 의식적인 과학적 농업경영의 적용으로 변화시켰다는 것이다.(Marx, 1974: 617)

환경, 특히 농촌 환경은 자본의 개입을 통해 변형된다. 역사적으로 토지소유자들은 절대지대를 통하여 고용된 노동의 가치를 전유했다. 19세기까지 영국의 지주계급은 공업부문에서처럼 자본의 재창출을 통해서가 아니라, 한정된 자원인 토지소유권을 통하여 잉여가치를 전유하는 중요한 역할을 수행했다. 지대는 잉여가치, 즉 잉여노동의 산물이었다(ibid.: 634). 그렇지만 농업기술이 향상되고 비농업인구의 증가로 농업생산이 자극받음으로 인해, 농업생산과정에서 '고정자본'이 '가변자본(노동력)'을 대체하게 되었다. 상품생산하에서는 토지소유권과 이를 통한 경제적 착취가 분리되었으며, 개량된 토지에서의 보다 효율적인 생산에서 비롯된 지대인 차액지대에 종속된 농민계급이 등장했다.2)

---

2) 맑스의 지대론에 따르면 토지소유자가 그 이용자로부터 받는 지대는 차액지대, 절대지대, 독점지대 등으로 구분된다. 토지의 사유제도가 확립된 상태에서는 토지이용자가 토지소유자에게 일정한 사용료를 지불하지 않으면 토지를 이용할 수 없다. 이처럼 토지의 소유권 때문에 지주가 받는 사용료를 절대지대(absolute rent)라고 한다. 한편 토지의 비옥도나 접근성의 차이에 따라 동일한 면적의 토지에서 나오는 생산물의 양이 차이가 나게 된다. 비옥하거나 접근성

맑스에 따르면, 자본주의는 보다 효율적인 생산과 잉여가치의 전유를 통해—이는 새로운 토지 및 자원이용을 의미한다—발전했다. 환경은 자본주의 발전에 중요한 기능을 수행했다. 그러나 모든 가치는 노동력의 착취에서 발생한다. 사회의 물질적 생산력에 '자연적' 한계를 인정하는 것은 불가능했다. 자원이 지니고 있는 잠재력을 완전히 실현하는 것을 방해하는 장애물은 보유자원이라기보다는 소유관계와 법적 의무였다. 자연에 대한 인간의 지배와 자신의 목적을 위해 과학을 이용하는 인간의 능력 사이에는 아무런 모순도 존재하지 않았다. 역사유물론의 관점에서 볼 때 인간의 잠재력에 제한을 가하는 것은 과학이 아니라 사회였다.

레닌은 이러한 관점을 인간과 자연간의 관계에 대한 그의 저작들 속에서 정교화했다. 인간은 자연의 생산물이며 또한 동시에 자연의 일부분이다. "물질이 제1차적인 것이고 사유, 의식, 감각은 그것이 고도로 발전하여 나타난 산물인 것이다. 이것이 자연과학이 본능적으로 제시해 주고 있는 유물론적 인식론이다"(Lenin, 1952: 69). 레닌은 자연과학이 발전함에 따라 자연과학과 역사유물론간의 유사성은 부인할 수 없는 것이라고 생각했다. 실제로 단지 유물론만이 자연과학과 양립할 수 있다. 레닌은 엥겔스가 일반이 주지하고 있는 유물론의 제명제에 관해 설명할 필요성을 느끼지 않은 듯 '자연의 법칙'이나 '자연의 필연성'에 대해서만 계속 언급하고 있는 것에 주목했다(Lenin, 1952: 156). 역사와 마찬가지로 자연도 변증법적 운동법칙의 지배를 받는다(Lenin, 1952: 259). 엥겔스는 이러한 자연과 역사 사이의 유사성을 관찰했으며, 레닌은 맑스와 엥겔스의 사상에서 중요한 역할을 하고 있는 '정신과 물질의 통일성'에 대한 믿음을 확신했다

이 좋은 우등지는 그렇지 못한 열등지에 비해 초과이윤을 얻게 되며 이 초과이윤은 지대로 전환되어 지주의 수입이 되는데 이를 차액지대(differential rent)라고 한다. 자본주의가 발전함에 따라 자연적으로 발생한 토지들간의 비옥도나 접근성의 차이(차액지대 1형태라고 지칭함)보다는 자본의 투입여부에 따라서 발생한 차이(차액지대 2형태라고 지칭함)가 더욱 중요해진다.

(Lenin, 1952: 69).3)

우리가 잠시 후 이 장의 뒷부분에서 보게 되겠지만 다른 맑스주의자들 −특히 레닌과 로자 룩셈부르크−의 저작들은 식민지 팽창과 관련하여 인간과 자연과의 관계를 정교화했다. 그런데 그들의 관점에는 자본은 단지 자본 자신의 목적에 맞춘 자연의 개조를 통해서만 잉여가치를 완전히 전유할 수 있다는 생각이 남아 있었다.

이러한 생각들을 더 자세히 고려하기 전에 이 논쟁에 대한 엥겔스의 공헌을 다시 살펴보는 것이 유용할 것 같다. 1875년과 1876년에 쓰여졌지만 다소 무시되었던 두 편의 글에서, 엥겔스는 인간과 환경 사이의 관계에 대하여 보다 현대적인[20세기말에 살고 있는 우리의 귀에 솔깃하다는 의미에서 현대적인-역자첨가. 이하 역자첨가 생략] 주장을 하였다. 『자연변증법 서문』에서 엥겔스는 인간은 인류의 출발에서부터 자연을 변화시켜왔다고 주장했다(Engels, 1970a: 66). 다윈의 『종의 기원』이 1859년 출간된 후, 엥겔스는 "이제 새로운 자연관에 대한 개요가 완성되었다. …자연 전체는 영원한 흐름과 순환 속에서 운동하고 있는 것임이 증명되었다"고 말했다. 엥겔스는 단지 인간만이 자연에 자신의 낙인을 찍는 데 성공하였으며, 자연법칙을 더 잘 이해함으로써 자연에 대해 반작용을 할 수가 있다고 덧붙였다(ibid.: 74-75).4)

---

3) 엥겔스는 자연에 있어서 객관적 법칙의 존재, 인과성, 필연성을 확신했다. 또한 엥겔스는 사유와 의식이 인간 두뇌의 산물이며, 인간 자신이 자연의 산물이라는 사실을 고려할 때, 사유법칙과 자연법칙이 일치한다는 사실은 쉽게 이해될 수 있다고 주장하였다.

4) 엥겔스는 『자연변증법 서문』에서 18세기 초반 자연과학을 지배했던 '자연의 절대적 불변성' 개념, 즉 자연은 그 자체가 어떻게 성립되었든지간에 일단 존재하기 시작한 이상 모든 변화와 발전이 부정된 채 현상태 그대로 존재한다라는 견해를 그 이후 자연과학의 발전성과를 가지고 비판하면서, 자연 전체는 인간까지 포함하여 영원한 생성과 소멸, 끊임없는 흐름, 쉼없는 운동과 변화 속에서 존재하고 있다고 주장하였다. 또한 그는 자연 속에서 나타난 자연이 발생시

엥겔스는 또 다른 글인 『원숭이에서 인간으로의 진화에서 노동이 수행한 역할』에서 경제성장이 인간과 자연과의 조화를 손상시킬 필요는 없다는 그의 견해를 상세히 설명하였다. 엥겔스는 여전히 낙관주의자였다. "실제로 우리는 하루하루 자연법칙을 더 잘 이해해 가고 있으며, 자연의 관행적인 과정에 대한 우리의 침범이 가져올 가깝고 먼 장래의 결과들을 인식해 가고 있다"(Engels, 1970b: 362). 엥겔스의 견해로는 우리의 과학지식이 '최소한 우리의 일상적 생산활동들이 가져올 자연적 결과'들을 잘 통제할 수 있게 해준다는 것이다(ibid.: 362).

이 글에서 흥미있는 부분은 인간의 자연지배가 물질적 진보 그 자체에 위협이 될 수도 있다는 엥겔스의 인식이다. 엥겔스는 환경 속에서 인간이 만든 변화에 다시 반작용하는 인간의 능력이 자연에 대한 새로운 책임을 부과한다고 주장하였다. 이 점에서 그는 맑스주의 사상 속에서 시대를 앞선 유일한 사람이었다.

아래의 문장은 고전적 맑스주의 사상에서 '환경보전적' 접근에 가장 가까운 것이다. 인간이 환경을 다루는 데 주의가 필요하다는 엥겔스의 주장은 오늘날에도 공감을 얻는다.

킨 가장 복잡한 생물체인 인간은 도구를 사용한다는 점에서 다른 동물들과는 구별되며 도구의 사용은 인간만이 할 수 있는 활동인 자연에 대한 인간의 개조적 반작용, 즉 생산을 할 수 있게 한다고 하였다. 인간은 외부세계에 의해 만들어지는 동물과는 달리 자신의 의식을 갖고 스스로 역사를 만들어 나가며 자신의 거주지의 모습과 기후, 심지어 식물과 동물 자체도 엄청나게 변화시킬 수 있는 힘을 가지고 있다. 즉 인간만이 자연에 자신의 낙인을 찍을 수 있게 된 것이다. 또한 엥겔스는 『원숭이에서 인간으로의 진화에서 노동이 수행한 역할』에서 "동물은 외계의 자연을 단지 이용할 뿐이며 동물이 일으키는 자연변화는 단지 그 동물의 존재를 통해서 이루어진 것일 뿐이다. 인간은 그가 일으키는 변화를 통해 자연을 자신의 목적에 맞게 변화시키며 자연을 지배한다. 이것이 인간과 다른 동물간의 최후의 본질적인 차이이며 이 차이를 발생시키는 것은 다시 노동이다"라고 말하고 있다.

　그러나 자연에 대한 우리 인간의 승리에 대해 너무 뻐기지는 말자. 우리가 승리할 때마다 자연은 매번 우리에게 복수한다. …따라서 우리가 한걸음 한걸음 내딛을 때마다 상기해야 할 것은 우리가 자연을 마치 정복자가 타민족을 지배하듯이, 자연 바깥에 서 있는 어떤 자처럼 지배하는 것이 아니라는 점이다. 오히려 우리는… 자연에 속하며, 자연의 한가운데에 존재하며, 우리의 자연에 대한 지배의 본질이 모든 다른 피조물보다 우수하게 자연의 법칙을 인식하고 이를 올바로 사용할 줄 아는 데 있다는 것을 명심해야 할 것이다.(ibid.: 362)[5]

　맑스와 엥겔스는 주로 자본주의 공업사회의 성장에 관심을 기울였다. 레닌이 19세기말 러시아의 발전에 관한 연구에서 지리적 주변부의 역할에 관해 탐구하기 전까지는 저발전에 관해서는 아무도 깊은 관심을 가지지 않았다(Lenin, 1964). 레닌은 자본주의 상품시장의 발전은 두 가지 양상, 즉 '심화된 자본주의 발전'—집중화된 축적과정—과 '확대된 자본주의 발전'—새로운 지역으로 자본주의 시장관계의 확장—을 띤다고 주장했다(ibid.: 594). 분업으로 인한 내부교역관계들이 나타나고 농업생산물과 제조업상품간의 교환이 활발해지면서, 보다 일반화될 수 있는 '세계적 노동분업'의 모델을 만들 수 있게 되었다(ibid.: 592) 레닌은 그의 제국주의 이론에서 이같은 세계적 관점의 저발전이론을 더욱 발전시켰으며, 현재의 논의를 자극하는 데 도움을 주었다.

---

5) 엥겔스는 자연이 인간에 대해 복수한 예로 메소포타미아, 그리스, 소아시아 지역 등에서 경작할 수 있는 땅을 얻기 위해 숲을 절멸시킨 결과 그 지역 전체가 황폐화된 것을 들고 있다. 또한 유럽에 감자가 전파되었을 때 감자로 인한 전염병의 만연을 예로 들고 있다.

제국주의와 주변부의 자원이용

많은 발전정책들이 가지고 있는 오류는 '일찍 산업화된 국가들'의 경험이 역사적 특성이 전혀 다른 주변부 국가들에게도 그대로 모방될 수 있다고 생각하는 데 있다(Jones and Woolf, 1969: 15). '발전주의자'들의 편견을 거부하면 이야기는 다소 달라지게 된다. 서구유럽의 초기 발전은 식민권력에 의한 '식민지들의 영구한 점유'와 '토착경제'의 파괴를 필요로 했다(Luxemburg, 1951: 371). 자본주의는 원시적 축적을 통한 시장으로의 포섭, 혹은 악랄한 약탈 등 여러 가지 방법으로 '토착경제'의 생산력을 파괴했다. 축적의 논리는 필연적으로 단순교환경제의 파괴를 가져오며 원시사회를 '상품구매자'의 사회로 바꾸어 버린다. 로자 룩셈부르크의 저서 『자본 축적』 제27장부터 29장까지에서 생생하게 묘사되는 이러한 시나리오는 오랫동안 종종 인용되었다.

열대지방에서는 유럽에 설탕이나 담배 그리고 기타 물품들을 공급하기 위해 플랜테이션 경제가 형성되었다. 반면 온대지방에 형성된 개척지는 토착 주민을 말살한 이주정착자들에 의하여 식민지화되었는데, 이주정착자들은 그 지방에 고유한 농산물의 생산을 급속히 발전시켰다. 이같은 '제2의' 개척지에서는 점차 경제와 사회구조가 서유럽과 비슷하게 발전하였으며, 19세기에 이르러서는 이 지역에서 대량생산과 거대한 내부시장이 형성되었다. 특히 북미에서는 플랜테이션 경제에서는 볼 수 없는 농업과 공업의 상호의존적 발전이 이루어졌다(Jones and Woolf, 1969: 19).

식민 권력과 식민지 사이에서 발전되어 온 무역은 식민지의 발전에는 불리한 것이었다. 상인자본이 주변부와 중심부간 상호무역의 대리인으로 행동했기 때문에 식민지에서 축적된 자본이 그곳에 남아 있는 것은 불가능했다. 20세기에 들어와서야 식민 권력과 관계 없는 해외 기업을 통해 산업자본이 직접 투자되기 시작했으며, 자본의 '초국적화'로 인하여 각 식민 권력과의 기존의 제도적 연계는 매우 약화되었다. 한 해석에 따르면, 저발전의 역사는 '유럽에서 정치적·경제적으로 산업자본에 밀리면서 해외의 주변부로 그 활동을 확장한 상인자본의 역사'라고 한다(de Silva, 1982: 425). 그때부터 상인자본은 주변부의 전자본주의적 생산형태와 중심부의 자본주의 사이를 매개하는 역할을 했다(ibid.: 426).

식민지의 확장은 많은 소규모 수공업의 파괴를 초래하였다. 비록 재래기술이 소규모 상품생산부문에 어느 정도 잔존하였지만, 보다 진보된 기술 발전이 거역할 수 없는 흐름이 되었다. 중심부 국가에서 공업뿐만 아니라 농업 역시 발전하고 성장함에 따라 남부의 상품판매력은 더욱 떨어지게 되었다. 이러한 종속은 최근에 와서 기존 공업국가들이 석유에 의존하게 됨에 따라 다소 약화되었으나, 이것이 세계상품시장에서 기존 공업국가들의 지배력을 약화시키지는 못했다.

농업의 근대화

발전에 대하여 '정치경제학'적 접근과 '근대화' 학파를 비교해 보는 것이 도움이 될 것 같다. 농업발전에 관한 경제학 문헌의 대다수가 예상되는 발전의 '장애물'에 대해서는 세세하게 신경을 쓰면서도, '발전' 그 자체의 목적에 대해서는 단지 지나가는 말 이상을 언급하지 않는다. 농업경제에 관한 클라크와 하스웰의 고전적 저서는 많은 예들을 들고 있는데 그 예들은 다음 두 문장이면 충분할 것이다.

> 정상적이고 바람직한 경제발전 과정이란 농촌의 농업생산성이 농촌인구에 필요한 표준소비기준을 상당히 초과하며, 다른 상황 역시 양호할 때 도시와 공업인구가 성장하기 시작하는 것을 의미한다.(Clark and Haswell, 1964: 137)

농업생산성이 증가함에 따라 두 가지 결과가 나타난다. 첫째는 모든 사람들(농민과 비농민 모두)이 더 많이 먹게 된다는 것이다. 둘째는 더 많은 비율의 노동력이 비농업활동으로 전환될 수 있다는 것이다.(ibid.: 154)

균형에 대한 믿음이 이 문장들보다 더 잘 표현된 곳은 없다. 실제 현실세계에서는 종종 낮은 수준의 농업생산성과 함께 가난한 사람들의 기본적 필요도 충족되지 못함에도 불구하고 도시화가 진행된다. 더욱이 두번째 인용문이 주장하는 것처럼 농업생산성의 증가로 영양수준이 향상된다는 것은 결코 분명치 않다. 오히려 정반대의 결과가 종종 관찰된다.(Pearse, 1980) 비농업활동으로 전환될 수 있는 농업노동력의 비율은 기본적으로 토지소유의 분배와 공업의 노동력 흡수능력에 달려 있는데 이 두 요소는 모두 간과되고 있다.

생산요소들이 그 생산성을 최대화하는 방법으로 배분된다는 '정상적인' 성장 상황을 묘사하는 이러한 유형의 신고전학파적 분석은 농업경제학 내부에서 여전히 많은 지지를 받고 있다. 이 관점에 따르면, 남부의 농업발전이 실패한 이유는 노동력의 물리적 강제로 인해 올바른 기업가 정신이 자극될 수 없었기 때문이다(Hodder, 1968: 52). 비슷한 논리로 순수 생존농업에서 현금경제로 바람직한 전환을 가져올 수가 있다면, 여러 우려에도 불구하고 생존농업에 무거운 세금을 부과하는 것이 권장될 수 있다. 농촌지역의 사회제도들은 농업생산성에 대한 기여도, 혹은 예상된 기여도(결과가 항상 바로 나타나는 것이 아니기 때문에)에 따라 평가된다. 토지가 '양도가능한 재산'이 아닌 지역, 즉 토지가 팔릴 수 없는 지역에서는 농업생산성 증진에 어려움이 있다. 토지시장이 존재하지 않는 곳에서는 '농업생산성을 강화하고자 하는 자본의 요구'가 달성되지 않는다고 알려져 있다(Hodder, 1968: 121).

다른 논자들은 사회제도가 농업성장을 방해할 수 있는가 하는 점에 대해 보다 회의적인 증거들을 제시했다. 몇몇 저자들은 토지소유제도가 농업발전을 실제적으로 방해하지는 못한다고 생각했다(Lewis, 1955). 또한 토지에 대한 접근성이 개선되는 만큼 농업효율성이 증가하지 못했다는 견해가 있다(Bauer and Yamey, 1957). 어떻게 보면 사회제도에도 불구하고 농업발전은 진행된다. 또 어떻게 보면 농업발전은 발전을 방해하는 제도들(예를 들어 토지의 사적소유권과 같은)의 변화를 필요로 한다.

발전에 관한 이러한 탁상공론적 견해는 경제학에서만 나타나는 것은 아니다. 기능주의 사회학 역시 자청하여 실증주의적 경제이론의 보조역할을 하고 있다. 앱토페(Apthorpe, 1973)가 날카롭게 지적한 것처럼, 사회학자들은 사회발전에 대한 경제적 장애들은 무시하는 데 반해서, 경제발전에 대한 사회적 장애들은 강조했다. 1960년대 사회학적 해석의 주류는 포스터(Foster)의 '제한된 재화의 이미지'와 맥클레란드(McClelland)의 '성취의 사회심리학'에 대한 연구였다. 농민문화는 조화와 평등을 강조하며 성공적인 기업가 정신을 억누르고자 하기 때문에 천성적으로 발전을 거부하는 것이다. 후튼과 코헨은 아프리카에 관한 문헌들이 농민의 경제적 전략을 설명할 때, 설명변수에서 도출하지 않고 선택된 종속변수로부터 도출하였다고 결론을 내렸다(Hutton and Cohen, 1975: 108).

조금 덜 엉뚱하고 보다 신빙성 있는 견해는 농민 공동체사회에서는 불평등을 감소시키고 자원을 재분배하는 '균등화 메커니즘'이 작동된다는 것이다(Galjart, 1979; Long 1977) 따라서 농민 공동체사회는 자원을 어떻게 공정하게 분배하느냐 하는 문제를 해결할 수 있다고 한다. 다른 설명들처럼 이 견해도 그전에는 경제학자들에게 의존하고 있었던 사회학자들에게 자기영역을 찾게 해주었다. 사회학자는 사회의 작동에 관하여 '일종의 폭로된 지식을 소유하고 있다'(de Silva, 1982: 4). 실증주의 경제학이 '블랙박스'로 취급했던 문화적 특성과 가치들을 사회학자와 인류학자들이 재빨리 움켜쥐어 설명해 내었다.

전통적 성향의 경제학자들이 생존농업을 연구할수록 그들은 더욱 자신있게 기존의 토지-노동비율에 의한 제약을 비판한다.6) 발전은 자본을 아끼고 노동을 이용하는 이동경작에서 정주경작으로 나아가는 그리고 가중되는 인구 압력으로 인해 공업에서 피드백 효과가 나타나게 되는 단선적 과정이다.7)

농작물 연구, 살충제, 비료, 기계화, 도로, 신용체계들은 모두 노동절약적이고 자본집약적인 농업이 발전하는 것을 돕는다. 이때 [농촌] 인구가 감소하기 시작한다. 따라서 이 모델은 공업에서 농업으로 급속한 피드백이 촉진되도록 해야 한다고 주장하는데, 여기서는 출발부터 노동절약적·자본집약적 기술이 강조되며 경제적 효율성이 판단의 유일한 기준이 된다 (Hodder, 1968: 168). 하지만 이같은 조화로운 발전경로를 달성하는 것이 어렵다고 밝혀졌음에도 불구하고 이 모델을 지지하는 사람들의 확신은 거의 줄어들지 않았다. 그렇지만 맑스주의 사회학과 네오맑스주의 사회학 그리고 정치경제학에 대한 관심의 증대로 인하여 이들의 지지자가 줄게 되었다. 그러나 가장 중요한 것은 우리가 아래에서 다시 다룰 것이지만, 토착적 농업체계가 발전과 무관하거나 발전을 저해하기 때문에 포기되어야 하는 것이 절대 아니라, 환경에 다시는 회복할 수 없는 피해를 입히지

---

6) 이들 경제학자들은 개발도상국의 농촌이 발전하지 못하는 이유는 토지-노동비율이 너무 높기 때문, 즉 한정된 토지에 너무 많은 노동이 의존하고 있기 때문이라고 주장한다. 따라서 이들은 과잉노동력을 토지에서 떠나게 해야 남은 사람들의 일인당 생산성이 향상되어 더 높은 소득을 얻게 될 것이라고 한다.

7) 이동경작(shifting field cultivation)이란 한 장소에서 여러 차례의 수확으로 지력이 소진하면 새로운 토지를 개간하여 경작을 반복하는 것이다. 그 동안 과거의 토지는 비옥도가 회복되어 다시 이를 사용할 수 있다. 이러한 이동경작은 경작가능한 미개간 토지가 존재하는 지역, 특히 아프리카 농업의 일반적 관행이다. 그러나 인구밀도가 높아짐에 따라 경작가능한 토지를 더이상 확보할 수 없게 되면 이동경작 대신 정주경작(permanent field cultivation)으로 대체된다. 정주경작은 소유자에 의해 확보된 조그마한 토지구역에서 이루어짐으로 비료나 살충제 등의 비인력 생산요소의 투입이 증대된다.

않으면서도 더 많은 평등을 달성할 수 있는 유용한 모델을 실제로 제공할
수도 있다는 것이다.

맑스주의적 발전이론과 환경

우리가 살펴본 바와 같이 발전과정에 관한 맑스주의 저작들은 자연환
경에 부차적인 역할만 인정하고 있다. 그 이유를 설명하는 것은 어렵지
않다. 공업화된 사회의 발전에 있어서 자연자원은 경제성장을 용이하게
하지만, 자본주의의 독특한 공헌은 노동이 확대재생산과정에 포섭되는 방
법에 있다. 레닌이 '자본주의 발전의 최고단계'라고 명명한 제국주의에 와
서는 주변부에도 이러한 과정이 재생산되게 되었다(Lenin, 1972). 주변부
로 자본주의가 침투하는 것은 논리적으로 볼 때 중심부 국가들의 자본주
의적 발전에서 파생된 모순 때문이라고 설명된다. 하지만 궁극적으로 주
변부 자본주의가 중심부 자본주의와 서로 다를 것이라는 주장이 레닌이나
로자 룩셈부르크의 글에는 없다(Lenin, 1972; Rosa Luxemburg, 1951).

로자 룩셈부르크는 제국주의를 역사적으로 유리한 시점에서 평가할 수
있는 위치에 있었다. 선진자본주의 국가들이 그들의 식민지 침략을 완료
할 때까지는 아직 제국주의 국가들간의 식민지 수요에 대한 갈등으로 전
쟁이 일어나지 않았다. 조안 로빈슨이 언급한 것처럼 자본주의 체제는 체
제유지에 필요한 구조적 개혁을 행하지 않고도, '원시경제에 대한 자본주
의의 침략'을 통해 자본주의 체제를 '살아남게 한다.' 제1차 세계대전과
1930년대의 대공황은 바로 이 때문에 발생한 것이다[식민지 침략이 완료
되어 더이상 침략할 원시경제가 소진했으므로]. 로자 룩셈부르크의 저작
에서 우리는 제국주의의 '붕괴관'을 찾을 수 있다. 그녀는 서구문명이 신
세계 및 동양문명과 처음 조우한 것을 1880~90년대의 제국주의 국가들

간의 식민지 쟁탈전과 같은 범주로 일괄하여 다루고 있다.8)

룩셈부르크의 중요한 공헌은 주변부에서는 바로 발전의 부재 때문에, 유럽에서는 제공될 수 없었던 자본축적의 기회가 제공되었다는 것을 인식했다는 데 있다.

> 자신의 기술적 원천을 가진 자본만이 아주 짧은 시기에 그런 기적적인 변화를 이룩할 수 있다. 그러나 그러한 기적을 달성하는 데 필요한 지배력은 보다 원시적인 사회조건인 전자본주의적 토양 위에서만 발전될 수 있다.(Luxemburg, 1951: 358)9)

자본이 주변부에 진출하기 위해서는 그전에 있던 '자연경제'를 파괴하는 것이 필요하다. 가장 중요한 생산력들인 '토지와 그 속에 숨겨진 광물, 초원, 숲, 물'들은 그것들을 팔 수 있게 하는 시장조건이 창출되어야만 접근이 가능하다(ibid.: 370). 자연경제는 사용가치의 토대 위에서 조직되었으며 자본의 침투에 저항한다. 자본주의가 진출하기 위해서는 자급자족과 단순교환을 상품생산이 대체하여야만 한다.

룩셈부르크는 또한 식민지 사회에서 상품생산의 발전이 다음과 같은 근본적인 모순을 내포하고 있음을 인식했다. 비록 자본이 축적을 지속하

---

8) 로자는 노동자와 자본가만으로 구성된 순수 자본주의 사회는 소비수요의 결여로 인해 잉여가치의 실현이 불가능하며 제3자, 즉 비자본주의적 시장이 존재해야만 잉여가치가 실현될 수 있고 자본축적이 가능하다고 주장했다. 여기에 제국주의의 필연성이 있는 것이다. 그녀의 제국주의론은 자본주의 발전의 한계를 외적 조건, 즉 비자본주의적 환경의 존재에서 구하는 이론적 전제의 산물이다.
9) 이 인용문은 로자 룩셈부르크가 미국의 시민전쟁으로 인하여 면화기근이 일어났을 때, 이집트에서 아주 단시간에 거대한 면화 플랜테이션이 발생한 것을 예로 들며 언급한 구절이다. 여기서 로자가 주장하는 바는 자본은 모국에서는 잘 해낼 수 없는 일을 식민지에서는 잘 해낼 수 있기 때문에 식민지가 확보됨으로써 자본이 사건에 대응하는 융통성과 능력을 가지게 된다는 것이다.

기 위하여 전자본주의적 생산방식을 필요로 하지만, 또한 자본은 전자본주의적 생산방식이 그 옆에 지속적으로 존재하는 것을 참지를 못한다(ibid.: 416). 이러한 모순은 주변부 자본주의에서 소상품 생산이 어떻게 존재하며 재생산되는가에 대한 오늘날의 많은 논쟁의 시발이 되었다. 하지만 이 모순이 발전과정에서 자연자원이 수행하는 역할에 대해서 설명하지는 못한다.

1960년대는 비판적 발전이론의 분수령을 이룬 시기였다. 레닌이나 룩셈부르크와 같은 초기 맑스주의자들의 저작에 함축되어 있던 유럽중심적 편향은 새로 채워져야 할 이론적 공백으로 남아 있었다. 동시에 신고전학파 발전이론은 세계 경제에서 균형을 유지하는 시장의 역할을 강조함으로써 저발전국가들에게는 가난과 착취를 지속시키려는 것으로 보였다. 따라서 맑스주의와 신고전학파 이론 양자 모두의 재구성이 나타났다.

맑스주의를 나름대로 수정한 폴 바란과 라틴아메리카의 ECLA(라틴아메리카를 위한 유엔 경제위원회) 학파의 분석에 뒤이어, 앤드류 군다 프랭크는 주변부 국가에서의 자본주의적 관계를 재정립했다. 프랭크의 논의는 엄청난 찬반 논쟁을 불러일으켰다(Frank, 1967, 1969; Laclau, 1971; Cardoso, 1972). 잇달아 일어난 논쟁으로 발전사회학의 영역은 풍부해졌다(Bernstein, 1973; Brookfield, 1975; Oxaal et al., 1975; Long, 1977; Roxborough, 1979; Kitching, 1982). 특히 '부등가교환론'이 '접합이론'에 의해 대체되고, 발전에서 자본의 역할을 새로운 방법으로 개념화하고자 하는 '후기 접합이론'의 저작들이 등장하면서 맑스주의자들간의 논쟁이 활기를 띠게 되었다(Amin, 1974; Emmanuel, 1973; Godelier, 1977; Bernstein, 1977; Banaji, 1977; Goodman and Redclift, 1981). 발전사회학에 관한 문헌은 계속 증가하여 쇠퇴의 징조는 전혀 나타나지 않았는데, 특히 역사적으로 특정 시기, 특정 나라에 근거한 연구들이 나타나 과도하게 일반화된 이론적 문헌을 공격하기 시작하였다(Kitching, 1980; Leys,

1977; Long and Roberts, 1979; Lopes, 1978) 그러나 관심의 초점은 여전히 자연자원보다는 노동에 있었다.

신고전학파 발전이론 역시 환경주의자들의 도전이 거세짐에 따라 어려움에 직면하고 있다. 패러다임의 변화는 아직 발생하지 않았지만, 종종 '사회학적' 범주들도 사용하면서 전통적 견해의 발전이론을 비판하고 있는 경제학자들의 영향으로 '성숙한' 신고전학파 이론이 확장되어 가고 있다(Sen, 1981; Bauer, 1981). 발전논쟁에 중요한 기여를 한 것이 브란트 위원회 보고서인데, 이 보고서는 자연환경의 파괴가 농촌빈곤을 가져오게 한다는 데 대한 수많은 명백한 관련자료들을 수집한 것이다(Brandt, 1980: 47, 73). 다음 장에서 논의하겠지만 흥미롭게도 환경과 특별히 관련된 국제기구가 작성한 중요보고서인 세계보전전략(World Conservation Strategy)은 브란트 보고서의 내용을 완전히 무시하고 쓰여진 것 같다(World Conservation Strategy, 1980). 세계적 '전문가들'의 대다수가 참여한 세계보전전략의 입장과 브란트 보고서의 견해는 서로 일치하지 못하고 계속해서 평행선을 달리고 있다(Brandt, 1983)[브란트 보고서와 세계보존전략의 차이점에 대해서는 제3장 참조].

발전이론에 확고한 역사적 토대를 제공하기 위하여, 주변부 저발전의 여러 형태들을 구분하는 특수한 사회구성체에 대한 관심이 증가하고 있다. 최근 정치경제학 저작에서 이러한 구분 중의 하나가 정착자 사회와 비정착자(혹은 플랜테이션) 사회간의 구분이다.10) 이러한 구분이 환경적

---

10) 선진자본주의 국가에 의한 식민지는 크게 정착 식민지와 비정착 식민지로 분류될 수 있다. 정착 식민지는 기후 및 지리적 환경 등의 자연적 조건이 식민 본국과 큰 차이가 없고, 원주민의 수 및 사회적 힘이 그리 크지 않아서 식민자의 거주에 알맞는 식민지이다. 반면에 비정착 식민지는 주로 열대 및 아열대 지역, 즉 식민자의 거주에 부적합한 지역에서 형성되었다. 여기에서는 식민자가 소수의 자본가, 행정관리자, 군대로서 구성되며, 원주민의 값싼 노동을 착취하는 자본가적 기업(플랜테이션 산업)이 등장하게 된다.

차이에 기인하는지 여부를 조사해 볼 필요가 있다. 정착자 사회는 확실히 동아프리카 보호령, 남아프리카 대부분과 알제리아와 같이 인구가 상대적으로 희박한 지역에서 형성되는 경향이 있다. 정착자 사회의 가장 '극단적'인 형태는 토지를 갈망하는 유럽의 가족농부(family farmer)에 의해 식민지가 된 곳(예를 들어 캐나다, 미국 서부, 뉴질랜드, 아르헨티나, 브라질 남부 등)이다. 이러한 사회에서는 토착노동에 의존하지 않고서도 토지 경작이 행하여졌다.

그러나 아프리카와 아시아 정착자 사회의 보다 공통적인 특징은 토착노동에 대한 접근이 중요하다는 것이다. 드 실바(de Silva)가 언급한 것처럼 '노동은 정착자 사회에서 항상 문제이다.' 그럼에도 불구하고 유럽인 정착자들의 그 사회에 대한 이해관계는 플랜테이션 사회보다 더 활기 있는 경제구조를 자극했으며 중심부 국가들과 경쟁할 정도가 되었다. 농업은 중심부와 같이 보다 다양해졌으며 수출뿐만 아니라 '내부'시장을 지향한 발전이 이루어졌다. 동시에 플랜테이션 사회보다 상대적으로 높은 임금수준과 이자율은 높은 생산물가격 수준과 결합되어 기술개량을 유도했다. 이와는 대조적으로 플랜테이션 사회에서는 외국투자자들이 무역과 플랜테이션 작물, 광물채취에만 신경을 썼으므로 강압적인 방식의 노동이용과 통제를 계속 유지하는 반기술적 편향이 강하게 나타났다.

정치경제학과 환경간의 관계를 연구할 때, 주변부 자본주의를 이같이 정착자 사회와 플랜테이션 사회로 특징 구분하는 것이 우리에게 어떠한 도움을 줄 수가 있을까? 비록 많은 주목을 받지는 못했지만 이러한 구분이 정치경제학 속에서 환경에 관한 해명을 가능케 한다. 자원이용에 있어서 '정착자' 사회와 '플랜테이션' 사회 사이의 가장 중요한 차이는 정착자 사회에서는 지역 환경이 특권적인 엘리트 유럽인들의 지탱수단의 하나로 간주된다는 것이다. 반대로 플랜테이션 사회에서는 중심부 자본과의 통합이 더욱 긴밀하며 이주한 극소수의 유럽인 거주자들에게 지역 자원의 재생가능성은 상대적으로 덜 중요하다는 것이다.

우리가 주변부에서 특정 사회구성체를 분석하면 할수록 유럽의 경험에서 나온 자본주의의 자원이용 모델은 부적절해진다. '정통적' 견해는 선진 공업국가로 진입하면 환경이 잘 되어가리라는 것이다. 그러나 제국주의라는 것이 약탈, 토지에 대한 사적소유의 도입, 경쟁력 있는 토착산업의 절멸, 선진공업국가에서 새롭게 필요한 자연자원의 추구 등과 같이 상이한 단계를 거치는, 오랫동안 지속되어 온 과정이라는 데 정통적 견해의 문제점이 있다(Magdoff, 1982: 18). 예를 들어 몇몇 라틴아메리카 국가에서는 내부시장의 발달과 급속한 도시팽창으로 인해 새로운 형태의 국제적 교환이 촉진되며 다국적 기업으로부터 상당한 자본투자를 유인한다. 예상과는 반대로 이 과정은 농업의 소상품생산과 공존하며 또한 소상품생산의 도움을 받는다. 따라서 발전과정에서 기인한 환경문제에는 도시의 산업공해와 함께 농촌의 토양파괴도 포함된다. 주변부의 도시상황이 유럽이나 북미, 일본의 도시상황과 다르지 않으며 오히려 질적으로 더 나빠지는 것과 마찬가지로, 농촌지역의 환경도 도시화와 공업축적이 진행되는 가운데 피폐해져 간다.

정치경제학적 관점에서 환경에 대한 정의가 부족한 점에 대해서는 설명이 필요하다. 생산의 물적 조건들이 사회발전의 결정요인이라고 확신하는 이들이 생산관계의 토대를 이루는 자원들, 특히 토지에 대해 그토록 관심을 기울이지 않았다는 것은 이상한 일이다. 제3세계에서 자본소유권과 자본침투로 인한 파괴적인 결과들이 오랜 기간 동안 연구되어 왔고 또 그보다 더 오랫동안 관찰되어 왔다(Roberts, 1978; Gutkind and Waterman, 1977; Heyer, Robert and Williams, 1981; Harriss, 1981). 그럼에도 불구하고 자연자원의 기술적 이용이 지니고 있는 함의와 생산과정에서 나타난 전통적 생태계의 붕괴가 가져온 결과들에 대해서는 맑스주의자들이 거의 관심을 가지지 않았다. 그런데 이러한 공백은 촌락과 농지에 대한 미시적 수준에만 국한된 것은 아니다. 특히 국제적 차원의 문제는 거의 다루어지지 않았다. 대부분의 사회과학자들은 무역관계와 투자정책 그리고 산업기술의 이전에만 자신들의 관심을 국한시켰다. 선진국가들과 몇몇 발전된 개발도상국들의 고소득층에서 소비유형이 식물성 단백질에서 동물성 단백질로 전환된 것은 그 분배적 측면의 중요성에도 불구하고 저발전이론가들의 관심을 거의 끌지 못했다. 이와 비슷하게 현대 농업이 비료, 연료 및 농산물 가공공장 등의 형태로 비생명에너지(inanimate energy)의 투입에 지나치게 의존하는 것은 그에 따른 비용을 유발하게 되는데, 이 비용은 주로 석유자원이 별로 없는 개발도상국들이 부담하게 된다. 그런데 이와 대조적으로 대부분의 개발도상국가들의 농업부문은 순(純)에너지 생산자(net energy producers)로 기능한다. 왜냐하면 이들이 생산한 식량이 함유하고 있는 칼로리는 비생명에너지 투입에 사용된 칼로리를 초과하기 때문이다(Buttel, 1979: 1). 선진국가들의 농업이 지니고 있는 함의를 밝힌 또 다른 글에 따르면, 만약 세계의 모든 국가들이(공업화된 국가와 비공업화된 국가들 모두 포함하여) 먹고 사는 데 있어서 현재 비공업화된 국가들이 사용하는 만큼의 에너지만을 사용한다면 전세계 에너지 소비총량의 40%만 사용해도 충분할 것이라고 한다(Leach, 1976).

저발전은 단지 자본의 탐욕에 의한 결과만은 아니다. 그것은 우리의 소비습관과 이러한 습관을 유지하기 위해 사용되는 기술들에 의한 결과인 것이다. 그러나 이같은 중요한 차원에 대한 인식이 '정치경제학'적 관점을 가지고 발전문제에 접근하는 대부분의 사람들의 저작에서 드러나지 못했다. 다국적 기업과 유착된 국제적 차원의 식량정책의 노력으로 인하여 자연의 종들(species)이 멸종위기에 처하게 되었다는 것을 기록한 노만 마이어즈(Norman Myers)의 연구와 같은 것들은 정치경제학적 접근에 정통한 사회과학자들에게 도전장을 던지고 있다(Myers, 1979).

발전에 있어서 이러한 종류의 분배문제를 언급해 왔던 저자들 중에는

'식량 우선(Food First)' 학파가 있다(Lappe and Collins, 1977). 한편 정치경제학적 전망 속에서 자원과 환경을 다룬 맑스주의의 저작은 약 십여 년 전에 포스터-카터가 관심을 가진 이래 거의 나아진 것이 없다(Foster-Carter, 1974; Caldwell, 1977). 포스터-카터는 선견지명이 보이는 그의 글에서 개발도상국들의 환경에 관심을 집중해야 하는 이유들을 명확히 밝혔다. 그는 공업화와 농업 '현대화' 추진 과정에서 자연자원이 고갈되어 가는 방식으로 인해 부유한 국가와 빈곤한 국가 양자 모두에서 발전의 지속가능성에 대한 문제를 낳게 된다고 주장했다. 그는 칼드웰의 논문을 인용하여 "자본주의적 저발전뿐만 아니라 산업사회 그 자체가 이제 역사적으로 막다른 골목에 다다른 것으로 여길 수밖에 없으며, 더이상의 사회발전은 '더 많은 후퇴' 단계에서야 가능할 것"이라고 주장하였다(Foster-Carter, 1974: 93; Caldwell, 1977).

오늘날 대부분의 정치경제학 저자들의 관점은 자본주의적 산업화가 주변부의 자연자원을 파괴하면서 진행된다는 것인데, 그렇다고 해서 급박한 전지구적인 자원위기를 초래할 것이라고 생각하지는 않는다. 우리가 이러한 일반적인 관점을 받아들인다면 생태적 관점은 다소 사치스러운 것으로 여겨질 것이다. 그렇지만 우리가 저발전 및 과잉발전 양자 모두를 극복하기 위해서는 '우리가 우리의 환경을 다룰 때 객관적인 자연적 한계를… 충분히 인식해야만 한다'고 주장한 칼드웰의 관점을 받아들인다면, 자원과 환경에 아무런 중요성도 부여하지 않고 있는 발전에 대한 관점이 과연 유용한지에 대한 문제를 제기하기 시작해야만 한다(Caldwell, 1977).

요약하면 이 장에서는 맑스주의 정치경제학이 남부의 시급한 환경위기를 반영할 수 있도록 근본적으로 개조되어야 한다는 논의를 개진했다. 첫째로 환경에 대한 의식은 그 자체가 현대 사회의 이데올로기적 상부구조를 구성하는 중요한 하나의 요소이며 또한 경제성장의 추구에 영향을 미칠 수 있는 것이라고 주장했다. 둘째로 발전에 있어서 과학과 기술의 역할은 맑스와 초기 맑스주의자들이 상상했던 것보다 훨씬 더 문제시된다는 것을 논의했다. 기술에 대한 인간의 통제와 보다 사회적으로 유익한 기술 개발에 대한 인간사회의 긴급한 요구가 환경주의자들의 사고에서는 중요한 요소임에도 불구하고, 정치경제학에서는 이를 하나의 종속변수로 취급하는 경향이 있다. 셋째로 저발전은 이제는 더이상 종속된 자본주의 국가에서 노동이 착취되는 방식에 의해서만 정의되는 것은 아니다. 종속된 자본주의 국가에서는 축적과정에서 다국적 자본과 국가에 의해 자연자원이 체계적으로 고갈된다. 남부의 생태 파괴는 선진자본주의에서나 적합한 경제 성장전략에 어리석게 동조함으로써 심각한 상태에 처하게 되었다. 발전의 대가는 계급갈등과 경제적 착취뿐만 아니라 가난한 사람들이 그들의 삶을 의존하고 있는 자연자원의 감소로도 나타난다. 정치경제학은 이러한 과정들을 무시하고 있기 때문에 설득력을 잃을 수밖에 없다. 다음 장에서는 전지구적인 자원위기의 증거를 제시하고 남부에 강요되고 있는 새로운 형태의 환경파괴에 관심을 기울여 보겠다.

2. 범지구적 자원 문제

앞 장에서는 남부가 직면한 자원위기를 고려하여 저발전을 이해하고자
한다면 기존의 정치경제학이 새롭게 검토되어야 할 필요가 있다는 것에
대해 논의하였다. 고전경제이론의 발전에 중요한 역할을 하였던 경제성장
에 대한 관심의 집중은 맑스주의에도 지울 수 없는 흔적을 남겼다. 저발
전이론의 결함은 이론적인 측면에서뿐만 아니라 실천적인 측면에서도 나
타난다. 개발도상국의 환경변화에 대한 우리의 이해와 총체적인 발전이론
사이에 존재하는 간극은 매우 넓으며, 또한 환경문제가 무엇인지를 밝히
는 것과 문제해결을 위한 실천가능한 정책들을 수행하는 것 사이에 존재
하는 간극 역시 매우 넓다.

이 장에서는 발전과정에서 범지구적인 자연자원, 특히 토지 및 생체량
(biomass)[11]과 수자원 공급이 너무나 파괴되어 발전 그 자체가 위험에
빠질 정도가 되었다는 증거를 검토해 볼 것이다. 이 작업은 남부의 환경
위기를 무시하게 하거나 혹은 심각할 정도로 잘못 이해하게 만드는 요인
들에 대한 조사와, 자원약탈 과정과 결부된 이데올로기적 과정에 대한 논
의로부터 출발한다. 마지막 부분에서는 농업관련산업[12]의 발전이 농촌발

---

11) 어느 지역내에 생존하고 있는 생물의 현존량.

전이나 자연환경의 보존보다 단기적 상업이익을 중시하는 것에 초점을 맞출 것이다.

현재의 발전정책은 개발도상국에서 자원고갈을 수반한 환경문제를 심각하게 악화시킨다. 개발도상국에서 지속가능한 발전을 가능케 하는 발전모델을 선택할 수는 있지만, 기존 공업국가들이 이를 권하지 않을 것이며, 또한 이러한 선택은 기대와 수요의 고통스러운 변화를 요구할 것이다. 환경문제를 해결할 수 있는 국제사회의 능력을 제약하는 것은 기술적인 문제가 아니라 정치적이고 경제적인 문제이며, 제약의 많은 부분은 선진국가들의 수요구조와 선진국가들과 저발전국가들 사이의 관계에서 연유한다. 이는 특히 환경보호를 위해 필요한 많은 수단들에서 사실로 드러난다(Global 2000, 1982: 229).

자연환경에 대해 우리가 채택하는 관점은 모든 종류의 '자연적 재난'에 대한 상식적인 가정들과 유사하다. '사회적인 것'과 '자연적인 것'간의 경계를 명확히 구분할 수는 없다. 재난방제에 관한 연구에서 얻은 증거에 따르면 '자연적 재난'에 대한 사회의 취약성을 가져오는 주요한 요소는 사회적 요인들이라는 것이다(Jeffery, 1981). 또한 비슷한 논의로 앞으로 4장에서 살펴보겠지만, 기근의 주요한 원인은 식량공급의 실패에 있는 것이 아니라 취약 집단들의 부적절한 식량수요에 있다는 것이 많은 연구에서 분명하게 드러나고 있다. 소득분배의 변화와 절대적 소득수준의 저하로 인해 평년작황일 때에도 광범위한 기근이 발생하기도 한다(Sen, 1981).

빈곤에 대한 대응방법들 중의 하나가 자연적 요인과 사회적 박탈 사이의 상호상승적 효과들을 줄이는 방법을 찾는 것이다. 최근 남부의 건강과 영양 상태에 관한 연구에 따르면, 열대농업에서 계절적인 요인들에 더 많

---

12) 이윤을 목적으로 작물생산·가공·판매 등 농업생산과정의 전반에 현대적 기술을 적용하고 있는 농업조직을 일컫는 말로, 대규모 농장이나 식품가공회사를 소유한 다국적기업이 상당수 참여하고 있다.

은 관심을 쏟는다면 취약 집단들, 특히 여성과 어린이들의 고통을 줄이는 것이 가능하다는 것을 보여준다(Chambers, 1981). 발전에서 여성의 역할에 대한 관심이 커짐에 따라 농촌개발계획의 대상집단들에 대한 더 깊은 이해가 필요하다는 점이 강조되었다(Nelson, 1979; Rogers, 1981). 재난방제, 기근, 계절에 의한 주기성, 여성 등과 같은 각 영역에서 현재의 자원이용은 사회에 각각 상이한 영향을 초래한다. 종종 단순히 '자연적 힘'으로 인식되고 있는 환경이 사회관계와 사람들의 생활기회를 형성하는 데 중요한 역할을 한다.

북부사람들과 북부와 유사한 소비습관에 익숙해진 소수 남부사람들의 소비수요를 만족시키는 데 필요한 자본축적의 추동력으로 인하여 자원의 고갈과 쓰레기 발생이라는 두 측면에서 값비싼 대가가 강요되고 있다. '발전'은 자원에 의해서보다는 경제적 이데올로기에 의해 유지된다. 이러한 관점에서 보면 "GNP라는 것은(식량, 의복, 기계 및 가솔린 등의) 파괴(decay)에 관한 측정치이다. 따라서 경제체계가 비대해지면 질수록 더 많은 것들을 파괴하고, 또 경제체제를 단지 유지하기 위해 더 많은 것들이 생산되어야만 한다"(Simmons, 1974: 354). 대부분의 선진국가들은 자원보존보다는 자원사용에 편향되어 있다.

환경적 가치들의 신비화

현재의 전지구적인 경제관계로 인해 저발전 국가들의 지속적인 성장이 어떻게 방해받고 있으며 이들 국가들의 자원이용 형태가 어떻게 결정되고 있는가에 관해 고려하기 앞서, 먼저 이러한 사실에 효과적으로 대응하기 위한 우리들의 능력을 제약하는 요인이 무엇인가를 명확히 밝히는 것이 중요하다. 사회에서 효율적인 환경정책을 정확하게 수립하는 것이 어려워지는 까닭은 환경적 가치에 대한 신비화 때문인데 이러한 신비화는 최소한 네 가지로 구분할 수 있다.

첫째, '첨단기술'의 발달과 노동의 국제적 분업으로 인해 자원고갈의 '원인들'과 '결과들' 사이의 연관관계가 무시되기 쉽다. 이는 우리가 우리 자신의 생리적이고 심리적인 필요에 우선 순위를 주기 때문이다. 예를 들어 우리가[선진국 사람들] 슈퍼마켓에서 깡통에 들어 있는 개먹이를 구입할 때, 이를 생산하는 나라[저발전국가]에서는 그곳 사람들의 식생활 향상만큼이나 선진국의 개먹이 시장 수요에 맞추는 것이 중요하다는 사실을 거의 인식하지 못한다. 다양한 원인들이 결합되어 우리가 올바로 인식하는 것을 어렵게 한다. 제조업자의 이익을 위한 광고, 식량의 원산지와 소비지 사이의(다른 사회의 빈곤에 책임감을 느끼기에는 너무나 먼) 지리적 거리 등이 그것이다. 언론매체가 우리의 식사습관과 영양섭취 사이의 관계에 관심을 기울일 때도 관심의 대상은 우리의[선진국 사람들] 영양섭취이지 북부의 생산과 시장전략에 의해 토지이용이 좌우되는 남부의 수많은 사람들의 영양섭취는 아닌 것이다.

신비화의 두번째 원인은 경제학자들이 이름하여 '외부성(externalities)'이라고 부르는 것, 즉 어떤 상품 혹은 용역의 시장가격에 포함되지 않는 환경비용이다. 곡물에 제초제를 사용할 때나 자동차의 배기가스에 납이 섞여 내뿜어질 때의 환경비용을 측정할 수단이 없기 때문에 이러한 제초제 사용이나 배기가스 방출의 부정적 측면들이 쉽게 무시될 수 있다. 환경과학자들의 방법론들은 이러한 '외부성'을 더욱 정밀하게 측정하고 계량화시켜야 한다는 필요에 근거를 두어 왔다.

세번째로 자원의 오용이나 고갈은 세대간 형평의 문제를 가지고 있는데 이는 정책적 논의에서 거의 고려된 적이 없었다. 대부분의 사회에서 환경보호에 대한 미래의 편익과 비용은 현재의 편익과 비용에 비해 상대적으로 낮게 평가되었다(즉 할인되었다). 보전과 환경보호가 어려우면 어려울수록 이러한 할인율은 더욱 높아진다(Arrow, 1976). 시장경제에서의 경쟁과 사회주의 경제에서의 관료적 타성은 장기간에 걸친 형평효과를 방해하게 된다.

마지막으로 그리고 앞 장의 주제로 되돌아가서 각 사회가 경제성장이라는 자신들의 이데올로기에 매몰됨에 따라 자원이용의 환경적 결과들에 효과적으로 대응할 수 있는 능력이 심각하게 손상된다. 지배적인 성장이데올로기 체계가 무너질 때의 정치적 위험은 체제가 우익에서 좌익으로, 혹은 그 반대로 바뀔 때의 정치적 위험보다 높다. 왜냐하면 성장이데올로기의 붕괴는 기존의 기술과 소비형태 그리고 아마 가장 중요하게는 기존 사회적 가치들로부터 거의 완벽한 결별을 의미하기 때문이다. 비록 영국이 이미 '저성장' 단계에 접어들었음에도 불구하고 이 나라의 탈산업화가 자원에 대해 지니고 있는 함의들에 대한 재검토가 이루어지지 못하고 있다. 장기간의 실업, 강요된 여가, 급속히 성장하고 있는 '지하경제'의 영향으로 인해 미래에 우리의 환경의식이 더 발전할지의 여부는 두고 봐야 할 것이다. 이 장에서 지금부터 언급하게 될(에너지, 수자원 및 토지 등의) 자원이용 형태들은 남부와 북부 사이의 경제적 관계에 의해서 뿐만 아니라 북부의 현재 경제적 수요에 의해서 좌우된다. 이러한 자원이용 형태들이 선진국 정부의—좌익정부와 우익정부 구별 없이—분배정책의 토대를 이룬다. 현재의 성장제일주의로부터 탈피하여 이러한 분배정책의 기조를 뒤집으려는 조직적인 운동 중의 하나가 유럽의 녹색운동이다. 이 녹색주의자들의 철학은 제3장에서 면밀히 검토할 것이다.

전지구적 자원과 국제경제

선진국과 개발도상국 사이의 경제적 관계로 인하여 여러 가지 방식으로 환경문제가 나타난다. 첫째로 선진국의 각 개인들은 개발도상국의 개인들보다 지구의 자원에 대해 더 많은 수요를 창출한다. 일인당 소비하는 자원의 양을 비교해 볼 때 개발도상국의 가난한 사람들이 소비하는 자원이 영국과 같은 선진국 사람들이 소비하는 자원보다 훨씬 적다는 것은 생각하지 않고, 전지구적 자원위기의 원인을 개발도상국의 인구팽창에 전가시키려는 것은 속임수이다.

둘째로 선진국의 경제적 수요는 이들 국가가 가진 자원만으로는 결코 충족될 수 없다. 좀더 명백히 말하면 남부가 겪고 있는 자원과 환경에 대한 압력은 북부의 높은 생활수준과 낭비적 자원이용과 연관되어 있다. 선진국의 시장경제는 자원고갈에 대한 해결책을 찾으려는 시도들을 방해하며 후진국의 빈곤을 조장한다. 우리의 낭비적 재화소비와 대중매체에 의한 소비조장을 비판하고 올바른 해답을 찾으려는 노력은 선진국과 후진국 간의 물리적 거리와 소비사회의 이데올로기적 편향으로 인하여 어렵게 된다.

셋째로 산업사회는 불필요한 폐기물을 재활용할 수 있는 능력을 가지고 있지 못하며 결과적으로는 환경과 사회 모두에 해를 끼친다는 것이 잘 알려진 사실이다. 예를 들어, 미국에서는 1977년 한해 동안에 약 3억 4천4백만 톤의 산업폐기물이 발생하였다. 또한 미국에서는 국민 한 사람당 연간 평균 약 1,300파운드의 도시생활 쓰레기를 배출했다(Global 2000, 1982: 239). 이러한 쓰레기 처리비용은 비싸며, 재활용될 수 있는 많은 물질이 재활용되지 않으며, 쓰레기 처리와 관련된 '비공식' 경제활동의 고용창출 기회가 사라진다. 재활용 과정이 에너지 측면에서는 값비쌀지 모르지만 이 과정은 값싼 원재료와 풍부한 노동력을 이용한다. 많은 개발도상국에서 폐품은 중요한 원료자원이 되며 아주 활발한 기업활동의 영역이다(Bromley and Gerry, 1979). 예를 들어 브라질에서는 자동차 타이어를 처음 생산할 때보다 폐기된 타이어들을 재생할 때 더 많은 고용이 창출된다.

세계 경제의 변화를 위한 처방책으로 흔히 논의되는 것이 북부가 남부에 대해 더 많은 투자를 하는 것이다. 최근 몇년 동안 북부와의 무역관계에서 경제적 이익을 보호하고자 하는 남부의 요구들이 광범위하게 논의되어 왔으며, 그 결과 1981년 12월 칸컨(Cancun)에서 제3세계 위원회(The Third World Summit)가 결성되기에 이르렀다. 그러나 남부와 북부 사이의 '부등가 교환'은 단순히 부유한 나라와 가난한 나라 사이의 문제는 아니다(Emmanuel, 1973; Amin, 1974) 브란트 보고서에 명확히 나타나 있듯이 세금도피국(Tax havens)[13]을 제외한 제3세계에 대한 자본투자의 70%가 단지 15개국에 집중되어 있으며 브라질과 멕시코에 20% 이상이 집중되어 있다. 나머지 자본투자는 아르헨티나, 베네수엘라, 말레이시아, 싱가포르, 홍콩 등과 같은 중진국들이나 석유수출국들에 이루어졌다(Brandt, 1980: 188). 자본투자는 이보다 더 가난한 나라들의 발전에는 아무런 도움이 되지 않는다. 자본투자의 목적은 약간이라도 발전이 이루어진 국가들에서 상품판매시장을 찾고자 하는 것이며, 동시에 이 과정에서 국제자본의 재편을 돕기 위한 것이다. 중요한 것은 자연자원의 희소성이 아니라 자원의 비이동성이라는 부룩필드의 주장이 사실인 것 같다(Brookfield, 1975: 205). 그럼에도 불구하고 오늘날에는 자연경제체제 때와는 달리 자연자원의 비이동성이 자연자원의 파괴에 대해 장애가 되지 않는다. 자원의 입지가 자본이 새로운 형태로 침투하는 것을 막지는 못한다. 초국적 기업의 논리는 엄밀하게 말해 이른바 신기술의 논리이다. 그리고 신기술의 논리 앞에 자원—자연자원뿐만 아니라 인적 자원도 포함—의 입지는 결코 장벽이 되지 못한다. 실제로 초국적 기업은 그 규모와 국제적인 특성으로 인하여 자연자원에 대한 지리적 접근이라는 어려움을 극복

---

13) 기업들이 자국의 조세징수를 피해 세제상의 특혜를 이용하여 비자금 등을 비축시켜 놓을 수 있는 나라들. 모나코, 리히텐슈타인, 스위스 등이 대표적인 나라들이다.

하기가 유리하다.

이러한 경향의 한 예는 멕시코나 대만과 같이 선진 북부와 경계를 이루는 지역에 '조립공장(assembly shops)'이 입지하는 것이다. 이런 곳에서는 값싼 노동력—주로 여성—에 의해 제조부품들이 완제품으로 조립된다. '조립공장'에 관한 최근의 많은 문헌들에 따르면 조립공장들은 그 지역노동시장에 결코 유익한 영향을 끼치지 않으며 그것이 입지한 나라의 경제에 광범위한 '승수효과'도 제공하지 못한다고 한다(Redclift, 1982; Kelly, 1980). 제3세계 국가들이 마음대로 처분할 수 있는 자원인 노동력은 기존의 경제적 불평등을 유지하는 데 이용되고 있는 반면, 제3세계 국가들의 에너지와 원료는 부유한 나라들이 첨단기술제품을 만들기 위한 수요를 만족시키기 위하여 전용되고 있다.

북부와 남부 사이의 이익의 균형은 선진국에 기반을 둔 초국적 기업들의 상업적 목적에 의해 좌우될 뿐만 아니라, 이들 초국적 기업들이 지배하는 기술과 이들이 신상품을 개발하고 또한 그 수요를 유발할 수 있도록 하는 연구능력에 의해 좌우되기도 한다. 이러한 기술적 과정의 결과 최종소비에 이르기까지 자연자원은 종종 여러 단계의 전환을 거치기도 한다. 콩과 같은 작물들은 북부에서는 소비를 위해 가공되는데, 남부에서는 사탕수수처럼 선진국 시장에 수출되는 가축의 사료로 이용된다. 선진국의 농업에서 사용될 화학비료와 살충제를 만들기 위해 원유가 가공처리되는 것도 마찬가지 예인데, 이에 대해서는 이 장의 후반부에서 다시 살펴볼 것이다. 선진 국가들이 오랫동안 저발전 국가들에서 채광한 원광석을 자신들이 재가공하여 사용해 왔던 것과 마찬가지로, 오늘날에는 1차 상품14)을 수입하여 선진국에서 재가공하는 것이 점차 증가하고 있다.

---

14) 천연자원을 1차 가공한 중간재.

산림과 에너지 자원

자원고갈이 위기국면에 도달했는데도 이를 단지 하나의 '문제'로만 인식하는, 그리고 그 원인을 과잉인구와 가난한 농촌사람들의 환경의식의 부족탓으로 돌리고 있는 하나의 좋은 예가 벌목, 특히 습윤 열대지방에서의 벌목이다(Plumwood and Routley, 1982). 이러한 해석은 매우 잘못된 것이지만 이를 효과적으로 반박하기 위해서는 엄밀한 조사연구가 필요하다.

벌목의 규모와 이것이 생태계에 주는 영향은 아무리 강조해도 지나치지 않는 것이다. 마이어는 상업적 벌채와 이에 뒤따르는 경작 때문에 열대우림이 매년 20만평방 킬로미터씩 감소한다고 추정한다(Myers, 1979: 174). 실제로 2020년이 되면 남부에서 물리적으로 접근가능한 모든 산림은 사라져 버리고 말 것이다(Global 2000, 1982: 26). 비록 앞으로 전세계의 전체 삼림면적이 안정적으로 유지될 것이라고 하더라도—이미 선진국가들의 산림면적은 15억 헥타르 정도의 면적으로 안정적으로 유지되고 있다—이미 너무 많은 훼손이 이루어진 상태이다.

남부에는 어디를 보더라도 온통 황량한 모습뿐이다. 필리핀에는 현재 원래 산림면적의 30%만이 남아 있을 뿐이며, 말레이 반도의 저지대 산림은 위험할 지경에 이를 정도로 파괴되었다. 서아프리카의 산림은 금세기 말까지 완전히 사라질 정도로 개간되고 있다(Meijer, 1980: 203). 멕시코의 치아파스 숲은 소방목장을 만들기 위해 파헤쳐지고 있다. 1950년부터 1970년 사이에 멕시코의 열대삼림지역은 반으로 줄어들었다. 유엔에 따르면 1970년대 중반에 열대우림은 약 9억 3천5백만 헥타르였는데 이 면적은 이미 원래의 면적보다 40% 감소한 것이었다. 1970년대말 라틴아메리카의 벌채율은 연간 약 420만 헥타르로 추정된다. 이러한 수치는 아프리카에서 연간 벌채되는 약 130만 헥타르나 아시아에서 연간 벌채되는 약 180만 헥타르와 비교된다. 세계 열대삼림의 감소는 연간 730만 헥타르로 추정되는데, 이는 1분당 14헥타르의 양이다(Eckholm, 1982: 159).

열대삼림에 대한 초과수요에는 그에 따르는 명백한 환경비용이 존재한다. 열대삼림에서 영양분의 대부분은 상대적으로 척박한 토양이 아닌 생체량 속에 포함되어 있다. 이동경작은 또다시 옮겨갈 수 있는 다른 삼림이 남아 있을 때만 실행가능했다. 따라서 생체량의 파괴와 그에 따른 토양의 변화로 인하여 매우 생산적이었던 열대삼림의 환경이 위협받는다. '결과적으로 농업산출량은 감소한다. 특히 아프리카에서는 그 감소속도가 더욱 빠르며, 벌목 역시 더 빠르게 진행된다'(Longman and Jenik, 1974: 120).

이러한 결과들은 저지대의 열대삼림에만 국한되지 않는다. 한 지역의 생태파괴는 종종 다른 인접한 지역에 영향을 미치기도 한다. 급경사이며 유실가능성이 있는 토양을 지닌 취약지역은 큰 강들의 근원지일 경우가 많다. 이러한 하천유역 지역의 삼림들은 매우 중요하다. 다음은 세계보전전략(World Conservation Strategy)의 표현이다.

> 산지에는 전세계 인구의 10%만이 살고 있을 뿐이지만 산지에 인접한 평원에는 전세계 인구의 40%가 살고 있다. 따라서 세계 인구의 절반의 생명과 생계는 하천유역의 생태계가 관리되는 방식에 전적으로 의존하고 있다.(WCS, 1980)

열대우림이 사라져 감에 따라 벌목기업은 점차 산악지대나 고지대의 삼림으로 관심을 돌리고 있는 것 같다. 남부 수마트라와 말레이시아와 같은 지역의 삼림들이 이미 위험에 처해 있으며 그 영향으로 장기간에 걸친 기후의 변화가 나타나고 있을 뿐 아니라 이웃한 생태지역의 수역(水域)에서 끔찍한 결과들이 나타나고 있다.

경사가 가파른 지역의 삼림과 작물들은 그들이 지닌 중요성 때문에 무엇보다도 우선적으로 보호해 주어야 한다. 열대 중남미 지역의 농업가구의 30%가 이러한 지역에 살고 있는 것으로 추정된다(Posner and

McPherson, 1981: 4). 고지대에서는 양질의 토지확보의 어려움과 인구증가로 인하여 '한계 토지까지 경작이 보다 확대되며, 토지의 휴경기간이 짧아지며, 각 농가당 경작토지 면적이 줄어들게 될 것이다'(ibid: 16). 포스너와 맥퍼슨은 열대지방의 급경사지역에서 문제가 발생하는 가장 중요한 원인은 개발주체들이 보다 '생산성 높은' 지역들을 지원하는 데 집착하여, 그 결과 이미 파괴가 진행중인 고지대의 환경에 더 많은 빈곤이 전가되기 때문이라고 결론을 내린다.

국제적 보전기구들은 산림자원의 고갈이 가져오는 분배적 결과들에 대하여 단지 막연하게 인식하고 있을 뿐이다. 대부분의 최빈국가들에서 주요한 에너지원은 석유보다는 나무와 동물의 배설물이다. 따라서 이들 국가들에서 이루어지는 급속한 벌목은 농업에 의존하고 있는 사람들의 생존능력에 즉각적인 위협을 가한다. 남부는 세계 삼림면적의 거의 반을 보유하고 있으며 목재생산의 반 이상을 공급하고 있다. 목재자원은 중요한 연료로서의 역할 이외에도 거처를 제공하고 고용을 창출하며 생존농업 체계를 유지하는 데 크게 기여한다. 그런데 점차 연료를 찾고 운반하는 데 많은 시간이 소비되고 있다. 잠비아에서는 연료로 쓰일 땔나무가 매우 귀하여 이를 모으는 데 한 가족당 1년에 360일의 여성노동력을 소모한다(FAO, 1978). 안데스 지역과 아프리카 사하라 지역의 일부와 네팔에서는 연료로 쓸 나무를 구하는 데 투여되는 노동시간으로 인해 가구의 생산활동이 심각한 타격을 받고 있다(FAO, 1978). 한계지역에서는 늘어나는 나무벌채로 인해 이미 악화된 환경에 더 부담을 주고 있다.

땔나무의 문제를 설명하고 있는 많은 연구들은 생산과 소비 과정 사이의 관계에 대해서는 적절히 고려치 않았다. 갬서는 삼림자원에 관한 연구들이 농촌의 에너지 사용형태를 밝히고자 하는 작업들을 거의 하지 않았다고 주장한다(Gamser, 1980: 770). 개발도상국에서 가정용으로 사용하기 위해 잘려지고 채집되는 나무들은 대부분 국가통계에 기록되지 않는다.

땔나무의 소비 및 생산의 실제 수준은 공식적인 통계에 나타난 수치보다 훨씬 높다. 갬서가 제안한 것처럼 땔나무의 고갈률을 파악하기 위해 촌락에 대한 사회조사를 구상하고 실행하는 것은 물론 어렵겠지만 이를 통해서야 분명한 설명이 가능할 것이다. 산림자원이 도시의 소비를 위해 숯으로 전환되는 것도 문제의 한 예이다. 이러한 전환으로 인해 농촌지역에서 이용할 수 있는 땔나무가 줄어든다. 갬서가 지적한 것처럼, '도시 에너지의 개발은 농촌자원의 필요를 희생시키면서 진행된다'(1980: 772). 한 연구에 따르면, 멕시코시티 근교의 한 마을에서 방문객과 주말 여행객을 위한 빈번한 바베큐파티에 쓰이는 숯의 양이 그 마을에서 소비되는 땔나무의 대부분을 차지한다고 한다. 도시에서 꽤 멀리 떨어진 다른 마을에서는 12Kg의 땔감을 모으기 위해 한 가구당 일주일에 평균 9시간씩 소모해야한다. 연구된 이 두 마을의 가구들 중 80% 이상이 요리용 가스스토브를 소유하고 있었으나, 가스사용비용이 너무 높아 가난한 가구들은 사용할 엄두를 내지 못하고 있었다(Cuanalo, 1983: 10). 멕시코의 경우 막대한 양의 천연가스와 원유를 보유하고 있지만 농촌의 가난한 사람들에게 가스를 값싸게 공급하지 않고 있으며 결국 그 대가는 자연환경이 지불하게 된다. 이러한 현상은 특히 대도시 근처의 농촌지역에서 두드러진다.

땔나무의 고갈은 어느 곳에서든 여성 및 아동 노동의 가치절하와 관련된다. 도시의 소비에 필요한 숯의 양은 갈수록 증가하고 있기 때문에 농촌의 여성과 아동들은 더 많은 시간을 땔나무를 모으는 데 소모해야만 한다. 이러한 의미에서 우리는 과연 에너지 위기가 존재하느냐의 여부가 아니라, 그것이 누구의 에너지 위기인가 하는 측면에서 문제를 제기하여야만 한다(Gamser, 1980: 772).

목재산업과 가축목장이 중요한 지역에서는 숲의 감소 원인이 가구의 연료소비보다는 상업적 압력 때문이다. 브라질의 공식통계에 따르면 1966년부터 1975년까지 소농들이 추진한 개간 프로그램으로 인하여 벌목된 삼림의 양은 전체 벌목된 삼림의 17.6%였다. 이와는 대조적으로 브라질 정부에 의한 대규모 목장 건설계획과 고속도로 건설계획으로 인한 삼림 손실은 전체의 60% 이상을 차지했다(Plumwood and Roultey, 1982: 7). 그럼에도 불구하고 아마존 지역의 대목장주들은 아마존 산림파괴의 책임을 소농개간자들에게 돌려버린다. 결국 대부분의 소농개간자들은 그들이 개간했던 토지에서 축출될 것이다.

대부분의 정부와 세계기구들이 남부에서 삼림파괴 및 벌목, 목장건설 등을 줄이기 위한 행동을 취하는 데 실패한 이유는 삼림파괴 과정에 주어지는 세계개발은행의 외환 및 원조기금에 대한 관심 때문이다. 한 예로 수력전기를 공급하기 위한 아마존강 유역의 광대한 지역에 대한 계획을 들 수 있다. 이 계획은 허드슨 기구(Hudson Institute)가 작성하였는데, 막대한 삼림지역을 파괴시킬 것이 분명하게 예상된다(Plumwood and Roultey, 1982: 20). 1970년대는 브라질의 아마존에서 '개발행위들이 전혀 통제되지 않았던 시대'였으며, '계획가들이 아마존의 실태를 조사하는 계획을 수립할 때, 70년대 이전에 배웠던 교훈들을 전혀 고려하지 않았다'(Moram, 1982: 28). 이때 사적이고 단기적 이익만을 위해 지역의 자원 잠재력을 착취하는 데 몰두한 초국적 기업의 실태들은 검토되지 않았다.

한편으로는 농촌의 많은 가난한 사람들의 생활을 파괴하는 반면, 또 한편으로는 농장주와 목재회사들을 살찌우는 삼림벌목이 가져오는 상이한 결과들로 인하여 몇몇 관심 있는 사람들이 점차 급진적 입장을 띠게 되었다. 벌목행위와 기업의 이익에 관한 구체적인 정보가 거의 없다는 것이 우연한 것으로, 혹은 불가피한 것으로 여겨지지는 않는다(Plumwood and Roultey, 1982: 28). 삼림전문가들 사이에서도 의견이 갈리기 시작했는데, 보존을 옹호하는 사람들은 '전세계의 삼림학자들이 모든 가치는 화폐가치로 환산되어져야 한다는 믿음에 스스로 빠져 있었다'고 주장한다(Meijer, 1980: 203). 보수적 삼림학자들은 인공적으로 조성된 삼림이 천연삼림이나 재생삼림보다 더욱 가치가 있다고 생각하지만 보존주의자들은 그렇게 생각하지 않는다. 삼림학에서 시장이데올로기에 대해 가장 강력하게 비판하는 사람들 중의 한 명인 메이저는 열대삼림의 파괴에 대한 국제적 관심 중에 정치적 분석이 전혀 없었다는 점을 비판하고 있다. 그는 서로 대립하고 있는 벌채면허소지자의 주장과 이동경작자 및 이주자의 주장을 동등한 가치로 취급하는 경향을 개탄한다(Meijer, 1980: 204).

전지구적인 삼림의 황폐화는 자원개발에 관한 주제와 관련지어 폭넓게 고려될 필요가 있다. 자원개발은 취약한 환경과 가난한 농촌 가구들의 생활 사이의 균형에 영향을 미칠 뿐만 아니라, 부유한 선진국가들이 소비하는 지구 자원의 몫에도 영향을 미친다. 현재의 경제발전은 석유와 천연가스에 대단히 의존적이다. 금세기에서 석유생산이 그 수요를 감당할 수 없다고 하는 믿을 만한 증거가 제시되었다(Global 2000, 1982: 171). 태양열, 바람, 지열, 원자력 등과 같은 다른 에너지원들에서 기술적 발전이 있다고 하더라도 '공급을 초과하는 미국의 에너지 수요를 감당할 수 없을 것이다'(ibid.: 172). 또한 최근 신흥공업국가들에서 석유자원에 대한 수요가 증가하고 있다. 선진국가들이 해야 할 일은 다른 형태의 에너지로의 전환뿐만 아니라 훨씬 더 효과적인 석유보존정책의 채택이다. 전지구적인 공급 측면에서 미래를 투시해 보면 OPEC 국가들이 현재와 같은 규모로 석유와 천연가스를 계속 공급한다는 낙관적인 가정을 한다고 하더라도 금세기말 이전에 심각한 에너지 부족이 도래할 것이라고 예측된다.

에너지 자원의 급속한 고갈의 원인은 불공평하고 낭비적인 발전모델에 있다. <표 1>이 보여주는 바와 같이 미국의 일인당 에너지 소비는 브라질의 10배이며 방글라데시의 300배 수준이다(Brown, 1978: 202). 다른 대안적 에너지 자원들은 무시되어 왔는데 그 이유는 석유가 상대적으로 '값싸고' 이용하기가 쉽기 때문이다. 따라서 부유한 나라들의 시장선호는 자원이용과 보다 보전주의적인 에너지 정책 개발에 왜곡된 영향을 끼쳐 왔다. 선진공업국가들의 탄화수소류[석탄, 석유 등의 화석연료]에 대한 수요 때문에 남부의 몇몇 나라들의 공업성장 잠재력이 매우 약화되었다. 또한 북부에 기반한 대기업들의 이해로 인해 빈곤한 국가들은 환경에 대한 더 많은 압력에 직면하고 있다. 북부에 기반한 대기업들의 행위로 인해 세계의 산림자원은 엄청나게 파괴되었으며, 가난한 농촌사람들은 환경빈곤의 악순환에서 벗어날 수 없는 한계지역으로 내쫓기게 되었다.

<표 1> 인구가 많은 20개 국가의 1인당 에너지 소비량(1974)[*]

나라	석탄으로 환산한 양(Kg)
미 국	11,485
서 독	5,689
영 국	5,464
소 련	5,252
프랑스	4,330
일 본	3,839
이탈리아	3,227
스페인	2,063
멕시코	1,267
브라질	646
중 공	632
터어키	628
이집트	322
필리핀	309
태 국	300
인 도	201
파키스탄	188
인도네시아	158
나이지리아	94
방글라데시	31

* 땔나무와 동물의 배설물은 제외.
출처: Lester R. Brown(1978), *The Twenty-Ninth Day*, New York, Norton, p.202.

수자원

　물은 인간사회에서 대부분의 생산활동 수행에 반드시 필요한 것이다. 그러나 비트포겔의 중요한 역사적 저작(Wittfogel, 1957)을 제외하고는 물에 대해서 사회학적으로 분석한 것이 거의 없다. 물은 가정용수, 공업용수, 농업용수 및 에너지 생산을 위하여 지표나 지하에서 끌어올려진다. 끌어올려진 물을 여러 용도에 어떻게 배분하는가 하는 것은 산업화의 정도, 생활수준, 농업의 관개방식에 따라 현저하게 달라진다. 인도나 멕시코, 불가리아와 같은 나라들은 물을 대부분 농업에 공급하는 반면, 영국이나 폴란드, 서독에서는 주로 공업에 공급한다. 그러나 일본과 같이 몇몇 산업화된 나라에서도 여전히 물공급의 대부분을 농업에서 사용하기도 한다(Global 2000, 1982: 142).

　가장 부유한 나라들과 가장 가난한 나라들간의 일인당 물 소비량의 차이가 에너지 자원의 차이만큼 크지는 않는데, 그 주된 이유는 대부분의 아시아 국가에서 관개가 중요한 역할을 하기 때문이다. 그러나 미래에 필요한 물의 양은 미래의 생활방식, 가족소득, 가족규모, 물 이용시설의 기술수준 등 다양한 물 수요의 결정요소들에 의해 예측될 수 있을 것이다. 많은 빈곤한 국가들에서는 관개농업에 물을 많이 사용하고 있기 때문에 관개용수에 대한 보조금 지급 등의 관개에 유리한 정치적 수단들이 행해지고 있다. 이러한 보조가 가져온 결과 중의 하나는 보다 효율적인 관개기술을 받아들이지 않고 상대적으로 낭비적인 관개가 지속되는 것이다.

　관개는 물론 필요하고 바람직하기도 하지만, 종종 저발전국가들에서 불평등을 강화시킨다(van der Velde, 1980). 이러한 일들이 발생하는 특정 방식들을 명확히 밝히는 것이 중요하다. 남부 아시아의 '말단 마을'(송수관의 끝에 위치한 마을)에서는 협동조직이 취약해서 대토지 소유농들이 그들 자신의 이익을 위해 수자원을 전용할 수 있게 되는 경우가 종종 있다(Wade, 1979: 15). 또한 물과 관련된 기술은 기업 행위의 기회를 제공하는데, 이는 중요한 분배적 결과를 초래한다. 아메드(Ahmed, 1975)는 수동식 양수기를 구입할 수 있는 사람들이 이것을 소농이나 소작인들에게 빌려주고 그 대가를 받는 예를 보여 주었다. 클레이(Clay, 1980)는 인도의 코지(Kosi) 지역에서 가난한 사람들이 송수관(送水管)의 혜택에서 배제되는 과정을 기술했다. 대부분의 남부 아시아 지역에서는 관료들이 물에 대한 통제권을 쥐고 있기 때문에 상당한 정치적 권력을 휘두를 수 있다. 바데가 밝혔듯이 '선거제도는 부정부패를 유발시키고, 또 더욱 체계화시키는 것 같다'(1982: 318). 정치가들은 정치적 지지자들에 보답하기 위하여 관개 관료체계에 의지하여 선거비용을 조달하며, 관개 공무원들은 대토지 소유농과 정치가들에게 서비스를 제공한 대가로 '상납'을 받는다. 아시아의 다른 지역에서도 이와 비슷한 관개체계의 분배적 결과들이 입증되고 있다(Biggs and Burns, 1976; Biggs, 1981).

또한 대부분의 가난한 농민들이 관개가 이루어지지 않는 천수답 지역에서 농사짓고 있는 나라에서, 관개농업을 통해 엄청난 농업생산의 이익을 얻을 가능성은 불평등의 한 원천으로 입증되고 있다. 멕시코가 이러한 예의 대표적인 나라이다. 나중에 이 책의 제5장에서 보다 자세히 언급되겠지만, 멕시코 고원지역에 살고 있는 수많은 가난한 농촌가구들은 기술개량, 신용대부, 기술지원 등의 어떠한 혜택도 받지 못하고 있다. 반면 멕시코 북부와 북서부의 관개지역은 엄청난 양의 불평등한 공공투자지원을 받고 있는데 이는 오히려 사회적 차별화와 토지박탈을 증가시키는 원인이 되고 있다(Hewitt, 1976; Redclift, 1981). 브라질 북동부에서 가뭄을 해소할 목적으로 정부기구인 SUDENE(북동부 개발을 위한 기구)에 의해 시행된 정책은 가난한 농부들이 감당해야 할 위험은 거의 줄여주지 못한 채 초국적 기업의 침투만 도와주는 결과를 가져 왔다(Oliveira, 1981).

아프리카 대륙의 대부분은 물의 부족으로 심각한 곤란을 겪고 있다. 이 결과 계곡개발 혹은 호수개발(세네갈, 니제르, 잠비아, 차드) 혹은 주요 물 공급원 주변 여러 소규모 지역의 관개 가운데 어떤 방식을 선택하여 물을 공급할 것인가 하는 것은 중요한 정치적 이슈가 된다(UNEP, 1981: 8). 지하수자원의 개발 및 관리나 관개계획에 대한 선택은 주곡식량생산보다는 환금작물경작에 대한 압력에 의해 결정된다. 정치적 권력을 거의 갖지 못한 가난한 농촌가구의 생활은 농업관련산업이나 대토지 소유농의 이해에 의해 빈번히 희생되고 있다(Dinham and Hines, 1983). 쉐퍼드(Shepherd)는 아래의 글에서 수단의 농촌개발에서 수자원 관리를 관장하는 전문가들의 막강한 권력에 대하여 잘 설명하고 있다.

> 물의 공급은 농촌개발을 담당하기 위해 설립된 일련의 기구들의 조직에서 핵심을 차지한다. 간단히 말해 순전히 물의 공급이 농촌개발을 지배한다. 전문가들 중에도 엔지니어나 수지질학자가 농촌개발과 관련된 농학자나 토지전문가들을 지배하였다. 1975년 물의 공급이 농촌개발과 분리된 이후… 농촌개발은 사업 우선 순위가 평가절하되었다.(Shepherd, 1982: 24)

마실 물의 공급은 사회적 불평등을 가져오는 또 다른 영역이다. 식수의 질은 질병 발생의 빈도와 관계가 깊다. 적어도 인구의 72퍼센트 이상이 안전한 식수를 공급받지 못하고 있는 아프리카 국가들에서는 유아사망률 역시 1,000명당 160명 이상으로 매우 높다(UNEP, 1981: 25). 1975년 당시 농촌지역에서는 인구의 단지 21퍼센트만이 안전한 식수를 공급받은 데 비하여 도시지역은 이보다 훨씬 높은 식수공급률을 보였다. 물의 공급을 개선하는 데 든 비용의 거의 반 정도가 외국의 지원으로 조달되었는데, 이러한 비용은 아프리카 국가들이 식량부족에 직면했을 때—이 또한 돈을 필요로 한다—특히 경제에 심각한 영향을 미치게 된다.

앞에서 인용했던 UNEP 보고서는 아프리카에서(세네갈, 니제르, 나일) 중요한 수자원 개발 농업 프로젝트와 이 프로젝트로부터 농업관련산업이 얻게 되는 이익간의 관련성을 명확히 밝혔다. 이 보고서는 또한 농업관련 산업의 발전과 확장으로 인한 해당 지역의 토양침식, 삼림파괴 및 기타 환경에 대한 손실 등의 생태적 결과들을 기록하고 있다(UNEP, 1981: 29). 기존의 물 사용이 가져온 환경적 결과 역시 중요하다. 살충제의 과도한 사용으로 인한 수질 오염은 계속 증가할 것이며 특히 농업에 화학적 방법을 많이 사용하는 나라들에서 더욱 심각한 문제가 될 것이다(Bull, 1982). 또한 관개로 인해 수질이 악화된다. 왜냐하면 값비싼 탈염(脫鹽) 방식을 행하지 않을 경우 소금이 섞인 물이 그대로 하천으로 흘러들어가기 때문이다. 도시화는 이러한 문제들을 악화시키며 또한 인간이 버린 쓰레기 처리의 문제를 초래한다. 홍수예방, 전력생산, 관개 등을 목적으로 이루어지는 하천유역개발은 담수와 해안 생태계 모두를 손상시킬 위험이 많다(Global 2000, 1982: 35).

기존의 수자원이 이용되는 방식과 새로운 수자원 개발이 가져오는 사회적 결과 양자 모두를 고려할 때, 우리는 특정 계급에 귀속된 경제적 권력으로부터 얻는 이익과 다른 계급들이 직면하는 사회적 박탈 사이의 관계를 인식할 필요가 있다. 지하수 개발과 같이 복지의 측면에서 보면 표면적으로 유익한 프로젝트가 가난한 자에게서 부자로, 시골에서 도시로, 자원의 통제권이 바뀌게 되는 중요한 사실을 은폐할 수도 있다. 수자원의 자연적 입지가 지구 곳곳의 사회적 필요의 분포와 일치하지는 않는다. 그러나 이러한 자연적 '불평등'이 경제적 권력과 정치적 특권을 더 많이 가진 사람들의 이해를 반영한 수자원의 사회구조적 재배분에 의하여 더욱 악화되고 있다.

농업관련산업과 식량생산

토지에 대한 이용은 토지를 소유하거나 통제하는 사회 계급들에 의해 좌우되고 있다. 토지소유자 중에서도 250에이커 이상을 보유하고 있는 단지 2.5퍼센트가 전지구 토지자원의 거의 4분의 3을 통제하고 있다고 한다 (Norton-Taylor, 1982: 296). 이러한 수치는 변할 수도 있지만, 바로 이러한 수치가 세계 인구의 대다수를 계속하여 고무시켜 왔던 한 가지 쟁점—토지소유의 집중은 자연적 정의의 법칙에 위배된다고 대부분의 사람들이 생각한다는 사실—을 부각시키고 있다. 토지의 소유권과 통제의 불평등은 이것이 인식된 곳에서는 다른 어떠한 자원의 불평등보다 더욱 격렬한 급진적 대응을 불러일으키고 있다. 이러한 대응은 신인민주의적인 토지개혁 요구에서부터 토지국유화 요구에 이르기까지 다양한 수준을 가진다 (Lehmann, 1978). 우리는 제4장에서 토지분배의 문제를 다시 한번 살펴볼 것이다.

토지분배는 농촌 빈곤이 지속되는 이유를 설명하는 데 도움을 줄 수 있다. 지금 우리는 토지집중이 토지자원의 이용에 미치는 영향에 대해 관심을 가지고 있다. 특히 농업관련산업은 식량생산과 발전에 어느 정도 기여하고 있는가? 이 문제에 대한 대답은 생각보다는 무척 복잡하다.

우리는 '식량의 행선지'—남부에서 생산된 식량이 전세계에 산재한 대도시의 슈퍼마켓이나 상점에 도착하는 경로—에 주목함으로써 문제에 대한 분석을 시작할 수 있다. 식량을 가공하는 기업들이 반드시 저개발국가의 대토지 소유자인 것은 아니다. 미국에 근거를 둔 과일과 통조림 제조회사인 델몬트사는 20여 개 나라에 걸쳐 농장과 공장을 소유하고 있다. 반면 네슬레사는 단 1에이커의 커피나 코코아 농장도, 또한 단 한 마리의 가축도 소유하지 않으면서도 세계에서 두번째로 큰 식료품회사가 되었다. 네슬레사가 남부에서 어떻게 활동하고 있는가를 보기 위해서 이 회사가 생존농업에 종사하는 소농들의 생산활동에 큰 영향을 미치고 있는 에콰도르의 고지대나 페루의 카자말카 계곡의 낙농업을 연구할 필요가 있다(Archetti, 1977). 식량 사슬은 안데스의 마을에서 대도시의 슈퍼마켓까지 펼쳐져 있다.

슈퍼마켓에 도착하는 식량들 중 소농에 의해 생산된 것은 거의 없다. 또한 이러한 식량은 도시지역의 수많은 빈민들의 필요를 충족시키는 데 별로 기여하지 못한다. 도시빈민들의 식량필요가 충족되지 않는 것은 식량을 필요로 하는 이들에게 식량이 제공되지 못하기 때문이다. 전지구적인 수준에서 볼 때 만약 식량이 고루 분배된다고 하면 현재의 식량생산은 전세계 인구를 아주 충분히 먹여 살릴 수 있다(King, 1980: 30).

생산된 식량의 종류가 식량소비에 의해 영향받는다는 사실 때문에 식량분배의 문제가 복잡해진다. 남부에서 생산된 곡물의 대부분은 인간에 의해 직접 소비되고 있지만, 부유한 국가의 사람들이 육류를 많이 먹을수록 생산된 식량 중 더욱 많은 부분이 가축의 먹이로 전용되게 된다. 전세계 곡물 생산의 단지 10퍼센트만이 직접적으로 인간에 의해 소비되고 있으며, 나머지 탄수화물은 가축이라는 비효율적인 매개체를 통하여 단백질로 변환한다(King, 1980: 30). 개발이 진행될수록 가난한 나라에서는 주로 부유한 사람들이 소비하는 육류단백질을 만들기 위해 그곳에서 이용가능한 곡물의 더 많은 부분이 전용(轉用)된다(<표 2> 참조). 아프리카만 제외하고 전세계계적으로 식량생산은 지속적으로 인구성장을 앞질러 왔는 데, 이러한 식량생산증가는 북부의 풍요한 식사습관을 유지하는 데 이용되었다. 식량수출을 통한 외환수입과 국내의 식량필요간의 배분과정에 강력한 영향을 미친 것은 농업관련산업에 의한 토지의 전용(轉用) 과정이다. 이러한 토지전용 과정의 제측면 가운데 주의를 기울여야 할 부분은 저발전 국가에서 농업관련산업의 발전이 기존의 식량공급 과정과 농촌환경에 미친 결과이다.

농업관련산업의 옹호자들은 이러한 결과가 선진국의 경험이 남부로 확산되는 것이라고 생각한다. 농업관련산업은 농장과 공장을 그리고 공장과 소비자를 연결시켜 주는 하나의 통합된 식량체계를 의미한다. 그러나 농업과 공업간의 연결은 단순히 수직적 통합은 아니다. 농업생산은 점차 '자연을 통제하기 위해 기술을 적용하는 측면에서… 또한 임노동을 이용하는 측면에서 공업생산을 닮는다'(Burbach and Flynn, 1980: 12). 시장체계나 광고전략뿐만 아니라 채택된 기술 역시 선진국에 기반한 다국적기업의 것이다.

라틴아메리카의 자본주의적 농업은 다른 제3세계국가들보다 더욱 극적인 결과를 낳으면서 발전해 왔다. 라틴아메리카와 미국과의 지리적 근접성으로 인해 이곳의 농업관련산업은 일련의 입지적·정치적 이익을 누려왔다. 대부분의 라틴아메리카 정부들은 암묵적으로 미국의 경제적 헤게모니와 함께 대규모 자본집약적 생산단위에 기반한 경제개발모델을 받아들였다. 그 결과는 부바흐와 플린이 주목한 것과 같이 북미와 점차 유사해지는 농업부르주아의 출현이다.

> 우리는 멕시코의 바지오, 콜롬비아의 카우카, 그리고 캘리포니아의 사리나스에서 유사한 생산기술을 채택하는 과일과 채소재배자들을 볼 수 있다. 그들은 동일한 종자를 사용하며, 동일한 농기구를 구매하며, 동일한 비료와 살충제를 살포한다. 그들은 동일한 은행에서 융자를 받으며, 동일한 다국적 기업에 판매한다.(Burbach and Flynn, 1980: 15)

라틴아메리카의 농업관련산업은 광대한 농지를 소유하고 있을 뿐만 아니라 대농이나 소농 모두가 사용하는 화학살충제 등과 같은 투입물 생산에 참여하고 있다. 도우(Dow) 화학과 같은 기업들은 제3세계에 DDT와 같은 화학약품을 판매하는데, 그러한 화학약품들은 선진국에서는 안전기준을 통과하지 못하는 것들이다. 옥스팜(Oxfam)이 작성한 최근의 보고서

<표 2> 인구가 많은 20개 국가에서의 일인당 연간 곡물 소비량(1975)[*]

국가	Kg
미 국	708
소 련	645
스페인	508
프랑스	446
서 독	441
터어키	415
이탈리아	413
영 국	394
멕시코	304
이집트	286
일 본	274
브라질	239
태 국	225
중 공	218
방글라데시	203
파키스탄	171
필리핀	157
인도네시아	152
인 도	150
나이지리아	92

 * 직접적 곡물소비와 간접적 곡물소비(육류, 우유 및 달걀 형태)를 포함한 수치.
 출처: Lester R. Brown(1978), *The Twenty-Ninth Day*, New York, Norton, p.200.

에 따르면 "만약 변화가 이루어지지 않는다면, 살충제는 배고픈 사람들을 먹이기 보다는 배부른 사람들을 먹이기 위해 배고픈 사람들에게 독을 투여하는 것이라는 게, 진실과 거리가 먼 말이 아닐 것이다"(Bull, 1982: 96).

살충제 사용으로 인한 악영향은 많다. 살충제는 해충뿐만 아니라 해충의 자연적 천적까지도 죽인다. 살충제는 그 독성으로 인해 이를 살포할 때 접촉한 사람에게 상당한 건강의 위험을 끼치며, 또한 어떤 해충에게는 면역을 길러준다. 또한 살충제는 식품 가공 후에도 없어지지 않고 음식에 해를 끼치는 성분으로 잔류한다(Bull, 1982).

살충제가 끼치는 영향들이 제3세계 국가의 농촌주민 전체에 똑같이 미치는 것은 아니다. 그것들은 가난한 사람들에게 특히 과중하게 영향을 미친다. 앞서 인용된 옥스팜 보고서가 표현한 것처럼 "열악한 장비를 사용하고 자신의 건강을 보호해 줄 지식과 훈련이 부족한 사람들은 가장 가난한 농민임에 틀림없다"(Bull, 1982: 80). 살충제에 지나치게 의존하는 것은 희소자원의 배분이라는 측면에서도 소농들에게 부담을 지우는데, 이들을 '경쟁적'으로 만든 상황은 다국적 기업들에 의해 조성된 것이다. 중앙아메리카의 목화농장과 같은 데에서 일하는 농장노동자들의 경우 살충제에 중독되는 것은 거의 일상적인 일이다(ibid.: 78-80).

최근 국제적 농업관련산업이 아프리카에 진출함에 따라 이곳에서도 앞서와 같은 결과들이 초래되었다. 딘함과 하이네스는 케냐와 탄자니아의 농업관련산업의 조직을 살펴보고 커피와 설탕생산에 농업관련산업의 활동이 미친 결과를 분석한 뒤, 농업관련산업이 아프리카의 식량위기의 원인이 되었다고 평가했다. 그들의 보고서가 명백히 밝힌 바에 따르면 농업관련산업은 전통적으로 서유럽과 북미의 고소득시장을 위한 환금작물수출에만 관심을 집중시켜 왔다. 그러나 최근 20여 년 동안 계속 감소해 온 일인당 식량생산량으로 인해 초래된 아프리카의 식량위기는 내수시장을 위한 식량생산에 관심을 돌리게 하였다. 아프리카의 정부들은 늘어나는 식량수입비용 때문에 농업관련산업들이 국내시장을 위하여 생산하도록 유도하였다. 1981년 아프리카 국가들은 1,800만 톤의 식량을 수입할 계획을 세웠지만 구입가능한 가격으로는 단지 800만 톤만을 살 수 있을 뿐이었다(Dinham and Hines, 1983: 139).

아프리카 정부가 농업관련산업을 국내로 끌어들인 데는 서로 관련된 두 가지 요소가 작용했다. 하나는 식량부족 문제를 그곳 소농들의 능력만으로 해결할 수 있다는 확신이 없었다는 것이다. 다른 하나는 주요식량, 특히 곡물을 수입하는 비용이 아프리카 국가들의 취약한 경제에 감당할 수 없는 압박을 주고 있다는 것이다. 아프리카 국가들은 대규모이고 복잡한 기술을 요구하는 프로젝트를 선호했는데 그 이유는 이러한 기술이 단기간에 높은 성과를 약속해 주었기 때문이다. 아프리카에서 채택한 이러한 기술은 보통 선진국가에서 농업관련산업이 채택한 기술과 같은 수준의 것이었다. 또한 세계은행과 같은 국제적 대부기관들은 쉽게 관리할 수 있는 통합된 프로젝트에 자금을 주기를 원한다. 그런데 대안적 정책, 즉 한계적 소농들을 시장경제에 더 많이 참여시킴으로써 식량공급을 안정화하려는 정책은 관리하기가 어렵고 정치적으로도 위험하다고 여겨진다. 따라서 정부의 이해와 농업관련산업의 이해가 일치한다. 딘함과 하이네스가 밝힌 것처럼 '원조 기구들은 효율적으로 상환을 보증함으로써' 자본화가 미약한 아프리카 국가들에 개입한 '농업관련산업의 재정적 위험을 덜어준다'(ibid.: 144).

농업관련산업이 식량생산에 침투함으로써 얻는 이익은 대단히 환상적이다. 정부가 소농생산에 등을 돌림으로 인해 도시지역에 유리한 기존의 정부 편향은 더욱 심화된다. 국제적 가격유지협정이나 쿼터제에 관한 협정이 지지부진해짐에 따라 아프리카 정부는 환금작물생산에서 상대적으로 힘을 잃는다. 식량판매와 가공에 관한 것들은 대부분 네슬레, 제네랄 푸드, 우니레버, 타테, 릴레와 같은 대규모 외국기업의 손에 장악된다. 아프리카에서 곡물이 가공되고 포장되는 곳이라면 어디에서나 외국에서 생산된 투입요소들에 대한 비용을 지불하기 위해 외환이 필요하다. 딘함과 하이네스가 케냐의 사례를 인용한 바에 따르면, 델몬트사는 파인애플을 통조림으로 만들어 수출하기 전에 필요한 거의 모든 것을 선진국에서 수입하고 있다. '그 결과는 외국기업에 과도하게 종속되었을 뿐만 아니라, 파인애플 통조림을 수출하여 얻는 외환보다 더 많은 양의 외환이 자본집약적 제품을 구입하는 데 지출하게 될 가능성이 높아졌다'(1983: 158). 세계적인 농업관련산업들은 아프리카 식량정책을 수립하는 데 도움을 주는 '상담역'을 담당하면서 능수능란한 설득력을 행사하고 있다. 그러나 이러한 상담은 그들의 이해관계와 무관하지 않다. 아프리카에 진출한 외국회사의 이익은 곧 선진국에 기반한 모기업의 이익이다. 제3세계 농업에 진출한 외국기업들은 값싼 노동력의 고용과 그곳 정부 및 토착 부르주아의 자본지원을 통하여 높은 이윤을 얻는다. 농업관련산업의 발달이 제3세계에서는 실망을 가져다 준 반면, '선진국가에는 그곳에서 소비되는 원자재를 싼 가격으로 지속적으로 공급해 주는… 훌륭한 업적을 낳았다'(Dimham and Hines, 1983: 160).

지금까지 간단히 살펴본 농업관련산업과 식량생산과의 관계는 남부에서 나타나는 토지이용 변화의 토대가 되는 구조적 과정을 밝히려는 시도였다. 라틴아메리카의 대부분 나라에서 재분배적인 농지개혁—20년 전 '농업개발을 위한 전미 위원회(CIDA; Interamerican Commmittee for Agricultural Development)' 연구에서 옹호되었던—이 제대로 수행되지 못했다는 사실은 이 지역에서 미국의 농업관련산업이 침투·확장하는 데 도움을 주었다(Barraclough, 1973). 대다수 소농과 농촌 노동자들의 경제적·사회적 지위가 실질적으로 전혀 향상되지 않은 상태에서 도시인구가 급격히 늘어났기 때문에 전통적인 지주중심 농업은 공업과 연계된 상업적 농업에 굴복하게 되었다. 고지대뿐만 아니라 해안지역의 상업적 농업에까지 토지개혁을 단행했던 페루와 같은 나라에서조차도 대다수 소규모 농지보유 농민들에게 농지개혁의 혜택을 누리게 하는 데는 명백히 실패했다.

아프리카에서는 엄청난 식량부족과 식량자원에 대한 심각한 인구압력 때문에 농업토지이용이 변해 왔다. 민간과 국영협동농장 모두 국제적 농업관련기업들에 문호를 개방해 왔다. 우리가 보았듯이 이러한 개방은 자연환경 및 대다수 농촌주민들의 생활을 희생시켰다. 토지자원은 지속가능한 방법으로 개발되기보다는 단기적인 상업적 이익에 저당잡혔다. 환경파괴 역시 새로운 대안적 발전모델을 시급히 고려해야 한다는 신호로 간주되기보다는 오히려 경제종속을 강화하게 하는 자극으로 간주되었다.

이 장에서는 자연자원과 이것이 이용되는 방법에 대해 살펴보았다. 여기서 살펴본 토지, 물, 산림자원들은 어느 것이나 할 것 없이 소수의 손에 통제가 집중되어 있으며 단기간의 이익을 위하여 이용되고 있다. 이 때문에 장기적인 환경에 대한 이익과 함께, 자원의 보존에 생계를 의존하고 있는 대다수 가난한 농촌주민들이 희생되었다. 다음 장에서는 선진국가들에서 나타나는 환경의식의 성장과 이것이 '발전'이라는 말을 개념화하는 데 미친 함의에 대해 살펴보고자 한다.

3. 환경주의와 발전

앞 장들에서는 정치경제학이 환경의 변화에 대한 적절한 이론적 이해를 제공하는 데 한계가 있다는 것과 천연자원의 사용방식이 균등한 발전정책에 심각한 손상을 입힌다는 것을 살펴보았다. 이 장에서는 발전에 대한 이론적 고찰과, 그것이 자원이용에 대해 가지는 실천적 함의에서 과연 무엇이 빠져 있는지를 살펴봄으로써 앞의 분석을 심화시키고자 한다. 환경주의자들의 관점의 전개과정은 선진국의 환경보전과 생태적 균형에 대한 관심과 일치한다. 이러한 관심은 국제적인 수준에서도 보이는데, UNESCO의 '인간과 생물권(Man and the Biosphere)'이라든가, 1971년과 1980년에 각각 개최되었던 '세계 보전 전략(World Conservation Strategy)' 등과 같은 환경연구 프로그램 등을 들 수 있다. 선진국이 옹호하고 있으며, 많은 국제적 발전 기구가 최소한 명목상의 지지를 보내고 있는 이런 보전방식이 과연 어느 정도까지 남부의 환경문제를 이해하는 데 쓸모 있는 틀을 제공해 줄 수 있을 것인가? 전지구 차원에서 천연자원의 문제가 급박하다고 하는 것이 제3세계의 환경주의자들에게 동일한 정도의 급박함을 불러일으킬 것인가? 이 장의 마지막 부분에서는 이러한 맥락에서 서독 녹색 운동의 대표적 이론가 루돌프 바로(Rudolf Bahro)의 환경주의적 관점과 브란트 보고서에 담긴 관점을 비교해 볼 것이다.

선진국의 환경주의

우리들의 환경에 대한 인식은 발전과정과 함께 전개되어 왔다. 환경주의라는 말은 복잡하고 다양한 사회운동을 산출해 왔던 모호한 개념이다. 먼저 환경주의적 사고 그 자체를 고찰해 본 후, 그 다음 서구 산업사회에서 이 사고를 구성하고 있는 다양한 요소들을 살펴보도록 하자.

자연 환경의 미래에 대한 초기의 관심은 반(反)도시적-반산업적인 것으로 표현되었다. 북미의 초월주의자(transcendentalist)들, 예를 들어 소로우(Thoreau), 휘트먼(Whitman), 에머슨(Emerson) 등과 같은 작가들은 생물윤리(bioethic)나 지구에 대한 책임감 등을 주장했으며, 천연자원을 마구잡이로 남용하기 전에 그것들에 대한 기본적인 생태학적 이해를 갖도록 촉구했다(O'Riordan and Turner, 1983: 3). 그들은 자연, 특별히 황무지를 문명의 침탈로부터 보호하고자 하였다. 유럽의 경우, 환경주의의 선조들은 주로 초기 무정부주의자들이나 사회주의자들 중에 있었는데, 윌리엄 모리스(William Morris) 같은 사람은 노동과 수공업에서 산업사회 이전의 가치들을 복구하고자 했던 사람이었다. 여기서 강조점은 자조(self-reliance)와 평등에 놓여 있었다. 이런 유토피아적인 사조는 오늘날에도 이어져 내려오고 있다. 코트그로브(Cotgrove)는 산업사회 내부에서 [산업사회를 인정하면서] 자연과 더 우호적인 관계를 유지할 것을 주장하는 다소 실용주의적인 학파와 이 유토피아적인 사조를 구분하고 있다. 유토피아적인 사조는 경제적 성장과 정치적 해결에 대한 자신들의 믿음을 가지고 산업사회의 핵심적인 가치들을 완전히 거부하는 것으로 시작한다(Cotgrove, 1983: 19).

대부분의 환경주의자들의 메시지는 자연과 공존할 수 있는 새로운 형태를 찾는 것에 관련되어 있다. 근본적 환경주의는 인간의 자연전유(appropriation)에 좀더 조심스러운 정당화가 필요하다고 본다:

일반적으로 환경주의자들은 자연에 개입할 때 개입 효과의 불확실성 때문에 조심해야 한다는 자세를 취하고 있다. 그러나 어떤 환경주의자들은 인간이 자연환경을 개조하는 것이 가져올 수 있는 부정적인 효과에 대해서 대단히 염려한다. 그들의 근본적인 전제는 인간이 자연에 개입하는 것이 정말 필요할 경우에만 그렇게 하고 그 전까지는 자연을 그냥 변경시키지 않고 내버려 두는 것이 바람직하다는 것이다.(Tarris, 1976: 57)

자연이 인간을 위해서 존재한다는 관점은 강력한 도전을 받고 있다. 자연은 인간을 위한 자신의 잠재력 보존 때문만이 아니라 자연 그 자체만으로도 보호받을 필요가 있다.

자연환경에 대한 이런 청지기적 관심은 인간의 자연에 대한 존경심이 물질적 이득 추구 때문에 상실되었다고 보는 사상과 결합하였다. 자연으로부터 재화를 생산한다는 유물론은 자연세계에 대한 인간의 책임을 포기한 태도를 대표한다. 환경주의자들의 관점에 담긴 윤리적 언급의 강도를 인식하는 것과 이런 윤리적 관심이 사람들이 흔히 생각하는 것처럼 최근의 것이 아니라는 것을 알아채는 일은 그리 어려운 일이 아니다.

삶의 질에 관한 논쟁과 더불어 또 하나 절박한 문제는 천연자원이 고갈되고 환경이 오염되는 속도에 관한 것이다. 이 문제는 몇몇 집단들로 하여금 위험 수위에 다다른 환경을 근본적인 사회변혁을 추진하는 조종간으로써 이용하도록 유도하였다(Cotgrove, 1983: 19). 그와 동시에 환경주의가 필연적으로 수반하는 '인간 행위에 대한 새로운 철학'(O'Riordan, 1981: ix)을 신봉하는 사람들 역시 이것을 실천하고자 애쓰고 있다. 나중에 다시 논의하겠지만, 이것은 대단히 중요하다. 왜냐하면 급진적 환경주의자들의 주요한 약점 중의 하나가 어떻게 새로운 사회를 만들어낼 것이냐에 대한 이론적 설명이 없다는 것이기 때문이다. 당분간은 높아진 환경의식 탓에, 천연자원을 효과적으로 사용하는 방식을 탐구하게 되며 인간적 규모의 기술(human scale technologies)로 되돌아가게 될 것이다.

기술이 자연 세계에 초래한 몇 가지 중요한 변화 때문에 환경주의에 담긴 윤리적 언급들은 계속 옹호되어 왔다. 그 중에 첫번째는 인류의 인구증가와 자원개발의 재생불능성이 생태계의 수용능력을 위협하는 것이다. 한 영향력 있는 책에서 배리 코모너(Barry Commoner)는 이 과정의 위험을 묵시적인 용어로 표현하고 있다.

인간은 생물학적인 필요에 의해서가 아니라 자연을 정복하기 위해 고안한 사회 조직의 필요에 떠밀려서, 생명의 순환고리로부터 떨어져 나왔다. 부(wealth)를 얻기 위한 수단은 자연을 다스리기 위한 수단과 갈등을 일으킨다.(Commoner, 1972: 299)

환경에 대한 존경심이 사라지게 됨에 따라 인간이 누릴 수 있는 자유의 제한성을 망각하게 되었다(Dasmann, 1975: 19). 비록 인간이 기술 때문에 이전에는 상상도 할 수 없었던 방식으로 [생태계의] 수용능력을 증대시킬 수 있었지만, 아직 궁극적인 한계는 남아 있다(ibid.: 36). 만일 우리가 이 궁극적인 한계를 직시하지 않는다면, 우리의 생존은 극히 위태로울 것이다.

인간의 탐욕이 낳은 자연에 대한 위협도 이에 못지 않게 중요하다. 예를 들면 '생물학적 농축'이라는 것이 있다. 이것은 인간이 버린 독성 물질이 먹이 사슬을 통해 더 농축되어 전달되는 것을 말한다. 환경 오염은 인간에게 영양 공급의 문제로 전이되는 것이다(Dasmann, 1975: 24-25). 더 극적으로 말하자면, 인간은 다른 종(species)의 생존에 책임이 있다. 노만 마이어즈(Norman Myers)의 대단히 탄복할 만한 저서에서, 그는 이 지구상 어느 곳이든 종의 생존을 위협하는 발전은 우리가 단지 어렴풋하게 인지할 수밖에 없는 물질적 결과를 초래한다고 주장하고 있다. 유전자 풀(gene pool)을 유지하는 것은 단지 과학적이거나 미학적인 목적을 위해서만이 아니다. 왜냐하면 우리가 이용할 수 있는 유전자 풀이 줄어든다면 자연의 적응능력은 심각하게 손상될 것이기 때문이다(Myers, 1979).

환경주의자들에게 추진력을 더해 준 최근의 또 다른 입장은 '성장의 한계'라는 명제로 대표되는 태도이다. 심지어는 선진국가가 경제 침체를 맞이하기도 전에 성장모델의 유용성이 또 다른 측면에서 의심받고 있었던 것이다(Meadows et al., 1972). 유한한 지구 위에서 수요를 계속 창출하는 대가는 다음 세대가 지불해야 할텐데, 그들에게 오늘날의 인간적인 가치란 불합리하고 낭비적인 것으로 보일런지도 모른다. 정작 어려운 것은 더 늦기 전에 생태계에 남아 있는 신호들을 읽어내는 일이다. 엑크홀름(Eckholm)은 다음과 같이 말한다. "생태계가 인간 사회에 필연성을 선사한 것은 아니다. 오히려 우리가 어떤 종류의 세상에 살기를 원하는가를 선택해야 된다. 환경의 위협에 대처하는 방법은 인류의 더 넓은 목표와 관련해서만 형성될 수 있다"(Eckholm, 1982: 209). "그 본질에 있어서 환경주의의 중심에는 윤리적 문제가 명확히 자리잡고 있다. …이것이 오늘날의 세계를 지탱하는 동기들, 생각들, 업적들에 도전하고 있다."(Newby, 1989a: 105).

환경주의자들의 관점을 형성했던 많은 영감의 원천들은 다양하고, 때로는 서로 모순적인 운동을 촉발시키는 데 기여해 왔다. 스트레튼(Stretton)을 비롯한 몇몇 사람들은 환경운동이 전체 사회운동 프로그램 중에서 상당히 효과적인 운동이 될 것이라고 주장하였다. 또한 일상적인 사회생활 속에서 사회주의적 관심을 확장시킬 수도 있는 이러한 도전에 대해서 좌파들이 인식하지 못하고 있는 것을 비판하였다(1976: 4). 환경이 소비되는 방식에 주목하고 있던 또 다른 사람들은 시골과 같은 위치적 재화(positional goods)의 경우 이들 재화에 대한 접근을 제한할 때만이 가치를 가지게 된다고 주장한다(Hirsch, 1976). 이런 관점들은 사회민주주의의 기본적인 가정 즉, (소비재의 경우)더 많이 생산한다든지, (공공 서비스의 경우)접근 가능성을 확대한다든지 해서 재화를 제대로 분배하는 것은 정부의 일이어야 한다는 가정에 도전하고 있다.

환경운동을 분석하고 연구하는 몇 안되는 사회학자들 중의 하나가 코트그로브(Cotgrove)이다. 그의 관심은 공식 기관의 자문이나 여론을 변화시키려는 시도로 나타나는 환경주의적 접근을, 유토피아적 집단들이 지지하고 있는 좀더 단일한 세계관을 가진 환경주의적 접근과 구분하는 것이다. 코트그로브는 환경주의자들의 '생존을 위한 청사진'을 사회학적으로 분석하고 있는데, 그 청사진에서 우리는 환경주의자들이 옹호하고 있는 사회상이 어떤 종류의 것인지 알 수 있다. 그는 이런 청사진이 얼마나 모순적이고 불분명한 것인지를 알아냈다(Cotgrove, 1983). 비록 코트그로브가 청사진 안에는 어떻게 그 이상향에 도달할 수 있는지에 대한 설명이 빠져 있다는 것을 알아내기는 했지만, 구성원들의 신뢰를 유지시키고 구성원들의 운동력을 결집시키며 통로를 제공하는 데 중요한 역할을 하는 유토피아적 집단의 실천적 활동에는 별로 주의를 기울이지 않았다. 유기적 원예농법이라든가 수공업, 공동체적 삶에 대한 실험 등은 '새 예루살렘'[기독교의 이상향]과는 거리가 있어 보인다. 하지만 이런 활동들은 개인에 대한 보상이 금전적인 것이나 물질적인 소득에만 의존하지는 않는다는 사상을 형성하는 데 핵심적인 요소들이다.

환경주의에 대한 다른 분석들은 각 환경운동 집단들이 과학에 대해 서로 다른 관점을 가지고 있다는 데 초점을 맞추고 있다. 샌드바하(Sandbach)는 두 가지 형태의 환경주의를 구분하고 있는데, 하나는 기본적으로 생태학적이며 과학적인 것이고 또 다른 하나는 정신적 측면에서 좀더 급진적인 태도를 보이는 것이다. 첫번째 형태를 구성하는 것들은 생태학과 체계적인 분석에 근거하여 과학적으로 타당한 사례를 제공함으로써 정책에 영향을 끼치려고 한다(Sandbach, 1980: 22). 이 집단들은 기존의 환경체계가 생존가능하며 따라서 정당성이 있다고 믿는다는 점에서 대체로 보수적이다. 환경주의의 두번째 형태는 기존에 이룩된 것에 대해 상당한 반감을 보이며 환경체계에 대한 관심보다는 과학과 기술이 인간적인 원칙들과 양립할 수 있을런지에 대해 더 관심을 보이고 있다(ibid.: 23). 로우(Lowe)와 워보이즈(Worboys)에 따르면 더욱 급진적인 태도를 지닌 사람들은 다음과 같이 주장하고 있다고 한다. "정치적인 차이라고 하는 것은 군더더기에 불과하다. 왜냐하면 인간에게 생태적 조건이라는 것은 절대절명의 것이기 때문이다"(1980: 436). 샌드바하는 다른 저자들보다 더 깊이, 다양한 형태의 급진적 환경주의를 뒷받침하고 있는 이데올로기적 원천을 탐구하였으며 하버마스와 마르쿠제에게서 그 해답을 발견하였는데, 이 두 사람은 모두 사회의 소외와 통제가 과학과 기술의 산물이라고 생각하였던 것이다. 위에서 언급한 두 가지 형태의 환경주의적 관점은 모두 정치적 행위에 대해 대단히 회의적인 시선을 보내고 있지만, 우익이나 좌익 어느 한쪽에 상당한 정도로 경도되어 있는 것 같다. 대중적인 생태학적 관점은 보다 실증주의적인 것인데, 가치 중립적 과학 분석은 정치적 합의 위에 기초를 두어야 한다고 주장하고 있다. 상당히 보수적인 생태주의자들에게 환경 위기란 사회 안에서 과학의 권위에 대한 위기이다. 또 상당히 급진적인 환경주의자들에게 위기란 과학 내부에서의 위기이다. 급진주의자들에게 (오늘날 행해지고 있는) 과학이란 해결이 아니라 문제이기 때문이다. 그러나 문제해결을 위한 탐구는 우리로 하여금 전통적인 의미의 과학과 기술의 범위를 벗어나도록 하고 있다. 그것은 '분석이라는 용어와 대안의 범위, 그리고 분석되어야 할 체계의 범위'까지도 확장시키는 일을 포함한다(Brooks, 1976: 128).

대안적인 사회를 옹호하지 않고, 다만 성장 옹호론자와 성장 억제론자 사이에서 사실 검증의 부담을 어느 한쪽에 떠넘기려고 하는 사람들에게는 심각한 문제가 남아 있다(ibid.: 128). 대개 무시되고 있는 분야가 바로 환경 보전 수단들의 분배적 결과에 관한 것이다. 샌드바하는 천연자원의 보전과 오염 통제에 대한 행정 비용을 오염을 일으키는 기업들이 지출하는 것이 아니고 대중들이 지출하게 된다는 것을 지적하고 있다. 이렇게 되면 더 좋은 환경 기준은 대중들에게 부과된 세금을 통해서만 얻어지고, 그 중에서 가난한 사람들은 초과 비용을 지불한다고 느끼게 되는 것이다(Sandbach, 1980: 37). 이러한 환경 정책은 역행적이라고 할 수 있다. 반면 로비활동의 압력에 의해 미국에 도입된 환경 감시인(environmental safeguards)제도는 너무 경비가 많이 드는 제도이다. 더군다나 이 제도는 환경 보호에 반대하는 사람들에게 '스스로 실천적 환경주의자라고 하면서도 지나치게 비타협적이고 무리한 환경규제 비용을 주장하는 사람들'의 주장(즉 실천적 환경주의자들의 주장)을 반박할 수 있는 기회를 제공해 준다(Wolfe, 1980: 91).

뉴비(Newby)가 지적한 것처럼, 환경주의에 대한 논쟁은 사회에 대한 개인의 요구와 비(非)시장 메커니즘을 통한 필요의 충족 문제를 다루기 때문에 분명히 정치적인 문제이다(Newby, 1980a). 그러나 환경주의자 집단들의 활동은 분배적 결과의 중요성을 그다지 강조하고 있지 않다. 이것은 영국뿐만 아니라 북미에서도 마찬가지이다(Buttel, 1979: 465). 개인이나 집단이 환경 보전에 대한 이해를 드러낼 때 이 이해는 대개 말 그대로 표면적인 가치로만 받아들여진다. 그러나 최근 동앵그리아(East Anglia)의 농부들에 대한 조사 결과에서는 '토지 소유주들이 환경을 보전하는 동기를 피력하는 것과, 그들의 물질적이고 정치적인 이해와 관련된… 객관적인 결과를 말하는 것을 구분해야 한다'고 주장하고 있다(Newby et al., 1978: 242).

환경적 관심의 다양성과 그것에 대해 설명하고 있는 진술들의 급박성 못지 않게 두드러진 것이, 생태학적 원칙들에 어긋나지 않으면서도 인간으로 하여금 생태계의 파멸을 피할 수 있게 해주는 사회이론을 만들어내려는 노력이다. 대부분의 환경주의적 저술들에서 지속가능한 발전의 기초를 놓는 데는 정치적인 결단이 필요하다고 강조한다. 그러나 더 바람직한 환경 정책의 가능성과 효과에 대해서는 상당한 혼동이 있다. 저자들은 자신들의 환경 옹호적 주장 속에 '사회적 인자(social factor)'를 집어넣고자 하는 유혹을 이기지 못하지만, 그럼에도 불구하고 대부분은 주체—이것이 없이는 아무것도 이루어지지 않는—와 환경주의적 정책이 실행될 메커니즘을 구별하는 데 실패한다.

리델(Riddell)의 최근의 책이 이런 점을 잘 지적한 경우이다. 여기에는 환경 문제에 둔감하다는 것의 함의가 무엇인지 수긍이 가도록 표현되어 있다.

> 원래 소비자 사회에서 성장이라고 하는 것은 반드시 국가 내부에 그리고 국가간에 있는 불평등을 기초로 하고 있다. 이때 가난한 나라들은 자국의 성장을 위해서 결국 스스로를 착취할 수밖에 없는데 이 과정에서 식민주의(colonialism)로부터 독립한 효과가 상쇄되어 흡수되는 [제국주의와] 동일한 배당사회(dividend society)를 만들어내게 되는 것이다.(Riddell, 1981: xi)[15]

그럼에도 불구하고 리델이 사용한 '생태학적 발전(ecodevelopment)'이라고 하는 것은 분석적 개념이 아니라 규범적 개념이다. 이 개념은 범신론(pantheism)에 기초하고 있는데 "(맑스주의와 같은) 무신론이나 (기독교와 같은) 유신론이 아니라, 보다 자원의식적인(resource-conscious)인 사상이다"(ibid.: xiii). '생태학적 발전'을 강조하는 것은 인류의 진보가 '과학 기술(hard technology)'보다도 '세계관의 변화(soft change)'에 의해 더 잘 수행된다는 개인적인 신념의 표현이다. 그는 대안적인 생산양식에 근거한 보다 바람직한 분배체계가 필요하다는 것을 인정하지만 이런 양식이 등장할 수 있는 역사적 조건에 대해 아무런 제시도 못하고 있다. 그가 딕

---

15) 제3세계는 제국주의로부터 독립해도 스스로를 착취할 수밖에 없기 때문에 자신의 환경을 착취할 수밖에 없다. 따라서 제3세계 환경파괴의 주체와 메커니즘은 혼재되어 있다.

슨(Dickson)의 『대안적 기술』(*Alternative Technology*)을 활용하기 위해 자신의 분석에 포함시킨 프로그램은 매력적이고 설득력이 있다(Riddell, 1981; Dickson, 1974). 그러나 이 프로그램이 어떻게 정치적으로 도입될 수 있을지에 대해서 우리는 알 수 없다.

환경주의적 관점을 채택한 사회 이론을 찾고자 하는 노력은 많은 저자들을 곤경에 빠뜨리고 있다. 지금까지 환경을 더 잘 보전하는 길은 오염을 일으키는 집단을 단죄하는 것으로 시작해야 한다고 주장되곤 하였다(Fraser Darling, 1970: 29). 그러나 이미 우리가 보아 왔던 것처럼 오염에 대한 대개의 입법적 조치는 온건하기 짝이 없고, 그나마 [환경 오염의] 혐의가 있는 집단이 동의해야 되는 실정이다(Sandbach, 1980). 환경의 위협을 인식한다는 것은 손에 잘 잡히지도 않는 환경적 이익을 위해 실제적인 물질적 소득의 증진을 기꺼이 포기하겠다는 것을 의미한다(O'Riordan, 1981: 309). 공적인 토론에 활기를 불어넣을 수 있는 새로운 환경의식은 '계급 이해(class interests)'보다 '삶의 이해(life interests)'로 대표된다(Bahro, 1982a). 맑스주의적 분석의 프롤레타리아와는 다르게, 이런 이해를 기존 질서의 모태 속에 담아낼 수는 없다.

협조적이고 조화로운 행위가 필요함에도 불구하고, 인간 사회는 환경적 동기를 위하여 인간의 자유를 제한하는 일이 거의 없다. 우리가 이제까지 보아 왔듯이 생태계를 위해 사회적으로 노력해야 한다는 절박한 요청을 한 적이 거의 없었다. 심지어 이미 존재하고 있는 경고를 무시하면서까지 말이다. 대부분의 사회 조직은 재화와 서비스를 얻기 위해서 움직이고 있거나, 그들의 '집합적 소비'를 통해 각 산업에 만족스러운 노동력을 제공해 줄 수 있도록 하기 위해서 움직이고 있다(Castells, 1977). 단기간의 개인적 이득을 얻는 것을 제외하고, 사람들은 환경적 목표를 위해 정치적으로 조직되는 것을 극히 싫어한다. '사람들이 다른 사람들과 맺고 있는 관계를 변화시키지 않고서는 자원을 이용하는 방식을 변화시킬 수 없다'는 스트레튼(Stretton)의 격언은 쉽게 잊혀짐에도 불구하고 진실을 담고 있다(Stretton, 1976: 3). 좀더 쓸모 있는 사회 제도를 만들기 위해서는 어떤 대안이 실제로 유효한 대안인지를 가늠하는 데서나, 사회적 목표를 설정하는 데에서, 그리고 그 목표에 가장 일관된 대안을 달성하는 데에서도, 기존의 것보다 더 바람직한 수단들이 필요하다(Meadows et al., 1972). 정치적인 신뢰를 얻을 수 있는 환경주의적 사회 이론을 찾는 작업은 많은 시간을 요구하게 될 것이다.

개발도상국의 환경

선진 산업국가들에서 나타난 환경주의는 제3세계에 확장시킬 수 없는, 그리고 민족중심주의에 빠질 요소를 지니고 있다. 예를 들어 설명하자면, 영국이나 유럽 대륙의 사람들에게는 너무도 친숙한 용어인 '시골(countryside)'이라는 단어가 이 협소한 지역 밖의 사람들에게는 전혀 낯설고 생소한 단어가 되어 버린다. 라틴 아메리카에서 이 말과 가장 비슷한 단어는 엘캄포(*el campo*)16)인데 이 단어는 대부분의 도시 사람들에게 자랑스럽다기보다 공포의 대상이 되는 말이다. 이 용어는 영국인들의 감수성을 뒷받침하는 목가적 시나 전원의 풍요로움을 상징(Newby, 1980b)하지 않고 빈곤과 억압을 상징한다. 사람들은 시골에 다가가려고 하기보다 떠나려고 노력한다. 라틴 아메리카의 농촌 환경은 두 개의 경쟁적인 사회경제체계—상업농(대부분 대규모이다)과 생존농업—가 입지한 곳이다. 나머지는 황무지이다. 시인과 사상가들의 마음속에는 이 황무지가 멋있는 것으로 자리잡고 있지만, 사람들이 실제로 그곳을 방문하여 휴식과 여가

---

16) 들판이나 시골을 뜻하는 스페인어.

를 갖지는 않는다. 중산층이 휴가를 즐기는 곳은 물이 풍부한 오아시스나 바닷가 휴양지, 그리고 오래된 대규모 농장(*haciendas*)과 새로 생긴 종합 스포츠 시설들이다. 시골은 가난한 사람들이 사는 곳이기도 하고 그들로부터 이득을 얻어 돈을 버는 사람들을 위한 곳이기도 하다.

선진 산업사회들과 대조해 보면 차이가 분명해지는데, 환경을 개념화하는 방식에서도 제3세계와 선진 산업사회는 차이가 난다. 선진국가에서 농업관련산업의 성장은 시골의 질에 대한 우려를 낳게 한다. 왜냐하면 레크리에이션과 관광을 통해 소비되는 것이 바로 시골이기 때문이다. 그러나 대부분의 남부에서 농업관련산업에 반대하는 사람들이 어떤 문제도 제기한 적이 없다. 우리가 지금까지 목격한 대로, 자연 환경을 이용한 농업관련산업의 영향은 선진국보다 남부에서 훨씬 더 심하다. 그러나 한편으로 농업관련산업의 침투는 발전에 어느 정도 기여를 함으로써 긍정적인 가치를 지닌다고 간주되기도 한다. 섬세하게 균형을 이룬 농업 경작 체계가 자연자원의 개발 때문에 파괴된다고 주장하는 사람들은 근대화와 소리 없는 대중들에게는 장애물로 간주된다.

환경이라는 단어가 상이한 내용을 담고 있다는 것은 우리가 배타적으로 유럽과 북미의 경험에만 근거하여 국제적 비교를 하는 것에 더 조심해야 한다는 사실을 알려 준다. 다스만(Dasmann)은 설득력 있는 저작에서 다음과 같이 주장하고 있다.

> 하나의 사회적 세력으로서 환경 보전 운동은 미국에서 야생지역과 야생동물들의 미래에 대해 관심을 갖기 시작한 것에서 비롯된 운동이다. 이 운동은 운동의 최종적인 기준 역시도 미국의 것으로 해야 한다고 하는 것 같다. 미국은 앞으로 닥쳐올 변화를 일으킬 가장 유력한 위치에 놓여 있다.(1975: 2)

이 관점이 아무리 고상한 시사점을 제공한다고 하여도, 낙후된 국가들의 농촌지역은 도시지역의 소비를 위한 곳이라기보다 농업 생산을 위한 곳이라는 사실을 망각하고 있다. 다각적 토지 이용도 매우 드문 편이다. 이런 지역에서의 환경 문제는 개발의 문제이다. 북미나 유럽의 환경주의가 형성될 조건이 이곳에서는 존재하지 않는다. 식량 생산에 적합한 곳에서도 식량 공급은 불확실한 상태이고, 불평등한 토지 소유 체계하에서 인구 성장은 식량의 적절한 이용가능성에 계속 압력을 가하고 있다. 선진국에서는 계획에서 소외되지 않는 것이나 오염으로부터 벗어나는 것 등과 같이 덜 긴박한 필요들이 매우 중요하다. 왜냐하면 주택이나 식량 등과 같이 매우 긴박한 필요들이 대부분의 사람들에게 이미 만족할 만큼 공급되었기 때문이다. 이와 반대로 개발도상국에서는 긴박한 필요들이 여전히 우선순위에 있고 환경 정책을 둘러싼 각축장을 이루고 있다. 농업관련기업의 토지 독점에 반대하는 농민들의 운동과 자신들의 집을 위한 권리를 찾고자 하는 도시 무허가 빈민들의 움직임은 남부에서 가장 환경 운동에 가까운 집단적 운동이라고 할 수 있다.

상당한 정도의 산업 성장을 이룩한 나라들에서는 다양한 집단들의 참여로 형성되는 계급구조를 따라 환경 운동이 발생한다는 증거가 많이 있다. 준켈(Sunkel)은 종속이론적 틀 속에 환경 문제를 자리매김하고 있다. 이때 경제 발전 모델이 매개변수가 된다.

> 자연을 착취해서 얻은 잉여는 중산층과 고소득층 부문을 위해 매우 그럴듯하고 쾌적한 인공적 환경을 창조하지만, 인구의 대부분을 차지하는 나머지 부문들에게 그 결과는 매우 위태로운 것이다. 부유한 사람들이 갖는 환경에 대한 관심은 대기 오염이나 소음, 혼잡한 교통 등에 의해 위협받는 삶의 질에 관한 것이고, 반면에 가난한 사람들이 갖는 환경에 대한 관심은 수질 오염, 작업장에서 집까지의 거리, 주택의 불안정성과 혼잡도 등과 같이 직접적으로 그들의 삶을 위협하는 것들과 관련되어 있다는 것이 문제가 된다.(1980: 47)

개발도상국에서 일어나는 환경 운동의 계급적 기반은 기대하지 않았던 정치적 연대를 초래하게 된다. 마샬 울프(Marshall Wolfe)가 논의한 것처럼, '고용주들에 의해 조장되어서 노동자들은… 환경에 대한 규제가 자신들의 고용기회와 자신들이 소비 사회에 진입하게 되는 것을 위협한다고 인식할 것이다'(1980: 88). 소비자 사회라는 것은 일부의 북부 사람들은 싫증을 내기도 하는 개념이지만, 대부분의 남부 사람들에게는 이루지 못할 목표를 나타내는 말이다. 발전이 가져다 주는 물질적 안정이 없으면, 시장의 힘이라는 것은 가난한 사람들을 피폐한 환경과 정치적 무기력 쪽으로 몰아붙일 뿐이다. 발전과 관련된 대부분의 저술들은 심지어 국지적인 발전 과정도 곧바로 국내와 국제간의 경제적 교역에 연결된다는 것을 보여준다. 최근에 개발도상국의 환경 문제를 둘러싼 갈등도 이와 같은 과정의 일부분이다. 환경 문제가 특별한 사회적 계급과 결합하는 것도 동일한 계급 모순의 일부분이기 때문이다.

선진국에서 1960년대와 1970년대의 삶의 질에 대한 관심은 1980년대의 심각한 경제적 침체 때문에 희석되었다. 이것은 노동의 의미에 대한 급진적인 재평가와 함께, 비공식 부문의 노동 과정은 선진국이나 개발도상국이 서로 비슷하다는 인식을 불러일으켰다(Redclift and Mingione, 1984) 비록 경제적 침체 과정을 통해 자본은 재구조화될 수 있지만, 환경에 대한 함의는 계속 남아 있다. 하버마스가 지적하듯이,

생태학적 손상을 피할 수 있는 가능성은 개별 체제에 따라 고유한 것인데, 후기 자본주의 사회가 '조직(organization)'이라는 자신의 기본적 원칙을 포기하지 않으면서, 성장 제한이라는 명령을 따르기란 매우 어렵다. 왜냐하면 자발적인 자본의 성장을 질적 성장으로 변형시키는 일은 사용가치를 지향하는, 계획된 생산 방식을 요구하기 때문이다.(1976: 371)

이 점에서 우리들은 선진국과 남부의 환경 운동이 갖는 차별성을 살펴보았다. 급진적인 환경주의가 갖는 새로운 방향을 고찰하기 전에, 우리는

남부에서 취하는 개발 방식에 영향을 미치려는 국제적 환경 보전 노력에 대해 살펴보아야 한다.

국제적 환경 보전: 스톡홀름으로부터 난 길

1970년대 초반 이래로, 국제적 환경 보전 노력에 담긴 급박성에는 분명한 변화가 생겼다. 10년쯤 전에 UN에 의해 주최된 세미나에서의 분위기는 낙관적이었다:

> 우리가 거듭 강조한 것처럼, 환경 파괴는 개발도상국의 발전에서 여전히 상대적으로 작은 부분을 차지하는 것이며, 그 나라들 중의 다수는 자신의 행정적인 능력을 새로운 제도와 기계 장치를 설립하는 데 돌려야 할 만큼 성숙되어 있다.(UN, 1972: 27)

이런 낙관적 분위기가 확산되지는 못했는데, 그것은 전반적으로 '스톡홀름 국제 환경 보존 회의(Stockholm Conference International Conservation)'의 결과가 점차 더 중요해지기 시작하였기 때문이다. 선진국의 관심사(오염과 재생 불가능한 화석 연료)에서 남부의 천연자원의 고갈 문제(산림 벌채, 사막화, 그리고 관개 체계의 불안정성) 쪽으로, 환경에 대한 논의의 관심이 이전됨으로써 환경 문제에 따르는 급박성도 기존의 방식과는 다르게 제기되었다. 1971년 스톡홀름 회의 바로 직전에 UNESCO는 '인간과 생물권(Man and Biosphere)'이라는 프로그램을 만들었는데, 이 프로그램은 환경 문제의 영역을 설정하고 더 나은 환경 관리를 위한 학제간 조사 방법의 개발을 목적으로 하였다. 그 조사 계획은 가까운 장래의 환경 문제를 해결할 수 있는 정보를 제공하도록 기획되었다

(UNESCO, 1982: 373).

스톡홀름 회의에서 통과된 26개의 주요한 해결책과 참석자들의 동의를 얻은 109개의 추천 사항에도 불구하고 10년 후 실시된 이 회의에 대한 평가 결과, 환경 보전을 위한 국제적 노력은 모든 면에서 실패한 것으로 드러났다. 지난 10년 동안 인구는 8억 가량 증가하였고 부유한 국가와 빈곤한 국가간의 격차도 역시 증가하였다. 전 세계적으로 무기에 쓰인 돈은 미국 달러로 5천억 달러까지 치솟았다. 먹이 사슬에서도 성분이 밝혀진 독성 물질의 숫자와 독성의 강도는 늘어나고 있다. 멸종 위기에 처한 식물과 동물종(species)의 숫자도 역시 늘어나고 있다(Environmental Conservation, 1982: 91). 최소한 피상적으로 볼 때도, 국제적인 환경 보전 노력은 개발도상국의 환경 위기를 대처하는 데 있어서 거의 아무런 일도 하지 못했다고 봐야 할 것이다.

같은 10년 동안 환경에 관한 이슈들은 개발도상국의 정치 의제에서 보다 더 중요한 문제로 등장하였다. 1972년 남부의 많은 영향력 있는 지도자들은 자신들의 환경을 보호하는 것은 북부로 하여금 무역 장벽을 쌓되 오염 통제라는 값비싼 형태로 장벽을 쌓게 만든다는 것임을 알게 되었다. 10년이 지난 후 위에서 언급한 각 나라의 지도자들은 UNEP[17]의 후원하에 나이로비에 모여서 '각 개별 국가의 환경이 입은 손상에 대한 관심을 표명하고 그 손상이 자신들의 발전과 국민들의 생활 상태에 끼치는 역효과'에 대해 언급하였다(Sandbrook, 1982: 2-3). 그 회의에서는 남부의 환경 문제가 여러 국가들의 일치된 행동을 통해서만 해결될 수 있다는 것을 인정하였다. 가장 다루기 어렵고, 또 오랜 기간 동안 전 지구적으로 협조

---

17) United Nations Environmental Programme: 유엔 환경 계획. 1972년 유엔 인간 환경 회의(United Nations Conference on Human Environment)를 스톡홀름에서 개최하였는데 이 자리에서 인간환경을 위한 선언·행동계획 채택 및 환경 문제에 관한 국제적 협력을 목적으로 국제기구 설립을 건의하였다. 이에 동년 12월 제27차 유엔 총회에서 UNEP를 설립하였다.

를 해야 하면서도 환경 문제 해결에 가장 기본적인 장애물이 되었던 것은 기술적인 것이 아니라 정치적인 것이었다(Global 2000, 1982: 429).

지구의 환경 위기에 대한 가장 두드러진 진단은 1980년에 발족된 '세계 보전 전략(World Conservation Strategy)'에 잘 나타나고 있다. 그 전략은 기본적으로 진단적이었기 때문에 자원의 보전에 관한 논쟁에 초점을 맞췄다. 그 전략은 생태계간의 관계를 분명히 선언하고 있으며, 생태계를 위협하는 것에 대해서 날카롭고 명료한 산문으로 표현하고 있다. 이 접근은 좁은 지리적 경계를 넘어서고 있다. 세계 보전 전략은 주로 관개시설이 되어 있는 저지대에 살고 있는 세계 인구의 40%의 운명과, 저지대 농업에 물을 공급하는 수자원 분배체계가 있으며 세계 인구의 10%가 살고 있는 고지대 주민들의 운명을 연결지운다. 토양 침식과 척박화, 침전(沈澱)과 염분(鹽分)의 문제는 과도한 벌채와 사막화 그리고 경사지의 범람과 관련이 있다. 그것은 가난 때문에 더 악화된, 인간이 땅에 가한 억압의 직접적인 결과로 해석할 수 있다. 더 나아가서 세계 보전 전략은 환경 파괴에 큰 공로를 세운 개발 과정에 대해 다음과 같이 말하였다. "명백히 발전 과정은 좋은 경작지를 목초지로 만들어 버리고, 벌채 회사로 하여금 세계의 산림 자원을 노략질하게 하였으며, 저지대 농업으로 하여금 화학비료와 살충제를 너무 많이 쓰게 만든 그런 과정"이라고 하였다. 따라서 다음과 같은 자원 보전의 세 가지 원칙이 제시되었다. 필수적인 생태적 과정과 생명체 유지 체계의 보장, 유전자의 다양성 보존, 그리고 종(species)과 생태계의 지속가능한 활용 등이다. 문서의 내용을 다 읽어보고 나면, 보전과 발전이라는 것이 그 동안 왜 그렇게 잘 섞이지 못했고 또 양립할 수 없는 것처럼 보였는지를 알아내기가 어려울 것이다(WCS, 1980). 환경 보전 지향적인 발전이 이 경우 보다 더 진보적으로 제안되기는 어려울 것이다.

그럼에도 불구하고 좀더 자세히 살펴보면, '세계 보전 전략'의 배후에 있는 가정들 중에는 따지고 넘어 가야 할 부분이 많다. 전략에 대해 우호적인 해석을 하고 있는 사람들은 이 한계점들을 항상 인정하지는 않고 있으며, 각 국가 정부가 이 전략에 대해 갖는 부정적인 반응에 대해서도 그것을 무지에 기인한 것이라고 생각하고 있다(Worthington, 1982: 97). 이보다 좀더 비판적인 설명을 할 수도 있을 것이다. 이 전략이 갖는 진단적 가치에도 불구하고, '세계 보전 전략'은 보전의 목표에 부응하는 데 필수적인 사회적·정치적 변화에 대해서는 조사하려고 시도조차 하지 않았다. 이런(사회적·정치적) 질문들은 전략을 구상했던 사람들이 할당받은 연구 과제와 능력 밖에 있는 것이어서 기각될 수도 있을 것이다. 그러나 남부에 존재하고 있는 사회적 세력들 사이의 균형을 그대로 인정한 채, 정책 실행에 대한 방법과 수단을 논의하지 않은 것은 대충 변명하고 쉽게 넘어 갈 문제가 아니다. 브룩필드(Brookfield)가 논의한 것처럼, 생태계 연구의 목표가 '상당한 정도'로 정책 결정 과정에 영향을 끼치기 위한 것이지만 반면에 정책 결정에 도달하는 방식도 생태계의 움직임에 대한 연구에 매우 중요한 것이다(1982: 378). 환경 관리의 의사 결정 과정에 대한 분석이 국제적 환경 보전의 신뢰성에도 역시 중요한 것이라고 그는 덧붙일 수 있었을 것이다.

비슷한 시기(1980)에 출간된 브란트 위원회 보고서(Brandt Commission Report)와 이것을 비교해 보면 배울 점이 많다. 브란트 위원회는 수많은 가난한 나라들의 돌이킬 수 없는 생태계 파괴에 의해 기본적인 발전 목표들이 위협받고 있다는 것을 알고 있었다(Brandt, 1980: 47). 이 파괴 과정은 정치적 불안정, 그리고 대규모의 사회적 문제 등을 차례로 일으키면서 전 세계의 안전을 위협하게 되는 것이다(Ibid.: 73). 이와 비슷한 맥락에서 제2차 브란트 위원회 보고서는 개발도상국의 환경에 대한 지속적이고 가중되는 파괴 행위가 이미 비상 상태에 이르렀다고 언급하였다(Brandt, 1983: 126). 그러나 세계 보전 전략을 브란트 보고서와 함께 읽어보고 나면 정책이 뒤집힐 수 있는 정치적 국면에 대해서 생각할 것이 남아 있다는 것을 알게 될 것이다.

환경주의자들의 관점은 전혀 다른 영역에 머물고 있다. 한편 일반적으로는 천연자원을 관리하는 문제가 정치적으로 중립적인 주제라고 가정하고 있다(Sandbrook, 1982: 6). 이 접근 방법이 가정하는 정치적 중립성은 규범적인 접근이 감히 주장할 수 없었던 정당성을 자신에게 부여하는 대신, 분석의 칼날을 무디게 하는 대가를 치루어야 했다. 천연자원에 대한 많은 조사에서 드러나는 실증주의는 우리가 이미 환경주의자들의 관점에서 살펴보았던 일관적이고 윤리적인 지향과는 상충하고 있다.

그 한 예로, 국제 보전 전략은 학제적인 성격을 띠며 사회과학/자연과학의 경계를 뛰어넘는다고 주장하는 것을 들 수 있다. 브룩필드는 '인간과 생물권' 프로그램에 의해 수행된 884개의 프로젝트 중 5% 미만만이 진정한 의미에서 자연과학과 사회과학간의 학제적 접근이라고 보고한다(1982: 376). 대부분의 프로젝트가 자연 현상이나 인간을 둘러싼 자연 현상에 끼치는 영향에 관련된 것뿐이다. 그러므로 인간 집단들의 환경 관리에 대한 연구가 막상 시작되자, 이 연구는 국제 보전 잡지들에서 극구 칭찬했던 총체적인 접근에는 턱도 없이 못 미치는 것으로 드러났다(UNESCO, 1982; Environmental Conservation, 1982). 이 점을 명백히 드러내기 위해 엘리오트(Elliott)는 새로운 발전 연구 과정에 농작물을 키우는 사람과 지역 발전을 위해 일하는 사람들을 함께 초청하는 시도에 대해 검토하였다. 그가 암시하기로는 농작물을 키우는 사람들은 토지 단위 면적당 산출량을 극대화하려고 노력할 것이고, 반면 지역 발전을 위해 일하는 사람들은 가난한 사람들이 이용할 수 있는 자원의 단위당 산출량을 증대시키려고 노력할 것이라는 것이다. 이런 목표들을 통합하기는 쉽지 않다. 그는 이것이 지적 토론에 관한 문제일 뿐만 아니라, 그 토론의 이데올로기적 토대에 대한 문제이기도 하다고 결론지었다. 환경 관리의 범주 속에서 자연과학과 사회과학의 서로 상이한 발전원칙들이 함께 고려되기는 여전히 어렵다(Elliott, 1982: 6).

환경주의자들의 이른바 통합된 접근은 여전히 허술한 반면, 환경 보전 기술이 정책 입안자들에 대해 가지는 방법론적 호소력은 점점 더 강해지고 있다. 미국은 환경 영향 분석을 광범위하게 도입하고 있고, 세계 은행이 담당하고 있는 프로젝트에 대한 평가에도 이 기법이 필수적인 부분으로 도입되어 왔다. '계몽된 기술관료'라는 새로운 무리들도 환경 보전 전문가들 집단에서 나타나고 있다. 이를 지지하는 사람들은 바람직하지 못한 환경 피해와 사회적 재난을 나타내는 지표들에 의해 그들의 분석 내용이 뒷받침되기 때문에, 자신들의 관점이 점차로 관심 있는 사람들에 의해 회자될 것이라고 언급하고 있다(O'Riordan and Turner, 1983: 12). 그러나 다른 사람들은 다소 회의적이다.

> 여러 정당들이 동의하거나 최소한 받아들일 수 있는 특정한 해결방안을 모색하는 방법으로써 이런 분석 기법이 갖는 유용성은 항상 가치관에 대해 기본적으로 동의하느냐 여부에 달려 있다.(Tribe, Schelling and Voss, 1976: xii)

지금까지 살펴본 것처럼, 대부분의 환경 조사는 가치관에 대한 동의가 없는 상태에서, 가치관의 대립은 자신들의 영역밖에 놓여 있다고 가정한 채로 진행되었다. 그 결과 환경 조사는 마치 아무런 문제가 없는 것처럼 실시되어 왔던 것이다.

좌파 환경주의

이 장에서는 선진국에서 환경 의식이 성상해 온 것을 살펴보았고, 이런 관점과 이 관점을 표출하는 사회 운동을 선진국과는 다른 문제를 안고 있는 남부의 경우와 비교해 보았다. 또한 많은 국제적 환경 조사가 가진 실증적 성격을 강조하였고, 환경 보전의 정통적인 견해와 환경 운동이 갖는 상당히 윤리적인 관심과의 모순을 개략적으로 설명하였다. 비록 환경주의적 관점이 정치경제학적 접근 안에 충분히 흡수되어 있지는 않지만, 그럼에도 불구하고 이 관점은 좌파 특히 유럽 대륙의 좌파들에게 상당한 영향을 끼치기 시작하고 있다. 이 장의 마지막 결론 부분에 가서 독일의 녹색운동의 대표적 이론가인 루돌프 바로의 최근 저서(1982a)를 살펴보고, 그의 저작이 환경주의와 저발전의 정치경제학 사이에 좀더 가까이 접근한 것인지를 따져볼 것이다.

바로가 제기한 문제 중에서 다음과 같은 것들은 주목할 만한 가치가 있다. 첫째, 그는 선진국의 개인적 생활 양식과 정치적 실천 사이의 관계에 대해 질문하고 있다. 둘째, 그는 생태적 위기는 좌파들에게 새로운 정치적 우선순위가 된다고 논의하고 있다. 셋째로, 그리고 가장 선동적으로 그는 현재 북부와 남부의 위기로 인해 필연적으로 제기될 수밖에 없는 맑스주의적 사고의 재해석을 시도하고 있다. 그의 저서 『사회주의와 생존』(*Socialism and Survival*)은 독자들로 하여금 그 책이 갖는 호소력에 정열과 확신을 갖게 하는 흥미진진한 책이면서도, 전체적인 이론 체계를 갖춘 급진적 녹색운동을 기대하는 사람들을 실망시키기도 하는 책이다. 톰슨(E.P. Thompson)이 서문에 쓴 것처럼, 바로의 비전은 유토피아적 양식을 굳이 거부하지 않는다. 바로가 이전의 책 『동유럽에서의 대안』(*The Alternative in Eastern Europe*)(1978)에서는 윌리엄 모리스(William Morris)의 외침이 메아리쳐 울린다면, 『사회주의와 생존』의 각 페이지에는 프루동(Proudhon), 소로우(Thoreau)의 지적 유산, 그리고 유럽의 무정부주의적 전통이 흘러 넘치고 있다.

바로는 때때로 '개인적 정치(personal politics)'라고 부르는 것을 옹호하고 있다. 여기서 '개인적'이라는 말은 각 개인의 행위가 그의 더 넓은 이데올로기적 층위와 양립할 수 있다는 의미에서 쓰이는 말이다. 바로는 자신의 정치적 태도와 일상적인 개별 행위간의 일관성을 추구하고 있는데, 급진적으로 변화된 개인적 소비 유형과 여성주의적(feminist) 사고에 몰두하는 일 등도 다 여기에 포함된다. 이런 것들 역시 또 다른 의미에서 개인적인 것인데, 왜냐하면 그의 인식의 전환은 그가 생태적 정치학으로 개종(그의 용어로)한 것에 기인한 것처럼 보이기 때문이다. 앞으로 우리가 살펴보겠지만, 이런 관점은 구조적 변화의 산물을 결정하는 데 있어서 객관적인 계급이해가 가장 중요한 것이라고 보는 대부분의 맑스주의자들의 사고와는 근본적으로 다른 것이다(Bottomore, 1982).

새로운 생태적 정치학의 해방적인 효과는 선진 자본주의의 생산/소비의 에토스를 포기한 것에서 비롯된다. 바로가 마음에 그리고 있는 그림은 이 부분에 집중되어 있다. 그가 요구하는 것은 경제 안에서의 해방이 아니라 경제로부터의 해방이다(ibid.: 33). 자본주의의 심리적 토대는 기술이 우리에게 제공해 준 여가시간을 불필요한 재화를 소비하는 기회로 변형시켜 놓는 것이다. 자본주의는 노동자들을 지독한 초과 노동 과정에서 풀어주는 만큼, 노동자들에게 행복이나 개인적인 만족감을 주지도 못하는 '보상적 필요(compensatory needs)'를 제공함으로써 그들의 자유 시간을 장악하려고 애써 왔다. 더 많은 소비재를 위해 조작된 수요는 사회주의가 도래할 날을 뒤로 후퇴시키며, 남부의 가난한 나라의 자원을 고갈시킴으로써 19세기 유럽의 공장제 조건하에서 일어났던 착취보다 더 성가시고 위협적인 형태의 착취를 만들어내고 있다. 북부의 소외된 노동과 개인들간의 정서적 유대관계의 상실은 가중되는 경제적 종속과 자연에 대한 통제의 상실로 인해 남부에도 그대로 반영되고 있다.

바로가 언급하고 있는 두번째 문제는 유럽 좌파들이 우선순위를 설정하는 것과 관련되어 있다. 그가 보기에 인류의 생존은 핵에 의한 전멸과 남부의 환경 위기, 이 두 가지 모두에 의해 위협받고 있다. 이것은 새로운 우선순위를 수립할 것을 요구하는데, 왜냐하면 핵전쟁과 생태계 파괴의 위협이 사라지기 전에는 사회주의가 결코 이루어질 수 없기 때문이다. 따라서 선진 자본주의가 당면하고 있는 불의(不義)는 동-서, 남-북 사이의 갈등에 내재한 더 큰 불의보다 우선순위가 떨어진다:

> 우리는 더이상 우리의 운명이 국내의 임금 수준을 위한 계급 투쟁의 성과나 어떤 당이 국가 집권당이 되는가 여부에 달려 있는 것처럼 행동할 수 없다. 남과 북, 그리고 동과 서 축간의 엄청난 모순은 이보다 훨씬 심각하다.(Bahro, 1982a: 20)

바로가 보기에 우리의 생존은 기존의 발전 과정을 반대 방향으로 되돌이킬 능력이 있느냐에 달려 있다. 단지 산업 국가들의 그릇된 경쟁이 남부의 환경 파괴를 불러일으킨다면, 북부의 각 사회에서는 재산업화(re-industrialize)보다는 효과적인 탈산업화(de-industrialize)가 필요하다. 첫번째로 해야 할 것이 핵의 해체인데, 서구 자본주의나 동구권 모두에서 군수 산업이 경제력을 창출한다는 허위적인 충동은 종식되어야 한다. 군비축소와 새로운 세계 경제 질서는 생태학적 위기를 해결하는 데 필수적인 첫번째 단계이다.

현재의 세계 경제 질서에 대한 지지 속에는 우리[여기서 우리란 북부를 뜻함] 자신과 남부의 사람들을 위한다는 그럴 듯한 거짓말이 담겨져 있다. 이것은 '우리가 주변에서 볼 수 있는 상품 세계가 인간 생존에 필수적인 조건임을 믿으라고' 우리를 속이고 있다(ibid.: 27). 이러한 세계의 방위는 정부의 요청에 따라 핵 무기고를 계속 늘리는 데 달려 있다. 그러나 단호히 거절해야 할 것은 우리가 남부에 대해 하고 있는 거짓말이다. 산업화된 자본주의 사회와의 연계를 통해, 우리는 남부가 따르지 못할 발전 모델을 추구하고 있다. 확대된 자본의 재생산은 우리의 발전을 위해 남부의 자원을 요구하고 있다. 그것[북부의 확대된 자본의 재생산]은 자신의 이익에 정신이 팔려 있기 때문에 남부를 발전시킬 만한 능력을 가지고 있지 않다.

셋째로, 바로의 저서 중에서 가장 선동적인 요소는 아마도 최근의 맑스주의적 사고와 실천에 대한 그의 비판일 것이다. 비판 속에서 그는 비록 자본주의 사회의 지배적 이데올로기와는 상충하지만 맑스주의에 여전히 불충분하게 반영되고 있는 현대 사상의 여러 사조들을 종합하고 있다. 이 사조들은 맑스주의의 역사적 유산이 자신들의 현재 상황에 대한 전망을 어느 정도 왜곡시켰다고 주장하며, 바로도 이 견해를 분명히 지지하고 있다(ibid.: 49).

바로의 최근 맑스주의에 대한 비판은 자신이 의도하는 것보다 훨씬 더 철저하다. 맑스주의의 중요한 개념들은 그의 수정주의적 검열에 거의 다 걸려들었다. 프롤레타리아의 혁명적 잠재력에 대한 신념이 그 한 예이다. 바로가 보기에 이 개념은 사고를 명료하게 하는 데 있어서 상당한 이론적 장애물이다. 왜냐하면 프롤레타리아는 우리가 앞으로 기대하는 방식으로 기능하지 않기 때문이다(ibid.: 63). 그의 견해로는 자본주의의 주요한 모순은 선진국 안에서 제도화된 계급 투쟁에서 볼 수 있는 것이 아니라, 핵의 재무장과 생태학적 위기에서 발견할 수 있는 것이다. 이른바 무게 중심이 작업장에서 세계로 무대를 옮겨간 것이다.

프롤레타리아의 역할은 고전적 맑스주의가 제기한 어떤 것보다도 더 문제가 많은 것이다. 바로는 '노동계급의 세계적이고 역사적인 사명에 대한 생각은 노동계급의 계급 이익이 직접적으로 그들의 국가 전체의 이익뿐만 아니라 모든 인류의 이익과 동일시된다고 가정하고 있다'고 주장한다(ibid.: 64). 그가 보기에 이 명제의 증거는 제한되어 있다. 역사적으로 볼 때 어느 면에서, 어떤 하나의 종속되었던 계급이 도래하는 새로운 질서를 스스로 고대했는지는 불투명하다(ibid.: 65). 우리는 프롤레타리아를 예외적으로 취급해야 할 것인가? 다른 한편으로 정통 맑스주의의 노동자 개념은 환원주의적인데, 많은 맑스주의자들은 실제로 노동자들이 혁명가로서 행동하기를 주저할 경우가 있음에도 노동자에게 더 포괄적인 인간으로서의 지위를 부여하기를 꺼려하고 있다(ibid.: 67). 개인을 해방하는 것은 인류의 해방에 발판을 놓는 것이다. 즉 "보편적인 해방을 위한 운동의 수준을 얻기 위해 '계급적 기준'만을 언급하는 것으로 충분하다는 생각은 더이상 적용될 수 없다"(ibid.: 112)는 것이다.

계급 분석에 대한 이러한 재평가 중에서 또 다른 핵심적인 생각은 '사람들의 필요(needs)에 의한 소외 구조가 경제적 착취와 뗄래야 뗄 수 없이 연결되어 있다'는 바로의 주장이다. 그러므로 '부유한 국가의 노동자들이 높은 임금에 걸맞는 상대적으로 많은 필요를 가지는 것은 단지 자본주의가 존재하기 때문이다'(ibid.: 26)라고 본다. 또한 '자본주의가 존재하지 않았더라면 노동자들도 존재하지 않았을 것이다'라는 식의 다소 비현실적인 문장으로 표현되기는 했지만, 바로는 산업화된 자본주의에 뿌리깊은 불만을 표현하고 있다. 자본주의내에서 얼마나 많은 노동이 사회적으로 쓸모 있는 노동인가? 사회주의는 어떤 방식으로 권위주의적 구조와 잉여 가치의 창출이라는 이중 구속으로부터 개인을 자유롭게 하면서도, 재산의 몰수(expropriation)를 사회적 전유(appropriation)로써 대체할 수 있겠는가?18)

바로의 글을 읽어본 사람은 최근의 사회학이 북부의 산업 사회에서 일어난 일과 남부에서 이루어진 발전 사이에 존재하는 필연적인 연계를 설명하지 못한다는 사실 때문에 충격을 받게 된다. 특별히 [바로의 독자들은] 세계 경제의 다양한 차원을 다루는 세련된 논의가 많이 늘어나고 있다고 하더라도 그것이 혹시 우리 사회의 변화하는 가치와 계급적 열망을 못보게 만드는 것은 아닌지를 염려하게 된다. 이곳저곳을 건드린 바로의

---

18) 맑스가 생각한 사회주의의 소유관계는 몰수에 의한 사적 소유의 무조건적 철폐가 아니라 개인의 소유를 인정하면서 사회적 공유를 기본적인 특성으로 한다.

글은 새로운 패러다임이 아니라면 적어도 새로운 관점을 생각하게 만드는 글이다. 간단히 말하자면, 유럽에서 발전한 환경주의적 의식은 미국이나 영국의 저술들에서 보이는 국가 이기주의적 색채가 없으며, 최근에 제기되는 어떤 주장보다도 저발전현상에 대해 더 급진적이고 지속적인 비판을 가하고 있다는 것이다.

현재까지의 글들을 통해서 보면 바로와 녹색주의자들은 북부와 남부의 '상호 이해'라는 관점을 지지하고 있는데, 이 관점은 브란트 위원회 보고서와 같은 곳에서 나타나는 최근의 발전 이론과 날카롭게 대비되고 있다. 두 접근 방식의 차이는 도표로 나타낼 수 있다. 두 접근 방식 모두 세계 경제 체계의 임박한 위기에 주목하게 하지만 이 위기에 대한 분석과 거기에 따르는 처방에 있어서 녹색주의자들의 분석은 브란트 위원회의 분석을 거꾸로 뒤집은 것이라고 할 정도로 상이하다.

북부와 남부간의 대화: 상호 이해에 대한 두 가지 정의

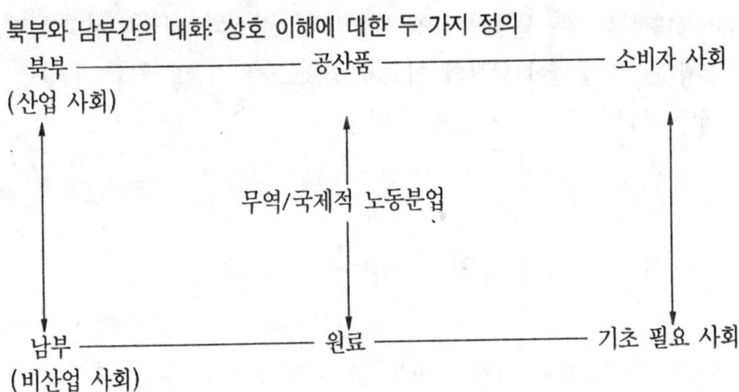

(1) 브란트 위원회 보고서(1980, 1983)

A. 북부는 저생산과 저소비의 위기에 직면하고 있다. 이것이 산업 침체의 원인이다. 북부와 남부 모두 수요의 실패가 있지만 서로 다른 상품(즉 소비자 사회 대 기초 필요 사회)에 대한 수요의 실패이다.

B. 북부를 위한 해결책은 무역 증가를 통해 남부를 부유하게 만들고 공산품에 대한 수요를 늘림으로써 마련된다.

C. 무역에 의해 개선된 남부의 경제 성장은 자신들의 빈곤을 덜어주는 데 도움을 줄 뿐만 아니라, 향상된 기초적 필요를 제공해 줄 수 있게 한다.

(2) 급진적 환경주의(Bahro, 1982)

A. 북부는 그릇된 재화, 특히 무기를 과도하게 생산하고 과도하게 소비한다. 이것이 생태적 위기의 원인이다.

B. 북부를 위한 해결책은 탈산업화와, 불필요한 소비재를 생산하게 하는(북부 내부의) 경쟁을 감소시키는 일이다. 이것은 북부 안에 있는 불평등도 역시 감소시킬 것이다.

C. 북부의 성장이 감소되면 남부의 생산 원료에 대한 수요도 줄어들 것이고 이것은 남부의 천연 자원을 보전하는 데 도움을 줄 것이다.

D. 생태적 위기는 북부의 산업 성장의 결과물이다. 대안적 사회를 만들려는 생태적 행동만이 남부의 기초적 필요(도시 소규모 주택, 적절한 기술, 예방 의약품)를 충족시켜 줄 것이다.

원닫기: 인간 주체의 문제[19]

급진적 녹색주의의 관점은 정통 맑스주의와 주류 환경주의 모두에서

---

19) 원닫기란 배리 코모너의 저서 *The Closing Circle*(『원은 닫혀야 한다―자연과 인간과 기술』, 송상용 역, 1980, 전파과학사)에서 따온 말이다. 코모너가 보기에 생태계의 순환고리를 인간의 과학기술이 만든 인공물질이 끊어 놓았으므로 다시 이으려면 원인 자체를 제거하는 것이 문제 해결의 지름길이라는 것이다. 그는 기존의 기계론적 기술에 의한 사회를 대체할 수 있는 합리적 사회경제 체제의 모색을 강력하게 권고하고 있다.

어느 정도 이탈한 관점이다. 그들은 환경 위기를 막지 못하는 한, 어떤 중요한 사회적 목표도 이룰 수 없다는 전제에서 출발한다. 이 위기를 방지하는 데 필요한 수단 도입에 가장 장애가 되는 것은, 각 개발 주체들의 성실성 부족이라기보다는 주류 환경주의가 제안한 내용이다. 더욱 중요한 것은 [기존의] 남부/북부의 관계를 유지하는 것이 선진 국가들에게 이익이 된다는 사실인데, 이 관계에서는 계속되는 환경의 파괴가 필연적인 결과로 나타나게 된다.

10여 년 전에 좌파들은 환경주의자들에 대해 경멸적인 태도를 취하는 경향이 있었다. 그래서 그들은 환경주의자들의 입장이 한편으로는 너무 일반화된 것이기 때문에 위상이 취약하다고 주장할 수 있었다. 남부의 환경 파괴는 전체적이지도 않았고 구제 불능한 것도 아니었다. 불균등 결합 발전을 통해 전개된 자본주의는 특정한 자원 체계를 다른 것보다 더 심하게 착취하였고, 그 자국 위에 중요한 분배적 결과들을 남겨 놓았다. 특정한 사람들의 자원 기반(resource base)이 다른 사람들의 이익을 위해 파괴된 것이다. 그러나 이 과정이 자본주의적인 특성을 지니고 있다는 것을 인정하지 않음으로써, 환경주의자들은 이 과정이 작동하고 있는 방식에 대해 아무런 단서도 제공하지 못하고 있다.

이런 비난을 바로와 같은 급진적 녹색주의자들에게는 퍼부을 수 없다. 그들은 평화와 발전을 위협하고 있는 것이 자본주의적 산업화라는 것을 인정하고 있다. 그들은 또한 환경을 파괴한 대가를 모두가 공평하게 치루지 않는다는 것도 인정하고 있다. 그들은 자본주의 안에 자체 모순을 해결할 만한 능력이 없음을 알고 있다. 그들은 인류의 생존을 보장하기 위해서는 북부의 국제적 발전 기구나 관심 있는 개인을 계몽시키면 된다는 주장을 불신하고 있다.

바로는 몇가지 과정이 낙관적 전망의 근거를 제공한다고 주장하고 있다. 첫째, 남부가 OPEC의 모델을 따라서 일반 상품 협약(common commodity agreements)을 만듦으로써 [선진국의] 착취에 대항하는 것을 시도하는 일이다. 둘째, 북부의 노동 조합이 노동시간의 감소와 노동 환경의 개선에 대해 압력을 가하는 일이다. 셋째, 이것은 1960년대 이후로 선진국에서 차츰 퍼지고 있는데, 생산과 생활의 조화로운 조정에 근거한 '대안적인 생활 양식'이다. 계시적인 글 속에서 그는 '무엇보다 부족한 것은 이런 필요들이 더 발전되기를 요구하는 그런 사회조직 형태―아직 맹아기에 있지만―이다'(Bahro, 1982a: 113)라고 말하고 있다.

만약 우리가 바로를 따라서 계급 이해로부터 삶의 이해(life interest)로 전환한다면, 이것은 정치적인 판단을 한다기보다는 신념을 천명하는 일로 보일 것이다. 왜냐하면 바로의 글에서 계급이라는 것은 별로 중요한 것이 아니기 때문에 사회적·경제적 변혁의 부담은 무정하게도 개인이 짊어져야 하는 것이다. 이것은 계급 이해의 표현으로써 '주체(human agency)'가 아니라 바로가 제기한 것처럼 계급 이해와는 정반대되는 '주체'이다. 비록 그는 맑스주의가 오늘날까지도 쓸모있는 분석을 제공한다고 믿는 것처럼 보이지만 '오늘날 계급 구성원은… 기존의 모든 조건을 초월하는 운동 안에서 사람들이 실제적인 역할을 수행하는 것에 대해 아무런 말도 할 수가 없다'(ibid.: 69)라고 말한다.

[그러나 급진] 녹색주의자들의 위치가 갖는 강점이 곧 약점이 된다. 첫째, 그들의 논의는 생존에 대한 개인적 확신―모든 사람들이 똑같이 공유하지는 않는―과 급박성―도전받을 수도 있는―이라는 개념에 근거를 두고 있다. 둘째로 생태적 위기를 해결해야 할 필요에 대한 의식이 어떻게 그 문제를 해결하는 행동을 이끌어낼 것인지가 불명확하다. 맑스주의로부터 경제적 결정론을 완전히 추방함으로써 바로와 그의 동료들은 녹색주의자들의 논의에서 이론적 내용을 제거해 버린 부담을 지게 되었다.

동시에 급진적 녹색주의자들은 정통 맑스주의와 정통 환경주의자들 모두에게 도전장을 냈다. 우리들의 주의를 조작된 소비보다는 기초적 필요에 돌리도록 애쓰고, 전지구적 차원의 자원 위기의 맥락에서 국내의 우선 순위를 다시 조정하려고 애쓰면서, 급진적 녹색주의자들은 남부의 경험을 끌어들였다. 이런 의미에서 바로나 급진적 녹색주의자들은 환경에 대해 관심을 표명하면서도 맑스주의 안에 반영되어 있는 환경에 대한 관심을 적절히 인식하지 못하는 사람들에게 도전하고 있다. 우리는 제7장에서 이 광범위한 주제로 다시 돌아갈 것인데, 거기에서는 환경주의와 발전의 이데올로기적 내용을 상세히 설명할 것이다. 이어지는 4장과 5장에서는 농촌의 빈곤과 물리적 환경의 관계를 검토하는 것으로 시작하여, 남부에 있는 기초 필요 사회를 더 자세히 살펴볼 것이다.

4. 농촌의 빈곤과 환경

앞 장에서는 환경주의적 관점이 지리적으로나 문화적으로 남부와는 전혀 다른 북부의 산업 국가를 배경으로 발전하여 온 것이라는 사실을 논의하였다. 국제적인 정책의 수준에서 환경 보전에 대한 관심은 국제 경제의 구조적 변화에 대한 요구와 거의 연결되지 않고 있다는 것, 그리고 자원 개발과 관련된 정치적 이해 관계는 자주 무시되는 것을 발견할 수 있었다. 이 장에서 우리는 남부에 만연한 빈곤의 구조적 원인과 그것이 환경에 미치는 영향을 좀더 자세히 살펴볼 것이다. 열악한 환경은 저발전이 구조적으로 진행되면서 특수한 결과가 나타나는 지역과 동일시된다. 빈곤이 환경 파괴에 책임이 있다는 것을 최근에 와서야 조금씩 깨달아 가고 있는 실정이다(Eckholm, 1976, 1982). 그럼에도 불구하고 여전히 환경 파괴의 불가피성을 변명하면서 모든 것을 정당화시켜 주는 것(*deux ex machina*)으로서 빈곤을 도입[20]하고 있다. 이 장에서 전개하고 있는 논의는 다음과 같다. 빈곤이 구조적으로 결정된다는 것과 빈곤 때문에 가난한 사람들은 자신의 생계에 대한 통제 권한이 줄어든다는 것, 그리고 빈곤은

---

20) 즉 빈곤에서 벗어나기 위해서는 환경을 파괴시켜서라도 개발해야 한다는 개발 논리의 근거로 빈곤을 끌어들이는 것을 말함.

늘어나는 불평등을 시정하기 위한 정치적이고 사회적인 운동을 불러일으 킨다는 것 등이다. 토양의 질과 같이 환경 악화를 가속화시키는 상황적 요소의 중요성을 부인하지 않으면서(Blaikie, 1981: 3), 우리는 환경의 열 악함이 그 밑에 깔린 구조적 조건과 분리되어서는 안된다고 주장한다. 자 원, 특히 토지의 분배는 빈곤의 발생과 범위를 결정함에 있어서 매우 중 요한 요소인데, 이 빈곤은 부존자원에 압력을 가함으로써 남부 사회가 의 존하고 있는 생태적 과정을 교란시킬 위험이 있다.

빈곤과 환경 사이의 구조적 연계

농촌의 빈곤은 대개 사회-경제적, 즉 구조적으로 야기된 것으로 설명 하기도 하고, 천연자원이 파괴된 결과로 간주하기도 한다. 두 설명 모두 사실적인 요소를 담고 있기는 하지만, 우리가 빈곤과 환경 사이의 관계의 중요성을 파악하려면 이 두 설명의 사실적인 요소들을 더 잘 통합해야 할 필요가 있다. 챔버스(Chambers)가 관찰한 것처럼,

농촌의 빈곤은 다양하게 또 다양한 정도로 저발전의 지속적인 조건에 그 원인이 있다. 즉 식민주의, 신식민주의, 그리고 자본주의의 무력, 부등가 교환 을 통한 잉여의 착취와 저발전의 심화 과정, 좋지 않은 건강과 결핍된 영양 상 태, 전쟁, 자연 재해, 기근, 인구 성장과 자원에 대한 인구 압력, 환경의 파괴, 부적합한 자본집약적 기술과 기초적인 필요를 제공하는 데 실패한 공공 서비 스 등에 기인한다.(1981: 1)

실제로 두 접근 방법의 차이는 분명히 구별되는 두 개의 관점을 반영 하고 있다. 그 하나는[빈곤이 구조적으로 야기된다는 것은] 배후에 깔려 있는 원인에 집중하여 빈곤의 조건을 종속 변수로 생각한다. 그리고 다른

하나는[빈곤이 천연자원 파괴의 결과라고 보는 것은] 저발전을 인식하고 있지만 빈곤의 **영향(결과)**에 더 집중하고 있다. 대부분의 맑시스트와 네오맑시스트들의 저술을 대표하는 전자의 예는 드 장브리(de Janvry)의 저작(1981)이다. '구조적 이중성'이라는 개념을 설명하면서, 드 장브리는 빈곤의 논리라는 것이 무엇을 의미하는지 명백하게 밝혔다(Mitchell, 1981). 그는 다음과 같이 썼다.

> 이를 저발전의 발전이라고 적절하게 이름붙일 수 있다. 이것은 본원적 축적이 연장된 기간이다. 즉 잉여는 노동과 임금-식량 시장을 매개로 하여 전통적인 부문에서 착취되며, 근대적 부문은 지속적이고 급속하게 축적을 해가는 반면 전통적인 부문은 점차 해체되어 간다.(de Janvry, 1981: 37)

드 장브리에게는 저발전과 빈곤이 필연적으로, 또 논리적으로 연결되어 있다. 그 둘의 관계를 떼어놓는 어떤 시도도 지적으로 오류를 범하는 것이다.

농촌 환경 속에 있는 빈곤의 특수한 형태에 관한 이론 중에 가장 결정적인 시도는 '단순 재생산 착취(simple reproduction squeeze)'를 논의한 헨리 베른스타인(Henry Bernstein)의 경우다. 베른스타인이 묘사하고 있는 상황은 기존의 경작 기술을 사용하는 토지와 노동력은 소멸하고 있으며, 소농생산자에게서 잉여를 전유하는 새로운 수단들의 도입이 시장의 힘으로 인해 강제되는 상황이다. 이런 새로운 생산 수단(씨앗, 도구, 비료, 살충제 등)은 가난한 농민들에게 부담이 되고, 그의 노동에 대한 대가는 그가 투입한 것만큼 증가하지는 않으며, 그가 팔 수 있는 상품들의 교환 가격은 떨어진다(Bernstein, 1979: 427). 따라서 증가한 상품 생산은 물리적 생존에 꼭 필요한 요소이지만, 한편으로 소농의 생산 체계를 침식하며 명백한 생태적 불균형을 초래한다.

아프리카의 대부분의 소농 생산이 인간 노동력에 의존하게 되고(특히 쟁기 경작법이 가장 널리 보급된 탄자니아(Tanzania)의 경우에는 더 그러하다), 대부분의 토지 이용 기술이 일정한 기간이 지난 후에는 토양을 고갈시키기 때문에(전통적인 해결책—돌아가면서 휴경지를 두는 방법 등—은 상품화가 진행되면서 점차 금지되고 있다), 생산의 집약화가 발생한다. 이 말은 기존과 똑같은 곡물 생산량을 얻으려면 더 척박하고 멀리 떨어져 있는 땅에서 더 많은 노동시간을 지출해야 하며, 따라서 생산비용이 늘어나고 노동에 대한 대가는 줄어든다는 것을 의미한다.(Bernstein, 1979: 427-28)

베른스타인이 보기에는 소농 농업의 생산력이 낮은 수준으로 전개되기 때문에, 농민들은 시장의 힘에 익숙해지기보다는 더욱 취약하게 되는 것이다.

베른스타인은 소농의 실제 소득이 상대적으로 낮은 상황을 묘사하고 있다. 다른 집단에 비해 상대적으로 뒤떨어진 생활 수준을 보상하기 위해서 그들은 자연 환경을 자원으로 이용한다. 결과적으로 환경 파괴의 과정은 더욱 가속된다. 이것이 바로 블랙키(Blaikie)가 아래와 같이 썼을 때 마음속에 생각했던 내용이다.

어떤 한정된 상황하에서 잉여란 경작자로부터 착취한 것이며 경작자들은 다시 환경(오랫동안 퇴적된 토양의 비옥함, 삼림 자원, 긴 시간에 걸쳐 진화했고 생산력이 높은 초지 등등)에서 잉여를 착취해야 되도록 강요된다. 이 착취된 환경은 시간이 흐른 후에, 또 어떤 상황하에서는 환경 파괴와 토지 침식을 일으킨다.(1981: 21, 고딕체는 저자 강조)

블랙키는 위에서 관찰한 바를 토양 침식에 관한 논의의 맥락에 도입하고 있다. 이 경우 환경에 미치는 영향은 분명하게 설명된다. 이 설명에서 여전히 문제가 되는 것은 잉여의 전유가 갖는 역할이다. 에너지의 전환이라는 수준에서 자원 기반을 더이상 유지할 수 없게 되면 생존 농업 그 자체가 유지될 수 없는 위험에 놓이게 된다. 자연 환경은 소농이나 유목민들이 시장력을 통해 상실한 것을 대체해 줄 수 없다.

분명히 구조적으로 발생한 모든 환경적 빈곤이 다루기 어려운 결과만 가져오는 것은 아니다. 실질 소득의 절대적인 감소가 환경 파괴를 초래하지 않으면서도 소작농이나 유목민을 다양한 형태의 상업 작물 생산에 종사하게 만들기도 한다. 실제로 이 과정에서 나타난 '외부성(externalities)'을 다른 집단들이 부담하게 될지도 모른다. 이런 수단을 통해 소농이나 유목민들이 다른 집단과의 실질 소득 격차를 줄일 수 있느냐 하는 것은 특별한 상황에 달려 있다. 가능성 있고 실제적인 결과들이 다양하다는 것을 고려해 볼 때 구조적 과정이 만들어내는 환경적 결과와 발전이 더이상 지속될 수 없게 될 가능성을 구별하는 것은 중요하다. 이런 결과[발전이 지속되지 못하는 결과]는 갈수록 현실적인 것이 되지만 논리적으로 필연적인 것은 아니다.

환경적 빈곤에 대해 위와 매우 다른 또 하나의 관점은 원인보다는 결과에 초점을 맞추고 있다. 케인즈주의의 선배들을 충실히 따라서, 이 관점은 빈곤이 발전의 불가피한 산물이라는 가정을 받아들이지 않는다. 이 관점을 표방하는 하나의 예는 '국제노동기구(ILO)'이다. 다른 국제적 기구처럼 ILO도 정책적 처방을 제안하는 것에 비해 원인에 대한 이론적 진단에는 별로 관심이 없다. 빈곤은 '저발전'이라기보다는 '문제'라고 지목되었다. 키칭(Kitching)은 이 관점을 다음과 같이 정리한다.

> 간단히 말해서 ILO는 빈곤의 문제를 본질적으로 고용의 문제로 본다. …왜냐하면 제3세계의 수많은 가난한 사람들은 자신들의 소중하고 유익한 노동력을 이용하여 최소한의 생활수준이나마 이어갈 수 있는 일자리를 구할 수 없기 때문이다.(1982: 70-71)

가난한 사람들의 문제는 그들 자신이 소득 분배 구조의 개선에 무기력하다는 것인데, 이 소득 분배 구조의 개선 없이는 발전이 불가능하다. 센(Sen)은 가난한 사람들이 '누가 무엇을 지배할 수 있는가보다 무엇이 존재하는가'라는 식으로 생각해 오던 전통적 사고방식의 희생자들이라고 주장하고 있다(1981: 8). 그는 식량 공급이 정상적인 곳에서 기근이 자주 일어난다는 사실과 중국 같은 나라에서는 낮은 농업 성장에도 불구하고 농촌의 빈곤이 감소되고 있는 사실을 동일하게 중요한 사실로 지적하고 있다. 그의 분석은 식량 공급에 대한 인구의 압력이 농촌에 빈곤을 초래했다고 하는 가정에 의문을 제기한다. 만약 어떤 집단이 부유해지고 식량 공급에 대해 더 많은 압력을 가하게 된다고 하면—그가 '교환 능력(exchange entitlement)'이라고 이름붙인—가난한 사람들의 식량에 대한 통제력은 점점 더 약화될 수밖에 없을 것이다. 마찬가지로 악화된 고용 가능성도 악화된 교환 능력을 가져올 수 있다. 센의 분석은 도시 집단과 농촌 집단에 다 적용할 수 있다. 왜냐하면 사회에서 가난한 사람들의 위치를 식별하는 것은 그들이 어떻게 소득을 올리는가가 아니라 어떻게 소득을 소비하는가에 달려 있기 때문이다. 그가 관심을 갖는 것은 많은 상품들의 분배가 생물학적이거나 심리학적인 필요에 상응하는 것이 아니며 더군다나 공급되는 재화의 풍성함에 상응하는 것이 아니라는 점이다(ibid.: 161). 그의 작업은 가난한 사람들이 걸려든 착취의 순환고리를 이해하는 데 많은 도움을 주고 있다.

베른스타인이 농촌 생산에 대해 분석한 것이나 센이 도시와 농촌의 소비를 다룬 것에서도 보이는 것처럼 빈곤에 대한 다양한 접근들은 성격상 구조적 접근을 지향하고 있다. 즉 그들은 시장이 소득과 재화를 분배하는 방식이라는 측면에서 빈곤을 설명하고자 한다. 이 장의 나머지에서는 구조적 과정과 자연 환경, 특히 제3세계 농촌 지역과의 관계를 분석해 볼 것이다. 토지에 대한 접근과 토지의 배분은 농촌의 가난한 사람들이 어떤 식으로 환경에 의지할 것인지를 결정하는 데 중요한 열쇠가 된다. 그러나 그렇다고 해서 발전이 환경에 미친 결과를 토지 소유 형태에 대한 지식이라는 차원에서만 이해해서는 안된다. 차츰 토지에 대한 접근이 어려워짐으로써 농촌 프롤레타리아화와 도시 이주 현상 혹은 토지의 파편화 현상이 나타나게 되었다. 뿐만 아니라 방글라데시에 대한 논의에서 보이는 것처럼 농촌의 빈곤 문제에서 토지 배분이 가지는 효과를 고려하려면, 인구 증가가 자연자원에 미치는 효과를 함께 고려해야 할 필요가 있다. 무엇보다 중요한 것은 각 부문간 그리고 다양한 형태의 농업 생산간의 상거래에 의해 결정되는 생산자와 소비자 집단의 상대적인 지위인데, 이러한 상대적 지위가 농촌의 빈곤에 수반되는 환경적 결과를 결정짓는다.

아프리카의 농촌 빈곤과 환경

식민화되기 전의 아프리카 사회는 부족이나 친족 관계에 기반하여 조직되었다. 토지는 거의 매매되는 법이 없었다. 노동 제도의 전문화가 비교적 덜 발달했고 기술은 단순했다. 시장에 의존하는 것이 불과 몇 종류의 곡물에 한정되어 있었기 때문에 곡물의 생산과 가축의 사육을 결정짓는 것은 주로 물리적 환경이었다. 사회 관계는 의무적인 '선물 주고받기'를 포함하는데, 여기에서 자원 이용 방식은 의식(儀式)의 준수나 전통에 뿌리를 두고 있다. 노동 서비스의 교환은 안정된 생계를 보장하는 데 큰 몫을 차지했다. 토지에 대한 접근은 사회적으로 구조화된 권리인데, 이 권리는 그 부족의 정치적 구조 속에서 각 가구가 차지하는 지위에 의해 결정되었다. 전체적으로 볼 때, 이 권리를 못 가지는 사람은 거의 없었다 (Cliffe, 1982).

자본주의적 생산 관계의 침투가 아프리카에서는 상대적으로 늦었다. 실제로 대부분의 라틴 아메리카 국가들이 정치적 독립을 얻은 지 상당한 시간이 흐른 뒤였다. 노예 매매를 철폐하면 상품 생산과 교환이 증가할 것이라는 리빙스톤(Livingstone)과 같은 초기 탐험가들의 믿음은 비록 몇 십년 뒤이기는 했지만 역사적으로 확인이 되었다.

아프리카 사회는 자본주의가 침투할 만한 두 가지 형태의 가치를 가지고 있었다. 토지의 잉여 생산 능력과 잉여 노동 시간이 바로 그것이었다(Arrighi and Saul, 1968). 아프리카 경제는 현재의 소비 필요와 비생산적인 축적을 둘러싸고 구성되었다. 이런 활동들은 사회적 결속을 강화했다. 여기서 성공적인 자본주의적 발전이 이루어지려면 잉여 생산 능력을 사용하기 위한 동기를 유발시켜 주어야만 했다. 베른스타인은 '가속된 상품화(accelerated commoditization)'라는 형태의 이러한 과정이 지속적인 중요성을 갖는다고 서술하고 있다(Bernstein, 1979). 아프리카의 대부분을 정착자 사회 또는 플랜테이션 사회로 나눈다는 사실은 원래의 관습에 따른 다양성뿐만 아니라, 자본주의가 확장되면서 노동 착취와 토지 이용 형태가 다양하게 전개되었다는 것을 증명하고 있다.

성장하고 있는 자본주의적 경제에 편입되는 것은 두 가지 요인에 의해 결정된다. 하나는 광업이나 플랜테이션과 같은 노동 수요의 중심지가 존재하는지의 여부이고, 또 하나는 지역적 조건이 농작물의 생산과 시장화에 유리한지의 여부이다(Saul and Woods, 1971). 대부분의 아시아 지역의 상황과는 달리 아프리카의 소농은 '노동 수출(labour exporting)' 형태인데, 이는 생존 기반을 유지하면서(특히 그것이 여성의 영역일 경우에) 성인 남자들을 전통적 농업의 불완전 고용으로부터 벗어나게 한다. 대부분의 고유 작물들이 국제 시장에서는 소비되지 않는 종류들인데, 라틴 아메리카의 대규모 국가에서 감자, 토마토, 콩, 옥수수 같은 곡물들이 점점 더 중요한 식량 곡물이 되고 있는 상황과는 다르다.

오늘날 아프리카 여러 곳에서 토지 분배에 대한 통계들은 농촌 사회의 권력 소재지에 관한 실마리를 거의 제공하지 못하고 있다. 왜냐하면 통계로는 '토지의 공동체적 소유 체계'와 농업 부문에서 자본의 재구조화와 함께 일어났던 '곡물 생산의 개인화'를 구별할 수 없기 때문이다. 아프리카 많은 지역의 토지 소유제도에서 토지의 사유화 현상과 상업 자본의 역할이 많이 커졌다(Shepherd, 1981). 농업관련산업은 우리가 3장에서 본 것처럼 갈수록 중요해지고 있다. 최근에는 자본에 의한 토지의 직접적인 통제가 늘어났는데 이로 인해 지난 20여 년간 계급 갈등과 불평등이 심화되었다(Williams and Allen, 1981; Cliffe, 1982).

수십년 동안 광활한 아프리카 대륙 거의 대부분을 괴롭혀 왔던 '식량 위기'는 구조적 저발전 과정에 의해 조장되었음에도 불구하고, 아프리카의 환경 변화에 대한 피상적 관심은 이런 구조적 저발전 과정에 대한 언급을 거의 하지 않았다. 환경 파괴가 특히 빨리 진행된 지역의 예는 사헬지역[21] 이다. 자세히 조사해 보면 사헬의 자원 이용과 관련된 많은 문제들, 그리고 그 지역을 직접적으로 상징하는 단어인 가뭄과 기근의 주기적 발생은 그 밑에 깔린 구조적 과정에 기인한 것이다. 사헬의 경우는 환경적 빈곤이 그 지역에 대한 구조적 분석의 설명력을 감소시킨다는 가정의 위험성을 명확하게 보여주는 사례이다.

사헬은 서아프리카의 여섯 개 나라에 걸쳐 있다. 모리타니아, 세네갈, 말리, 북부 볼타, 니제르, 그리고 차드 등인데 1974년을 기준으로 각 나라들의 인구를 다 합치면 2천5백만 명 정도가 되었다. 1969년에서 74년 사이의 가뭄으로 직접 영향을 받은 인구는 5~6백만 정도로 적은 편이었다. 이들의 과반수가 유목민으로서 서부 아프리카의 정착 사바나 북쪽에서 열악한 생존을 영위하고 있었다. 나머지 피해자들은 영세 농민들로 구성되어 있는데 그들 중 많은 사람들은 유목민 가족들과 전통적으로 내려오는 공생 관계를 유지하고 있었다.

널리 퍼진 믿음과는 반대로 건조한 사헬에서 심한 가뭄은 그리 흔한

---

21) Sahel이란 사하라 사막 주변 지역을 뜻함.

것이 아니다. 20세기에 들어와서는 세 번밖에 없었다. 그러나 20세기에 들어 이 지역의 생태학적 취약성은 급격하게 증가하였다. 이것은 여러 요인들이 상호 복합적으로 작용하여 기존의 빈약한 환경에서 과도한 방목을 하였기 때문이다. 비가 기대한 만큼 내리는 풍요로운 기간 동안 유목민들은 환경이 수행할 수 있는 능력을 초과할 정도로 가축의 수를 불린다. 그러다가 갑작스러운 반전(反轉)이 일어나면 이 정교한 생태적 체계는 위기에 처할 수도 있다. 엑크홀름(Eckholm)이 쓰고 있듯이,

계속해서 가뭄은 회오리 바람이나 지진처럼 예측하지 못했던 자연적 재난이라고 인식되고 있다. 그러나 진정한 재앙은 실제 환경에 사회의 관행을 적응시키는 데 실패한데서 비롯된다. 사막에서 인간의 문화적 형태는 극히 건조한 기간들을 이겨내고 생존할 수 있도록 재구성되어야지, 비가 많이 오는 기간에나 견딜 수 있을 정도까지 땅을 혹사해서는 안된다.(1976: 67)

사헬과 같은 반건조 지역에서 과도한 방목을 하는 것과, 더 많은 땅을 경작지로 만드는 유사한 과정은 서로 연결되어 있다. 두 과정 모두 늘어난 인구의 결과인데 대개 유목민들은 값싼 식물성 단백질을 얻기 위해 소농에게 지나치게 의존하곤 한다. 유목민들은 시장에 내다 팔 가축들에 의지하여 살기 때문에 시장의 물가 변동에 몹시 취약하다. 그들의 구조적 지위는 자급(自給) 작물 재배 농가보다는 환금 작물 재배 농가와 비슷하고, 기근이 들었을 때 식량을 제대로 구할 수 없어서 고생을 한다. 센(Sen)에 따르면,

자신이 가꾼 것을 먹고 살기 때문에 자신의 생산에 변이가 생기는 것 이외에는 별로 위험 부담이 없는 농부와 비교해 볼 때… 환금 작물을 기르는 사람이나 시장에 내다 팔 동물들을 키우는 것에 전적으로 의존하고 있는 유목민 모두가 생산물들의 변동과 상품의 시장성 변화 그리고 교환율에 취약하다.(1981: 126)

따라서 사헬의 유목민과 가난한 농민들의 전략을 결정짓는 생태적 과정과 그 지역의 정치적·경제적 조건을 분리시키는 것은 불가능하다. 산림 벌채, 집약 농업, 그리고 과도한 방목은 모두 환경적 유연성(environmental flexibility)의 감소에 대한 반응들이다. 상업적 농업의 성장, 특히 환금 작물의 경우는 유목민과 소농 둘 모두의 상호 이익을 감소시켰다. 예를 들어 면화와 같은 신품종은 전통적인 품종보다 나중에 수확하기 때문에, 전통적인 품종과는 다른 계절적 리듬을 따른다(Norton, 1976: 260). 상업적 농업을 향해 치닫기 전에 대부분의 건조한 사헬은 영국 농촌의 개활지(open-field) 농업과 비슷했는데 거기서는 동물들이 수확이 끝난 후의 그루터기를 뜯어 먹고 그들의 배설물이 퇴비가 되곤 하였다. 상업적 농업은 유목민을 땅에서 내쫓았을 뿐만 아니라 식량을 생산하는 소작농들과 유목민들이 유지하고 있었던 공생 관계마저도 뿌리채 뽑아 갔다.

현대적 의약품이 보급되고 가축들의 질병을 더 효과적으로 통제할 수 있게 된 것과 더불어, [비가 넉넉히 오는] 풍요로운 기간에 사헬의 유목민들이 채택한 전략은 당연히 인구와 가축 수를 증가시켰다(Eckholm, 1976: 68). 그러나 이 전략은 급격히 변화하는 맥락 속에서 채택된 것이었다. 자본 집약적 농업이 새로운 경제적 기회를 열어 주기도 하였지만 사헬에 사는 사람들의 취약성도 증가시켰다(Sen, 1981: 127). 필요한 식량을 마련하는 것이 점점 시장에 의존해서 해결된다는 것은 이 지역의 사람들이 생태적 불균형과 기후 변화와 더불어, 상황적이고 구조적인 자원 압력에도 노출되어 있다는 것을 뜻한다. 유목민과 농민들 개개인은 이런 기본적인 딜레마를 환경의 지탱 능력을 매우 취약하게 하는 전략에 의지해서 해결한다. 이를테면 가축을 늘리는 데 자본을 투자한다든지 버려진 땅을 개간하는 전략이 그것이다. 그러나 이런 전략들은 그 사람들이 살아가야 하는 구조적 조건 속에서는 어쩔 수 없이 선택해야 할 전략들이다.

이 점을 강조하기 위해서 사헬 지역에 가뭄이 들었을 때 식량공급이 배분되는 방식을 살펴볼 필요가 있다. 1968년에서 72년 사이에 이 지역의 전반적 식량 공급이 감소하였다. 그럼에도 불구하고 1인당 곡물 공급량은 여전히 FAO와 WHO(식량 및 농업 기구와 세계 보건 기구)가 추천하는 최저 식량 섭취량을 너끈히 초과한다는 데 대해 많은 연구 조사 결과들이 일치를 보이고 있다(Marnham, 1977; Lappe and Colins, 1977, 1978; Lofchie, 1975). 더 중요한 것은 가뭄이 한창인 때 사헬 지역 주변 국가들에서 구매력의 배분 구조에 변화가 일어난 것이다. 그것도 주로 건조한 사헬 지역과 나머지 지역 사이의 배분 구조에 변화가 발생한 것이다(Sen, 1981: 119). 식량은 구매력을 따라서 이동하게 되어 있다. UNEP(유엔 환경 계획)는 사헬 지역 가뭄의 결과에 대해 다음과 같이 결론지었다. 즉 사헬 지역 해안 도시의 육류 공급에 우선권을 두지 않고 유목민들의 생활 조건을 개선하는 데 우선권을 두었더라면 가뭄으로 인해 10만 명이나 죽는 결과를 만들지 않았을 것이라고(UNEP, 1981: 32). 사헬 지역 국가들의 정책도 도시적이고 계급적인 편향을 반영하기 때문에 유목민들과 영세 농민들의 취약성을 더 높여줄 뿐이다. 세금에 대한 부담은 특히 가난한 사람들에게 심한 압박을 주며, 금전의 형태로 세금을 낸다는 사실은 사헬 지역의 농민들이 자급농에서 환금 작물농으로 전환하는 이유를 밝혀준다. 또한 가뭄이 들었을 때 남쪽으로 내려간 유목민들이 그 지역의 정부(국가)로부터 차별대우를 받았다는 증거도 어느 정도 있다(Sheets and Morris, 1976). 정부 기관의 상업적 농업에 대한 선호는 상업적 농업에 필요한 비료를 만들기 위해서 엄청난 양의 석유를 수입하는 것에서도 잘 드러난다(UNEP, 1981: 16). 건조 혹은 반건조 지역의 소농들과 깊이 연관되어 있는 농업 연구(가축과 경작지 개간 등에 대한)가 체계적으로 무시되고 있다는 점을 사람들은 흔히 간과하고 있다(Wellhausen, 1976). 센이 썼듯이 문제의 근원은(사헬과 같은 지역들에서) 당장의 몰락이라기보다는 미래에 닥칠 가변성에 있기 때문에, '보험계약'과 관련된 용어로 이 문제를 생각해 보는 것도 괜찮다(1981: 128). 너무도 오랫동안 국제적 기구들과 정부 엘리트들은 그 지역의 자원 취약성을 개선할 수 있는 전략 개발에 무관심과 무시로 일관해 왔다.

사헬 지역의 기근과 뿌리 깊은 빈곤의 어떤 측면은 그 지역에만 있는 고유한 것이지만 다른 많은 측면들은 다른 반건조 환경(semi-arid environment)에서도 찾아볼 수 있는 것들이다. 논쟁의 여지가 없이 분명한 사실은 오랜 기간 이 지역에서 작동하고 있는 구조적 과정, 특히 대규모 상업 농업의 발달 때문에 많은 농촌 인구들이 천연자원 기반에 대해 초과 수요를 갖게 된다는 점이다. 동시에 분배 메커니즘은 가난한 사람들의 식량 공급에 대한 유효 수요를 감소시켰다. 환경 위기가 닥쳤을 때 그 위기는 식료품을 생산하는 사람들에게만 혹은 그것이 필요해서 사려는 사람들에게만 국한된 것이 아니다. 이것은 취약한 생산 과정, 부적절한 유효 수요, 그리고 근대화 발전 모델을 통해 이득을 보는 여러 사람들이 더불어 빚어내는 결과물이다. 결과적으로 원을 닫는 일(closing circle)은 더 다급해지게 되었다.

라틴 아메리카의 농촌 빈곤과 환경

라틴 아메리카에서 토지의 소유와 분배 문제는 늘 초미의 논쟁거리였다. 쓸 수 있는 땅이 적어서 그런 것이 아니다. 잠재적으로 경작할 수 있는 땅이 라틴 아메리카, 특히 멕시코, 중앙 아메리카, 브라질 등의 적도 지역 전반 곳곳에 널려 있다는 증거가 있다(Posner and McPherson, 1981; Kirpich, 1979). 문제는 한때 소수의 지주 계급에게 귀속되었던 토지에 대한 통제가 점차로 자본과 국제적 농업관련산업의 이익을 대표하는 정부로 이양된다는 사실이다. 이 계급들의 정치적 권력은 기존의 극히 불평등한 토지 분배와 소유 형태를 계속 유지시키는 데 달려 있다.

라틴 아메리카의 식민지화는 도시의 탐험가들에 의해 수행되었는데 그들에게 가장 중요한 경제 활동은 값비싼 광물을 채굴하는 것이었다. 농업은 광업 경제를 촉진시켜 주는 부차적인 활동일 뿐이었다. 대규모 지주 계급이 노동력을 통제하는 제도-하시엔다(*hacienda*) 제도22)라고 알려진 -는 식민지 정복자들이 토착 노동력을 끌어모아야 할 필요에 의해서 생겼는데, 특히 안데스 지역같이 토착 인구가 어느 정도 있고 인구 밀도가 높은 곳에서 생겨났다. 원래의 엔꼬미엔다23) 체제하에서 토지의 통제는 지주가 노동력을 통제하고 지대를 징수할 수 있게 해주는 여러 메커니즘 중의 하나였다. 상업적 농업이 발달하고 도심(都心)이 성장하자 토지의 통제가 그 자체로 하나의 목적이 되기도 했다. 하시엔다가 발달하면서 여러 기능을 가진 이 제도는 이곳에 종속된 노동자들을 후원하기도 하고 어느 정도의 사회적 보호를 제공해 주기도 했는데 그들이 고용된 기간은 천차 만별이었다. 상이한 역사적 시기와 지리적 조건 아래에서, 노동자는 조그만 땅뙈기를 준다는 것에 이끌려 농장에 오기도 했으며 강압의 위협에 눌려 거기에 그냥 주저앉기도 했다. 농장 밖의 소농들은 외부 노동 예비군 기능을 했다. 따라서 노동 과정 조건은 농장에서 노동력이나 현물의 형태로 지대를 징수해 가는 지주의 능력에 의해 결정된다. 신고전경제학의 용어로 하면, 주어진 지역에서 지주가 토지를 거의 독점하는 것은 지주로 하여금 노동 시장에 대한 독과점적 통제를 할 수 있도록 해주는 것이다(Griffin, 1976).

만일 지대가 노동 지불(labour payment)의 형태를 띠고 있다면 이것은 언제고 현물이나 현금으로 전환될 수 있다. 지주는 자신의 농장에 대해서

---

22) 원래는 재산이나 가축을 뜻하는 말로서 대규모 농장을 의미한다.

23) *encomienda*는 봉건제하의 기사에게 주어지는 영토, 즉 騎士領을 의미하는 스페인어.

상업적 이해 관계를 갖고 있지만 직접 생산에 관여하지는 않는다. 농촌 경제에서 창출된 자본은 농업보다 도시 쪽으로 투자되었다. 플랜테이션 경제하에서 자본은 종종 외국으로 수출되었다. 프랑크(Frank)가 비록 자본주의 시장에 통합되는 것이 곧 자본주의적 생산 양식을 의미한다고 잘못 가정하였지만, 산업화되기 전에 도시 부르주아지나 농촌 부르주아지는 제대로 구별되지 않는다는 그의 관찰은 옳다(Frank, 1969; Laclau, 1971).

20세기 초반기 라틴 아메리카 일부분에서 나타난 도시의 성장은 점차로 산업화의 정도를 표시하게 되었다(Furtado, 1970). 그러나 식량 작물은 대개 소상품 생산 부문에 의해서 계속 성장하였다. 또 이와 나란히 대규모 농장은 수출을 통해 산업화 초기에 필요한 자금을 마련하였다. '라틴 아메리카를 위한 유엔 경제 위원회(United Nations Economic Commission for Latin America: ECLA)'에 있는 몇몇 경제학자들은 기존의 국제적 노동 분업을 탈피하는 데 있어서 라틴 아메리카가 겪는 어려움을 경험한 후, ECLA에서 신중한 수입 대체 정책을 마련하라고 압력을 가하였다(Booth, 1975).

늘어나는 농촌 지역의 불만과 사회주의 쿠바의 실례와 더불어서 무역 이론에 대한 재검토는 라틴 아메리카의 발전 문제에 대해 새로운 정의를 내리게끔 하였다. 1960년대까지는 토지 분배가 이 문제의 핵심으로 간주되었다. 중대한 토지 재분배가 없으면 산업 생산물의 국내 시장은 소규모로 남을 것이고 농촌 지역의 불만이 고조되리라는 것은 예측할 수 있는 일이었다. 급속한 도시화는 이농민들을 대도시의 주변부로 몰아내었는데 이 도시화는 농촌 문제로부터 발생하는 현상이다. 기존의 라티푼디아/미니푼디아[*latifundia/minifundia*: 대규모 농장/소규모 농장] 체계의 쓸모없음, 그리고 농장의 토지와 소농 노동력의 낮은 생산성에 대한 경험적 증거는 이 기간 전반에 걸친 '전미 농업 개발 위원회(Interamerican Committee for Agricultural Development: CIDA)'의 보고서에 잘 나타나 있다. 이 연구는 라틴 아메리카 전역에 토지 개혁의 불을 당겼다. 필요하다면 농장을 분할해서라도 생산성이 낮은 땅에서 농업 생산성의 증가는 가능하다는 논의가 나타났다. 소작인들은 그들이 일하는 땅의 소유권을 얻음으로써 비료나 외상 거래 등과 같은 현대적인 투입물을 더 쉽게 얻을 수 있을 것이다(Barraclough, 1973; Barraclough and Domike, 1970). 자본이나 노동보다 토지가 농촌 지역의 개발에 더 중요한 요소로 간주되었다.

이런 이데올로기적 투쟁에 대한 정치적 반향은 대부분의 자유주의자들이 예견한 대로 이루어지지 않았다. 비록 입법된 법령이 태만한 지주들을 비판하면서 '(사유)재산의 사회적 기능'을 옹호하였지만 1970년대에 지주로부터 각 소농 가구로 토지가 직접 이양된 적은 거의 없었다. 어떤 소농은 처음으로 자신의 토지 소유권을 얻었고 다른 사람들은 미개간토지를 개척하도록 지원을 받았지만 대개는 잘못 계획된 것이거나 값비싼 대가를 치루어야 하는 것이었다(Delavaud, 1980; Revel-Mouroz, 1980; Barbira-Scazzochio, 1980). 페루에서는 이전에 지주가 소유했던 농장을 국가가 관리하며 명목상의 통제만 노동자들이 한다(Guillet, 1979; Long and Roberts, 1979). 대부분의 국가들은 극빈 농가, 특히 땅이 없는 농업 노동자들에 대한 지원을 고의적으로 회피하였다.

실제로 라틴 아메리카의 토지 개혁에서 가장 중요한 결과는 토지 비소유 현상이 점점 증가하게 된 사실일 것이다. 농업 개혁 혹은 개혁에 대한 협박은 사유지를 팔도록 자극하였고 지주들로 하여금 자신들의 척박한 토지를 포기하도록 만들었다(Preston and Redclift, 1980). 대부분의 지주들은 그들이 팔지 않고 소유하고 있는 땅을 관대한 정부의 지원에 힘입어 근대화할 수 있게 되었다. 나머지 지주들은 도시로 떠났는데 그곳에는 공평한 공공 시장 체제와 신용 기구가 없던 상황이어서 그들이 이러한 상업적 기능을 지배했다. 한편 소유권이 소농 가구 집단에 이양된 곳에서는

114

그들에게 강제로 무엇을 시킨다는 것은 불가능했다.

CIDA가 제시하고 여러 라틴 아메리카 국가 정부가 받아들였던 처방은 그릇된 것이었다. 불균등한 토지 소유 체계는 계급 이해의 산물이며, 만일 자본의 축적 변화와 이 변화가 농촌의 노동 과정에 대해 가지는 함의에 주의를 기울이지 않는다면 이 불균등 체계는 계속 유지될 것이다. 몇몇 농업 개혁 입법은 실제로 대규모 농업관련산업이 성장하도록 촉진시켰고 지주들로 하여금 국가 또는 초국가 기업과 경제적 연대를 할 수 있게 하였다(Burbach and Flynn, 1980). 계절 노동(seasonal labor)에 대한 수요는 늘어났는데 이는 종종 국가 체계와 관련된 전통적 노동 제도를 대체하곤 하였다. 이러한 형태의 농촌 프롤레타리아화는 보이아스-프리아스(*bois-frias*)라는 최근의 임금 노동자와 연결되어 있다(D'Incao e Mello, 1976). 라틴 아메리카의 많은 농촌 지역은 척박한 땅에서 일하는 자원이 빈약한 농민들과 아무런 기술 지원 없이 계절 따라 자본주의적 농업 지역을 전전하는 유랑민들로 가득차 있다(Goodman and Redclift, 1981; de Janvry, 1981). 결국 농촌 지역 공동체가 공동으로 소유하는 삼림 지역이나 공동 방목 토지 등은 사적인 착취대상이 되거나 과잉 사용에 의한 환경 파괴 위협에 직면해 있다. 어떤 경우에는 토지 소유자와 토지 관리자가 바뀌기도 했지만 대부분의 경우에 토지의 집중과 토지 비소유 현상은 증가해 왔다.

라틴 아메리카에서 지주 계급의 지대 징수와 이에 맞서서 싸우는 소농들의 항거는 안데스 산맥 주민들의 역사와 민속지에서 끊임없이 주제가 되었던 사회적 갈등 속에 잘 드러나고 있다. 우리가 이미 본 것처럼 안데스 지역은 토착 인구들이 많이 살고 있는 지역 중의 하나이다. 한편 이곳은 고도(高度)에 의해 구별되는 여러 가지 독특한 생태 지구를 포괄하고 있다(Preston, 1980: 8). 동시에 이 지역에서 생태계간의 연결은 대단히 중요했다. 그것[생태계간의 연결]은 자본주의적 침투가 있기 훨씬 전에 잉카 제국 시대부터 존재하였지만, '이음매 없는 거미줄' 같은 자본주의가 상이한 제도적 구조를 가진 지역과 집단을—분리하기보다—통합하게 되자 더 중요한 것으로 부각되었다(Lehmann, 1982: 1). 최근에 편집한 책에서 레만(Lehmann)은 안데스 지역의 생태계를 사회제도의 발전에 결정적인 요소라기보다 조건적인 요소로 보고 있다. 자원에 대한 인구의 압력은 각 농가들간의 불평등을 감소시키지 않는다. 사실상 부유한 농가는 자신의 부를 사용하여 공동체 소유거나 개인 소유의 자연자원을 더 손쉽게 획득한다. 레만은 다음과 같이 언급하고 있다.

> 이런 경우는—이것은 예외라기보다는 법칙이라고 할 수 있다—권력의 남용과 공동체의 '고유한 목적'으로부터의 이탈이 지대 수취를 목적으로 만들어진 제도에 내재한 속성임을 보여주는데, 이는 공동체 구성원 중에 어떤 사람의 지위가 다른 사람보다 높은 것을 근거로 하는 것이다.(1982: 25)

이는 콜롬부스 도착 이전의 남미에서 찾아볼 수 있었던 '공동체'와 같이, 하나의 목적을 위해 만들어진 사회제도가 그 제도 형성의 역사적 맥락을 넘어서 문화적인 함의까지도 전달한다는 것을 잘 보여주고 있다.

안데스 지역의 자원에 대한 지배는 과거의 그리고 새롭게 떠오르는 계급의 이해를 반영하는 기존 토지 소유 제도에 의해 결정된다. 우리가 이미 살펴본 것처럼 스페인이 유산으로 물려주었지만 19세기를 거치면서 내부 시장의 중요성이 반영되도록 변형되어 온 지배적인 토지 소유 체계는 하시엔다이다. 안데스에서 지주(*haciendado*)를 위해 부역하는 종속된 인구는 토착민들로 구성되어 있었는데, 토착민들은 저지대에서는 대개 소멸되어 버렸다. 고지대에서 잉카 문명은 파괴되었지만, 공동체 같은 제도와 이와 관련된 농사 행태, 예를 들어 계단식 토지 이용 등은 아직 남아 있다. 시쭈는 소나 양을 키움으로써 자신의 소유지를 조방적으로 사용했기 때문에 그가 필요로 하는 노동력의 양은 그렇게 많지 않았다. 소유지밖에서는 땅이 모자랐고 그 질도 척박했으므로 지주는 별 어려움 없이 노동력을 자신의 소유지로 끌어들이거나 강압적으로 모을 수 있었다. 대부분의 고용인(하인)들은 노동력을 제공하거나 생산물의 일부를 지주에게 주는 대가로 농장의 일부를 사용할 권리를 가졌다.

자본주의적 생산과 시장 관계는 안데스 고지대에 침투하여 여러 면에서 사회 관계를 변모시켰다. 가끔씩은 쿠즈코(Cuzco) 근처의 라콘벤시온(*La Convención*) 계곡처럼 소농들이 시장에서 자신들이 점유하고 있는 위치를 개선시키고 결국에는 지주로부터 어느 정도 정치적 독립을 얻어내는 경우도 있었다(Hobsbawm, 1969). 그러나 소작인들을 내쫓고 임노동자를 끌어들이려고 노력하는 지주들이 더 일반적이었으며 그들은 토착 주민들로부터 거센 저항을 받았다(Martinez Alier, 1977: 14). 종종 자본 침투의 영향으로 공동체 내부의 사회적 분화가 늘어나기도 하였다.

> 마을 주민들 중의 일부는 유목 농업내에서 이용할 수 있는 기회에 점차 관심을 잃게 되고, 대신 바깥에 널려 있는 기회에 관심을 갖게 되었다. 그러므로 마을 공동체는 지역적인 성원과 탈지역적인 성원으로 양분되는데 그들이 공통된 경제적 이익을 갖기는 어렵다.(Long, 1977: 179)

지배계급이 토지 개혁에 어느 정도나 관심을 보이느냐는 다음의 두 가지에 의해 결정된다. 우선 개발 목표가 어느 정도 그럴 듯한가, 둘째로 그것을 통해 정치적으로 제대로 생존할 수 있는가 하는 것이다.

> 이것은[토지개혁은] 소규모 생산자의 지위가 법률적으로 바뀐다든지 소작농에게 토지소유권을 제공하는 것으로 이해될 수 있는데, 그럼으로 해서 이들은 농업 신용을 얻을 수 있게 되는 것이다. 전통적인 고지대의 하시엔다에서는 지주에게 적당한 인센티브만 제공된다면 근대적인 자본주의적 기업으로 변화할 것으로 기대되었다. 이 인센티브는 그들의 토지를 시장에 개방함으로써 제공될 수 있었을 것이다. 이것이 효과적이었더라면 그들은 지대로 살아가기를 그만두

고 근대적 기업가로 변신했을 것이다.(Goodman and Redclift, 1981: 112)

어떤 집단들은 농업의 근대화를 농업 개혁의 목표인 동시에 토지를 포함한 자원의 급격한 재분배를 피하기 위한 수단으로 간주했다.

지난 20년 동안 안데스 지역 인근 국가의 국민들은 이 모호성이 빚은 결과 속에서 살아 왔다. 농촌의 잉여를 산업화의 동력으로 이용하고 새로운 상업농 계급의 성장을 지원하기 위해 농업 개혁을 수행한 나라들(특히 칠레와 페루)의 농업 개혁 정책은 자원이 빈약한 소작농들의 필요를 효과적으로 무시해 왔다. 토지를 더이상 획득할 수 없고 신용이나 기술 지원도 없는 상태에서, 영세한 농민들은 환경에 대단히 큰 피해를 입히면서 자신들의 제한된 자원을 이용할 도리밖에는 없었다. 토양 침식과 삼림 벌채는 이런 생산자들의 빈곤에서 기인하는 필연적인 결과이다.

다른 나라의 농촌 빈곤도 더 나을 것이 없다. 1952년 이래로 볼리비아에서는 피상적으로는 누구나 권력에 접근할 수 있었고 에쿠아도르는 최근에 민선 정부로 복귀하였음에도 불구하고, 안데스 사람들이 농업 개혁으로부터 가시적인 이득을 얻은 것은 거의 없다. 지주들은 비생산적인 토지를 내던지고 자신의 영토 중에서 상업적 잠재력이 있는 부분에 자원을 집중시키기 위해 토지 시장을 개방하려고 애써왔다. 다른 경우 예를 들어 페루의 카자마르카(Cajamarca) 계곡과 에쿠아도르의 고지대 같은 경우는 다국적 기업이 단순한 상품 생산의 수직적 통합을 장려함으로써 낙농 경제(milk economy)를 촉발시키고 있다(Rainbird, 1981; Archetti, 1977). 안데스 지역 전반에 걸쳐 가장 일반적인 현상은 소농의 토지가 더 작게 분할되고 영세농가가 최소한의 토지소유권을 얻게 되면서 매우 작은 경작지의 재생산이 계속되는 것이다(Preston and Redclift, 1980; Rusque, 1982). 안데스의 사례가 보여주는 것은 농업 개혁의 입법화나 이의 회피 양자 모두를 통해 자본주의가 농업으로 침투하면서 미치는 영향이다. 새로운 농업 구조를 특징짓는 것은 개혁된 부문과 개혁되지 않은 부문간의 차이라기보다 자원 기반이 열악한 소작농들의 취약성이 늘어난 사실이다. 자원 위기에 대한 이들의 반응은 영구적이진 않다고 하더라도 계절마다 도시나 열대 식민지 지역으로 옮겨다니거나, 정치적 항거를 통해 상황과 맞서는 방법을 택하든지 한다. 70년대의 정치적 항거는 개별적으로 행동하는 지주보다는 국가로부터 억압을 받았다. 영세한 농민에 대한 환경의 압박 정도를 완벽하게 측정하기는 불가능하다. 왜냐하면 사회적 불만이 산악지방으로부터의 이주로 인해 다소 희석되어 왔기 때문이다. 도시의 임시 노동 시장에서 노동하여 얻은 현금 소득과 가족 소유지(family plot)에 의해서 보장되는 불확실한 생계의 유지는 고지대의 생태적 불균형을 어느 정도 위장하고 있다.

방글라데시의 농촌 빈곤과 환경

앞 절에서는 아프리카와 라틴 아메리카의 빈곤에 대해서 논의하였다. 우리는 사헬 지역이 유목민들과 영세한 농민들의 지탱 능력에 대한 압력 때문에 더욱 열악해진 자원 빈곤 지역임을 주목하였다. 또 이런 압력이 어느 정도는 사헬 지역 남쪽의 상업화된 농업의 영향 때문이며, 유목민들과 영세한 농민들의 상대적 소득이 떨어지면서 식량 자원의 통제 구조에 변화가 생겼다는 것도 살펴보았다. 안데스의 고지대 역시 라틴 아메리카 중에서도 자원이 빈약한 지역이며(물론 산간 계곡의 경우 비옥한 곳도 있지만) 빈곤의 원인이 천연자원의 부족에 있다는 것은 아주 그럴 듯한 설명이 될 수 있다. 그러나 우리는 이런 설명에 의문을 제기하는 구조적 요인을 구별해 낼 수 있다. 안데스 지역의 토지 분배는 매우 불균등하며, 잠재적으로 경작 가능한 광대한 땅이 지주에 의해 목초지로 방치되어 있다.

게다가 지주들은 차츰 자신의 토지를 상업화하고 소작인들을 내쫓으며, 어느 정도 땅이 있는 사람들마저도 최소한의 규모만 소유하도록 강요하고 있다. 왜곡된 토지 분배 구조를 바로잡고자 했던 농업 개혁은 오히려 그만큼 농촌의 프롤레타리아화를 가속화시켜 왔다. 프롤레타리아화의 증가는 토지 기반(land base)에 더 많은 압력을 가하고 농촌이나 도시의 고용주들이 자유 임금 노동자들에게 치루어야 할 비용을 낮춤으로써[24] 빈곤을 더 심화시켰다. 라틴 아메리카의 경우에 차별화 기제는 이미 내재된 것인데, 시장의 임금에 점점 과도하게 종속되고 있다는 사실뿐만 아니라 환경에 대해 제한적으로 접근할 수밖에 없는 사실을 통해서도 명확하게 드러난다.

인도, 파키스탄, 그리고 방글라데시 같은 나라들은 상이한 농업 기후 조건과 사회 구조를 가지고 있다. 대부분의 몬순 아시아에서는 토지가 집약적으로 이용되고 관개 농업이 광범위하게 실시되며 대다수의 인구가 논에서 경작되는 쌀을 식량으로 하고 있다. 자바(Java)에 관한 영향력 있는 연구(1971)에서 클리포드 기어츠(Clifford Geertz)는 한정된 토지 위에서 인구 증가에 적응하여 집약적인 쌀농사가 이루어지는 과정을 농업의 퇴보라고 간주하였다. 기어츠는 그 퇴행이 식민주의의 결과라고 명백히 밝혔지만 사회적 계급의 형성에 대해서는 거의 주의를 기울이지 않고 있다. 자원의 배분은 '자연적인 한계'에 대응하여 이루어진다. 이런 연구들이 중요하기는 하지만 기어츠의 연구 같은 것은 몬순 아시아의 빈곤이 단순히 너무 많은 인구 혹은 너무 좁은 토지 때문에 빚어진 결과라는 널리 퍼진 신념을 조장하게 된다.

예를 들어 브란트 위원회 보고서의 다음과 같은 부분을 생각해 보자. 이 부분은 방글라데시의 경우를 다루고 있다.

---

24) 이농민들이 도시나 농촌의 산업 예비군이 됨으로써 임금이 낮아진다는 뜻.

방글라데시는 인구의 3분의 1이 1헥타르 미만의 토지를 가진 영세농, 가난한 소작농, 그리고 대지주에게 종속되어 있는 일꾼(share-croppers)이라고 추정되었다. 나머지 3분의 1은 토지가 없는 인구로 집계되었다. 토지 개혁은 이 사람들에게 적은 도움밖에는 되지 못했는데 왜냐하면 대규모 농지라는 것이 전체 토지의 겨우 0.2%에 해당하기 때문이다. 관개 시설과 홍수 조절 시설에 대한 투자는 다모작을 할 수 있는 조건을 마련해 주었으며 이 다모작은 소출량을 증대시킬 뿐만 아니라 노동력을 더 많이 요구하도록 만들었다.(Brandt, 1980: 86, 고딕체는 저자 강조)

토지 개혁이 방글라데시의 발전 문제에 대한 만병통치약이라고 주장하는 것은 아니지만 이 짧은 구절은 몇 가지 중요한 논점을 간과하고 있다. 첫째, 방글라데시에서 대규모 농지가 상대적으로 중요하지 않다고 할지라도 1960년대 중반 이후부터 토지의 분배는 갈수록 불균등하게 이루어져 왔고 토지를 소유하지 못한 사람들은 엄청나게 늘어났다. 클레이(Clay)가 주장하듯이 '만약 빈곤을 완화하는 것이 아니라 퇴치하는 것이 목적이라면, 토지가 없는 사람들에게 기본 자원인 토지로부터 나오는 소득의 몫을 보장해 줄 수 있는 방법 외에 다른 만족스러운 대안은 없다'(1981: 100). 이런 처방은 농촌의 공공 취로 사업을 늘리는 방법이나 정부의 곡물의 수매 방법 등이 갖지 못한 장점을 가지고 있으며 빈곤의 계절적인 동요를 진정시키는 것 이상의 효과를 갖는다.

뿐만 아니라 브란트 위원회는 개선된 관개 시설과 경작 기술이 제공하는 잠재력을 정당화하는 것 이상으로 매우 낙관적이다. 클레이가 주장하듯이 방글라데시에서 최저 생계 수준의 생활을 하는 엄청난 수의 인구는 '기존의 환경에 가장 밀접하게 적응한 농경 방식'의 결과이다(1981: 93). 사실 기술의 변화는 1960년대 초반부터 실제적인 소출량의 성장을 가져왔을 뿐만 아니라 가난한 사람들을 먹여 살리는 데 기여했다.

이 마지막 주장은 조심스럽게 설명해야 한다. 방글라데시의 빈곤은 천연자원의 통제에 있어서 불평등성이 늘어난 것과 밀접하게 연결되어 있다. 오늘날 토지 없는 노동자들의 다수가 이전에는 작은 농가의 소작인들이었다. '방글라데시 발전 연구 기구(Bangladesh Institute of Development Studies)'는 1974년 이전까지의 토지 거래에 대한 자료를 분석하고 정리하였는데, 이것을 토대로 센은 다음과 같이 결론을 지었다.

누구든지 소규모 토지 소유자에게서 토지를 빼앗는 방향으로 나아가는 편향이 있음을 분명히 볼 수 있다. 개발은 단순히 소규모 소작농을 일반적으로 가난하게 만드는 것뿐만이 아니라 상대적으로 풍요로운 해에도 그 계급의 구성원들이 쉽게 기아상태로 빠지도록 만드는 것이다.(1981: 151)

ILO를 위한 연구에서 라만 칸(Rahman Khan)은 '매우 열악한 평균 토지 보유율'(농촌 인구 일인당 0.3에이커의 경작지)이 오늘날 방글라데시 농촌 지역에 전례가 없는 빈곤의 집중을 초래한 '심각한 불평등'과 연결되어 있다고 주장하였다(Khan, 1977: 137). 고도의 수확성을 가진 신품종 벼를 심게 되고, 부유한 농민이 화학 투입물[비료] 등을 더 쉽게 사용할 수 있게 되자 토지 박탈 경향이 더욱 촉진되었다. 농촌 인구의 일부분이 프롤레타리아화된다는 사실은 아직도 토지를 보유하고 있는 사람들 사이에 점차 차이가 생기는 현상과 맞아 떨어진다. 남아 있는 토지 소유자들 사이의 토지 분배는 점점 더 불균등해지고 있다. 토지 소유자들 중에서 소규모 혹은 '생계수준 미만'의 경작인 범주에 들어가는 비율은 계속 증가하고 있다(ibid.: 155).

뿐만 아니라 토지 소유에 있어서는 분석 자료의 조작적 단위가 제시하는 것보다 더 심한 불평등이 존재하는 것으로 드러났다. 왜냐하면 많은 소규모 농민들이 토지를 직접 소유하는 것보다는 임대하는 방향으로 전환하였기 때문이다. 방글라데시 농촌의 빈곤은 단순히 인구의 압력 때문에 생긴 결과가 아니라, 가속화된 기술적 변화와 불평등에 기초를 둔 사회

구조가 복합적으로 작용하여 빚은 결과이다. .

방글라데시에서 피임에 대한 태도를 조사한 최근의 연구는 이 점을 강력하게 뒷받침해준다. 부분적으로는 남성의 불임 수술을 장려한 정부의 공식적인 캠페인과 널리 보급된 피임약 때문에 극빈층의 가족 규모는 차츰 감소되었다(IPPF, 1982: 18). 그러나 인구위원회 보고서는 농촌 중산층이 아직 대가족을 거느리고 있는 것을 확인했다고 보고하였다. "이것은 이들이 어느 정도 부유해서 건강을 유지할 수 있고 여자를 푸르다(Purdah)제도(부인을 격리시켜서 아이를 더 많이 낳을 수 있게 하는 인도의 전통적인 제도)하에 둘 수 있는 돈을 가질 수 있기 때문이다"(ibid.: 18). 기술적 변화가 대부분의 농촌 여성에게 더 많은 노동시간을 부과하고 발전의 이익에서 그들을 배제시키기도 한 반면, 이것 때문에 몇몇 소수 농촌 여성들은 더 많은 아이를 출산함으로써 남편들의 지위를 강화시켰다. 선진 농업 기술에 점점 더 과도하게 의존하는 것은 극빈층 특히 여자들과 어린이들에게 계절적인 영양 상태의 취약성을 강화시켰다(Chowdury et al., 1981).

토지 박탈 현상이 발생하는 것과 농촌 노동자들의 고용기회가 감소하는 것이 가지는 의미가 무엇인지 증명하는 일은 어렵지 않다. 농촌 노동자들의 임금 체제는 프롤레타리아화가 진행됨에 따라 현물 체제에서 현금 체제로 전환되었다. 이것은 가난한 사람들의 지위를 취약하게 만들고 빈곤 구제 프로그램을 통해 식량 부족을 메꾸는 데 과중한 부담을 안겨주고 있다. 1974년 방글라데시의 기근에 관한 통계에 의하면 식량 원조를 요청하는 사람들의 81%가 전혀 토지가 없거나, 혹은 있다 하더라도 반에이커 미만의 토지를 가진 것으로 드러났다(Sen, 1981: 144). 토지가 집중되고 실제 임금이 하락하는 과정이 진행될수록 식량의 부족이 가난한 사람들에게 타격을 입힐 것이라고 믿는 데는 나름대로의 이유가 있다. 오늘날 방글라데시 인구의 46%에 해당하는 9천만 명이 15세 이하이다. 25년 이내로 인구는 지금의 두 배인 1억 8천만으로 늘어날 것으로 기대된다. 이런 인구 출산율이라면 삼각주 지역의 토지 비옥도 정도는 되어야 부양이 가능하다. 토지에 더 쉽게 접근하는 것이 출산율을 떨어뜨리는 역할을 한다는 것을 제대로 파악하지 못하게 되면 필연적으로 농촌 지역의 빈곤은 지속될 것이고 국제 식량 원조에 계속 의존하게 될 것이다.

방글라데시의 사례는 부존 자원과 인구 압력과 함께 경제 발전에 의한 구조적 변화를 고려해야 할 필요가 있음을 명확하게 보여주는 사례이다. 농촌과 도시 사이의 생활 수준의 격차는 종종 라틴 아메리카보다 아시아가 더 크기 때문에, 어떤 사람들은 아시아 농촌의 빈곤이 계급 이해라기보다 부문 이해(sectoral interests)에 기인하는 것이라고 주장하기도 한다(Lipton, 1977; Moore and Harriss, 1984). 그러나 농촌의 사회 구조에 더 관심을 두고 살펴보면 토지의 소유권과 통제라는 것은 권력을 가진 지주가 다른 농촌 계급의 주장에 대항하여 지위를 보전하는 데 유용한 도구였음이 드러난다.

인도 농업사의 분수령은 자민다스(*zamindars*)와 자기르다스(*jagirdars*)를 철폐한 것으로 시작된다. 이것은 영국 통치하에서 문화적 중재인으로서 활동했던 부재 지주를 일컫는 말이다. 봉건적인 토지 소유 계급의 철폐와 함께 부농들이 농촌 지역의 전면에 등장하기 시작하였다. 영국으로부터 독립하기 전에 이 계급은 구질서의 모태 속에 있던 맹아기의 자본주의적 농민 계급이었다(Byres, 1974: 235). 구체제의 종식 후에 자민다르(*zamindar*) 지역에 분배되었던 토지는 살아남은 지주들이 더 많은 토지를 축적하는 데 도움이 되었으며, 종종 임차를 통해서 그들의 가용 토지 규모는 늘어났다. 1950년대부터 인도의 농업 부문에서는 악명 높은 소작 제도를 무효화하려는 시도가 있었지만 부농과 중산층 농민들은 소작 제도를 유지시키며 법망을 피할 수 있는 방법을 채택했다.

1947년 독립 당시에 '빈농'의 범주는 가용 토지가 농지 2헥타르 정도

되는 사람들로 규정되었다(Byres, 1974: 233). 1970년대까지는 3에서 5헥타르 사이의 규모가 생계를 꾸려갈 수 있는 최소의 재산으로 계산되었다. 그러나 인도와 파키스탄에서 토지 박탈 현상의 심각성은 각 농민이 실제로 이용할 수 있는 토지의 양이 겨우 0.5헥타르라는 사실로 잘 드러나고 있다. 방글라데시의 경우는 이보다 더 낮아서 0.2헥타르이다(Ward, 1979: 181). 분명히 전체 농촌 인구에게 토지를 재분배하는 것은―비록 정치적으로는 가능하다 할지라도―인도 대륙의 농촌 빈곤을 종식시키는 데 아무런 역할도 하지 못할 것이다. 아시아 7개국에서 수행한 연구에서 국제 노동 기구(ILO)는 불평등의 정도로 볼 때 방글라데시가 가장 균등한 분포를 보이고 있지만 그럼에도 불구하고 최하층 가구 20%가 차지하고 있는 토지는 전체 토지의 단지 3%뿐이며, 최상층 가구 10%가 차지하고 있는 토지는 전체 토지의 무려 35% 이상이 된다는 것을 언급하였다(ILO, 1977: 11). 토지 분배의 불평등은 남동 아시아의 대부분 지역에서 차츰 증가하고 있다.

인도에서는 이미 토지를 가지고 있는 사람들끼리 토지를 배분하도록 토지 개혁이 실시되어야 한다는 견해가 널리 받아들여지고 있다. 토지가 없는 사람들은 이런 토지 개혁 방식에 거의 끼어들지도 못한다. 부유한 농민(kulaks)과 가난한 농민[가난하지만 토지가 어느 정도 있는 농민] 모두 토지가 없는 사람들에게 토지를 내주는 것에 반대할 것이다. 카스트 제도는 인도인의 생활 속에서 여전히 유지되고 있는 부분이며 벨(Bell)이 관찰한 것에 따르면 토지가 없는 사람들의 대부분이 자기 계급에서 쫓겨난 힌두인이거나 소수 부족민들이라고 한다(Bell, 1974: 197).

인도 대륙에서는 토지 임대차 계약의 '체결'과 '해약'이 매우 흔한 일이기 때문에 토지의 소유권만으로 계급의 지위를 알기란 쉽지 않다. 물론 대부분의 라틴 아메리카의 경우에는 이것[토지의 소유권이 계급적 지위를 알리는 것]이 전반적인 현상이었지만 말이다. 똑같은 규모의 가용 토지라도 임대받은 토지보다는 자가 소유 토지의 비율이 서로 큰 차이가 난다 (Beteille, 1974). 소작농이 자신의 식구들 이외에 외부에서 고용한 노동력에 의존하지도 않고 자신의 노동력을 다른 사람들에게 빌려주지도 않는 이상적인 챠야노비안(Chayanovian) 상황은 인도 전역에서 상당히 예외적인 일에 속한다. 지역적인 편차도 상당히 크다. 몇몇 주에서는 여자가 들에서 일을 못하게끔 되어 있어서 고용된 노동자들이 그들을 대신하여 농사를 짓는다. 반면에 또 다른 주에서는 여자들도 농사를 지을 수 있기 때문에 대단히 대규모 토지에서도 고용된 노동자들에 의존하여 농사짓는 일이 비교적 드문 곳도 있다(Beteille, 1974).

우리가 파악할 수 있는 전반적인 경향은 토지 박탈 현상이 계속 늘어난다는 사실이다. 바이레스(Byres)는 사회-경제적인 차별을 낳는 필연적인 조건을 바로 영국이 만들었다는 것을 지적하고 있다. 전례 없는 규모의 상품 생산, 비화폐 지불 체계를 화폐 가치로 대체한 점, 그리고 토지의 양도가능성 등이 그것이다(Byres, 1974: 233). 토지 배분을 둘러싸고 부유한 농민과 중산층 농민이 가지는 이해 관계는 지금보다 더 개선된 토지 개혁을 점점 어렵게 만들고 있는 것 같다. '현재 인도의 정치적 세력들의 구도는 (토지의)재분배를 사전에 효과적으로 배제하고 있다. 이 구도는 이미 시행되었던 기존의 토지 개혁이 빚어 놓은 바로 그 농업 구조에서 유래한 것이다'(ibid.: 247). 1961년과 1971년 사이에 예전에는 농업에 종사했다가 현재 그만둔 노동력의 총비율이 16.7%에서 25.8%로 증가하였다 (Bell, 1974: 197). 베타이유(Beteille)는 1971년까지 농업에 고용된 노동자들의 40%가 전일제 고용(full-time) 노동자라는 것을 계산해냈다(Beteille, 1974). 안드라 프라데쉬(Andhra Pradesh)나 케라라(Kerala) 같은 주(州)에서는 소작농들의 숫자보다 농업 노동자들의 숫자가 더 많다.

토지 소유 형태뿐만 아니라 소유의 규모와 질의 변화를 가져온 농업구조의 극적인 변화는 부분적으로 새로운 농업 기술, 즉 '녹색 혁명'을 노입한 결과이다. 기술 변화가 급속하게 일어나고 있을 때는 기술적 투입물을 획득할 수 있느냐 하는 것이 중요한 일이다. 부농은 말할 필요도 없거니와 정도는 거기에 약간 못 미치지만 중산층 농민들도 가난한 농민이나 소작인들보다 훨씬 더 손쉽게, 또한 집약적으로 이런 기술적 혁신을 채택해 왔다(Bell, 1974: 205). 1970년대 초반 이래로 농촌의 이러한 격차는 계속 줄어들지 않고 유지되고 있다(Pearse, 1980). 심지어는 '녹색 혁명'이 갖는 평등성이라는 장점에 주목하도록 만든 립튼(Lipton) 같은 사람도 '다수확 품종과 복합적인 투입물 이용 여부에 영향을 미치는 비기술적인 관계는… 일반적으로 대규모 부농들에게 우호적'(Lipton, 1978: 321)이라며 이에 동의하고 있다.

인도의 토지 소유 제한 입법에 의해 제기된 그리고 '녹색 혁명'이 보급되면서 더 긴박하게 된 중요한 문제 가운데 하나는 토지 소유자들간의 불평등이 감소하게 되면 그들과 토지를 갖지 못한 사람들간의 불평등이 증가하는지 여부에 대한 것이다. 벨은 그것에 대한 증거가 분명하지 않다고 주장한다(1974: 208). 립튼은 '한편으로 보면 다수확 품종과 토지 개혁은 비슷한 딜레마에 빠져 있다. 대규모 농가로부터 소규모 농가에게 토지를 재분배하는 것은 농장 노동자들에게 불리한 재분배가 될 수 있다'라고 지적한다. 그는 다음과 같이 결론을 지었다. '농사에서의 소출은 기계화와 관개 시설을 위한 정책에 의존하며, 이러한 정책은 (거기서 나오는)이득이 어느 쪽으로 갈 것인가를 결정한다'(1978: 330).

소규모 토지 소유 농업의 발전 가능성은 일본이나 대만 그리고 한국의 예를 참조해 보면 알 수 있는데 이 나라들은 모두 분배적인 토지 개혁을 실시했었다. 이들 나라에서는 같은 헥타르의 땅에 인도나 파키스탄에 비해 두 배나 많은 수의 노동자들이 고용된다(Ward, 1979: 181). 이들 소규모 농가들이 높은 생산성을 보이는 것은 적절한 기계화 덕분이기도 하고 농촌 신용 자금과 화학 비료 등을 얻는 데 상대적으로 쉽기 때문이기도

하다. 심지어 적절한 신용이나 기계화가 없더라도 2모작이나 3모작 농법 그리고 홍수를 조절하는 것은 소규모 토지 소유에서도 농업 생산성을 높이는 데 잠재적으로 가장 중요한 방법이다. 중국의 경우에는 개인 혹은 가족 소유의 땅이 협동 농장의 농지에 5% 내지 8%를 차지하고 있지만, 가계 소득의 9% 내지 30%를 여기에서 얻고 있다(Bergmann, 1977: 142).

빈곤한 환경인가 아니면 환경의 빈곤인가?

빈곤은 종종 자원이 빈곤한 환경에서 발생한다. 건조 사헬 지역과 안데스 고지대가 이런 경우의 실례들이다. 그러나 방글라데시의 삼각주가 빈곤한 환경인가? 분명히 방글라데시의 빈곤은 다른 몬순 아시아 지역과 마찬가지로, 상대적으로 풍요한 보유자원으로 많은 인구를 부양해야 하기 때문에 생긴 결과이다. 이와는 대조적으로 안데스 지역의 빈곤은 가난한 사람들이 영세하게 되고 이들이 토지에서부터 박탈된 것에서 비롯된 것이다. 심지어 사헬의 경우도 그 지역의 빈곤이 빈곤한 자원 때문만이라고 보기는 어렵다. 초국가적인 맥락에서 유목민들과 가난한 농민들의 상대적 지위가 변화한 것이 사헬 지역 사람들의 빈곤을 설명해 주고 있다.

그러면 우리는 빈곤이 경제적인 힘과 분배 과정의 결과라고 단정적으로 가정해도 될까? 우리가 살펴본 각 경우에서 분배 메커니즘─토지 집중, 실질 임금 하락, 자본 축적─은 농촌의 가난을 초래하였다. 분명히 자원이 빈곤한 지역은 부분적으로 구조적인 과정 때문에 자원이 빈곤하게 된 것이다.

그러나 빈곤한 환경에 사는 사람들이 단지 지나치게 적은 토지를 할당받았기 때문에 그런 것만은 아니다. 그들은 [구조적인 힘에 의해] 어쩔 수 없이 환경을 '오용'했었고, 그런 행동은 그들의 빈곤에 기인한다. 그들은 적은 몫의 천연자원을 받았고 자신들이 받은 몫 이상을 요구하고 있다. 이러한 것들이 농촌의 빈곤에 대한 '가까운 원인'[가용한 천연자원 부족] 이요, '배후에 깔린 원인'[사회 경제적 분배 구조]으로 묘사될 수 있는 것 인데, 이것이 실제 생활에는 혼합되어 있지만 분석적으로 구분해야 할 필 요가 있다.

어느 곳에서든지 빈곤은 자연 환경과 사회-경제적인 구조 사이의 특정 한 관계가 빚어내는 결과물이다. 이 관계의 독특성을 무시하고 사헬의 빈 곤과 안데스, 혹은 방글라데시의 빈곤을 동일시하는 것은 결과에서부터 그 원인을 사후적(*a posteriori*)으로 추리해 가는 것이다. 빈곤한 물리적 환경이 더 큰 인간의 빈곤을 만들어내는 것과 마찬가지로, 인간의 빈곤은 물리적인 환경을 더 빈곤하게 만든다. 분명히 새겨두어야 할 필요가 있는 것은 구조적 요인들과 자연 환경 요인들 사이의 관계의 독특성이다. 다음 장에서 우리는 멕시코라는 한 나라에 초점을 맞춰서 멕시코 농촌에서 등 장하고 있는 갈등이 어떻게 새로운 정책의 도입을 초래했는지를 살펴볼 것이다. 우리는 환경의 빈곤을 만들어내는 구조적 요인들이 지속가능한 발전을 위한 정책을 만드는 데도 어려움을 주고 있음을 보게 될 것이다.

5. 농촌의 환경 갈등과 발전 정책
: 멕시코의 사례

앞 장들에서는 대부분의 논의를 비교의 수준에서 진행시켰다. 발전에서 이데올로기의 역할과 자연 환경에 대한 의존 사이에는 연관성이 있다는 주장을 하기 위해 의식적으로 노력했다. 좀더 시야를 넓혀, 비교적인 해석과 분석을 통해 남부에서 환경이 직면하고 있는 문제들을 다루었다. 각 대륙의 독특한 역사적 경험을 고려해야 한다는 것을 시사하는 예증적인 자료들을 아시아, 아프리카, 남미에서 이끌어냈다. 주제의 본질상 이런 접근은 어느 정도 필연적이다. 환경 위기는 국제적인 문제일 뿐만 아니라 여러 학문에 관련되는 문제이다. 위기에서 파생되는 여러 가치 사항들을 고려해 볼 때, 각 학문분과의 인습적인 경계에 대한 새로운 접근이 필요함을 알 수 있다.

이 장은 일반화 가능한 이론을 강조한다기보다, 멕시코라는 한 국가에 초점을 맞춰 멕시코의 발전 경험 속에서 나타난 환경 정책과 식량 정책을 살펴본다. 우리의 작업은 1980년 5월 멕시코 정부가 채택한 새로운 발전 전략을 분석함으로써 시작된다. 이 전략은 '멕시코 식량 체계'(*Sistema Alimentario Mexicano*, SAM이라고 줄여 말한다)라 불리며, 멕시코 농촌 발전의 방향을 기초 식량의 자급도를 향상시키고 농촌 자원을 보존하는 방향으로 바꾸어 놓기 위한 의도에서 수립되었다. 그 이후의 논의에서는 급진적 생태학과 정치경제학에서 일반적으로 제기해 왔던 농촌 발전에 관한 여러 이슈들이 문제제기될 것이다. 특히 환경 정책과 식량 정책을 수립하는 데 보탬이 되었던, 발전에 관한 상이한 해석들의 역할에 초점을 맞추었다.

멕시코 농촌 발전의 문제에 대해 서로 다른 집단의 사람들은 서로 다른 견해를 가지고 있다. 우리가 친소농주의자(*Campesinistas*: pro-peasant)라고 대강 부를 수 있는 한 집단의 주장은 다음과 같다. 멕시코 농촌의 빈곤은 정부와 농촌의 유력자들(*caciques*)이 소농을 다루어 온 방식의 결과이므로, 전통적인 농법 체계가 희소한 자연자원을 활용하는 방식에 더 많은 주의를 기울여야 한다는 것이다. 멕시코 정치의 좌파는 조금 다른 분석을 보여 준다. 그들 주장의 핵심은 농촌 지역의 저발전과 빈곤은 국제 경제 관계에 기인한다는 것이다. 이런 관점에서 보면, 멕시코가 미국에 대해 경제적으로 의존함으로써 다국적 기업과 농업관련산업의 이해에 따라 농촌 주민들을 피폐시켰다. 농촌의 계급 구조는 이러한 국제적 발전 과정들의 반영이다. 비록 정책적으로 구체화되지는 않았지만 'SAM'에서 제시된 분석은 이 두 견해를 결합한 것에 근거한다.

그러나 멕시코 발전에 관한 세번째 견해도 있다. 이 견해는 아직도 멕시코에서 널리 유포되고 있는 대부분의 '혁명적' 수사에 부합되지 않기 때문에 대중적으로 널리 옹호되지는 못했다. 이 견해에 따르면, 토지에 너무 적은 사람들이 아니라 너무 많은 사람들이 있다는 것이다. 소농 지도자들과 정부 인사의 부패가 농업 생산성을 저하시킨 반면, 관료제와 온정주의 정치는 멕시코 농업의 비효율성을 은폐했다. 이와 대조적으로 농업에서 가장 현대적인 부문, 특히 관개지대(灌漑地帶)에서는 효율적인 관리가 이루어졌으며 동시에 멕시코가 지니고 있는 비교우위―기후와 미국과의 근접성—를 한층 잘 이용했다. 이런 '개발주의자'의 관점은 신고전경제학의 관심을 그대로 되풀이하고 있다.

멕시코 농촌에 관한 해석들

이 장의 서두에서는 멕시코 농촌 발전에 관한 다수의 경쟁적인 해석들을 제시한다. 이어 이런 해석들을 상세히 설명한 후 각 접근이 제기하는 문제들을 검토한다.

언급한 바와 같이 친소농주의자들은 멕시코 발전이 대다수의 농촌 주민, 즉 소농들의 이해에 편파적이었다고 계속 생각했다. 상업 농업—특히 관개 농업—은 정부 보조금과 관대한 공공투자로 혜택을 보았다. 반면 정부 기관은 보다 가난한 천수답 지역에서 아주 성공적으로 소농을 착취했다. 이들은 소농에게 낮은 곡물 가격을 제시하고 값싼 가족 노동에서 이윤을 획득함으로써 결국 소농이 농촌 발전에 들어간 비용을 지불하도록 만들었다. 소농 가족은 멕시코 발전 정책하에서 이렇게 구조적으로 착취당했다.

대안적인 '소농 주도' 정책의 옹호자들은 농업에서의 소농의 경험—대체로 무시되고 있는—이 중요하다고 주장한다. 몇몇 학자들은 소농 "농법 체계(farming systems)'를 통해 대안적인 농학의 기초를 형성해야 한다고 주장한다. 그 농법 체계는 살충제와 농약과 같이 시장에서 구입하는 투입물에 덜 의존하며 멕시코 농촌의 현존 자연자원과 기후 조건에 더 적합하다(Turrent, 1976). 월만(Warman)과 같은 인류학자들도 소농의 '경험'을 강조하는데, 그는 소농 경제가 완전히 파괴될 수 없다는 바로 그 사실이 소농 경제의 중요성을 입증한다고 주장한다(Warman, 1976).

친소농주의자들에 따르면 멕시코 소농 계급은 정치 투쟁을 두 방향에서 전개한다. 첫째는 여전히 토지를 향한 투쟁인데, 이는 일하는 자들에게 토지를 돌려주겠다는 혁명의 약속이 이행되지 않았기 때문이다. 실제로 멕시코 농촌에서는 1910년과 마찬가지로 토지 분배가 지금도 역시 불공평하다는 증거가 있다(Hewitt, 1976). 둘째, 소농들이 그들의 생계를 개선하려 한 시도들은 언제나 중간층과 도시 상인들에 의해 예외 없이 차단되곤 했다. 이들은 [자신들의 거주지와는] 멀리 떨어져 있는 멕시코 농촌에 대해 높은 이자율로 돈을 빌려 주고 기초 작물에 대한 통제를 독점하려고 애쓰는 자들이다. 멕시코 정부가 보다 덜 착취적인 수준에서 소농 계급에게 몇가지 서비스를 제공하기는 한다. 그러나 과연 국가가 이들 중간층 혹은 농촌의 유력자들을 효과적으로 쫓아낼 수 있는지에 관해서는 친소농주의자들 내부에서도 입장이 나눠진다(Redclift, 1980).

소농 옹호 압력단체가 제시한 논의 역시 많은 약점을 가지고 있다. 멕시코 국가가 소농(*campesinos*)을 다루어 온 역사가 양면적이었다는 것을 생각해 볼 때, 국가가 어떻게 그들과 더 나은 관계를 만들어낼 수 있을지 지 별로 분명치 않다. 맑스주의자들은 이 반박에다가 두 가지를 더 보텔 수 있다. 소농 경제와 자본주의가 계속 공존했기 때문에 소농 계급이 그렇게 피폐되었다면, 도대체 어떻게 그런 상황이 달라질 수도 있다는 주장을 할 수 있을까? 에스테바(Esteva)와 같은 친소농주의자 학자들은 소농 계급의 복지가 산업 자본주의의 계속적인 유지와 모순되는 것은 아니라고 계속 주장해 왔다. 맑스주의 진영 역시 멕시코 농업내에서 단일한 소농 계급에 대한 언급이 불가능할 정도로까지 임금노동이 발전했다고 주장하면서 친소농주의자들의 중심 교의에 도전한다. 단일한 소농계급 없이 소농 주도의 농촌 발전을 논한다는 것은 부적절하다는 것이다.

맑스주의자들이 제시하는 사실적인 증거들은 여러 측면에서 친소농주의자들과 일치한다. 그러나 해석은 여러 갈래로 나눠진다. 첫째, 이미 살펴본 바와 같이 멕시코에 더이상 소농 계급이 존재하지 않는 정도로까지 농촌 프롤레타리아화가 전개되었다고 주장한다. 토지와의 연계들, 특히 친소농주의자들이 소농이라는 범주 구분에서 중요한 증거라고 생각하는 에지도(ejido)[25]를 맑스주의자들은 달리 해석한다. 그들은 '소농 가구'가 토지 보유와 관계 없이 임금에 의존하고 있다는 사실이 계급 위치에서 훨씬 더 중요하다고 주장한다(Pare, 1977).

농업 개혁에 관한 맑스주의자들의 견해 역시 친소농주의자들의 견해와 다르다. 거틀만(Gutelman)과 로저 바르트라(Roger Bartra) 같은 사회학자들의 주장에 따르면, 소농 경작은 혁명 후 멕시코에서 자본주의가 성공적으로 발전하는 데 필수적이었다(Gutelman, 1974; Bratra, 1974). 에지도는 토지의 사적 소유라는 개념을 그대로 담고 있었다. 게다가 카르데나스(Càrdenas)를 포함한 멕시코 대통령들은 사파타(Zapata) 추종자[26]들의 열망에 부합하기는커녕 멕시코 농촌 사회를 자본의 이해에 따라 재구조화한 책임이 있다. 농촌 발전에 자본주의를 도입했으므로 국가가 상업 농업을 후원한 것은 당연한 결과였다. 소농 계급은 무시당했다기보다 이 모델에 맞춰졌다. 오늘날 멕시코 농업은 미국 시장을 위해 싼 과일과 곡물, 그리고—리오그란데 강 이북에서 대부분 불법 고용되는—저임금 노동력을

---

25) 마을 공유 농토 혹은 미개발 국유지를 뜻함. 집단 농장이라고 불린다.

26) 사파타(Emiliano Zapata)는 모렐로스 주(州) 출신의 소토지 소유자로 1910년 마데로가 지도하는 멕시코 혁명이 시작되자 이듬해 3월 빈농을 거느리고 이에 참가했다. 그러나 혁명이 승리한 후 토지 개혁에 소극적인 마데로 대통령과 결렬하고, 같은 해 11월 철저한 토지 재분배와 공동체적 토지 소유의 부활을 요구하는 「아얄라 플랜」을 발표하여 무장 투쟁을 재개했다. 1913년의 반혁명 쿠데타 후에도 투쟁을 계속하여 1914년의 제2차 혁명이 승리한 후에는 북부의 빈농 출신 비야와 동맹을 맺고, 국토의 대부분을 점령했다. 그러나 1915년 혁명 주류파(카란사파 및 오브레곤파)에 패배했다. 그후 모렐로스 주에서 게릴라전을 계속했으나, 1919년 카란사 대통령의 군대에 의해 암살되었다. 그러나 사파타파(派)의 토지개혁 요구는 1917년 제정된 혁명 헌법에 받아들여져서 그후 멕시코의 토지개혁 운동에 큰 영향을 주었다.

생산함으로써 '국제 노동 분업'의 논리에 따라 진화한다.

맑스주의 입장도 마찬가지로 약점을 가지고 있다. 사적 토지소유에 대해 그들이 내놓은 대안은 집단 농업인데, 이것은 이미 우리가 보았듯이 멕시코 농촌에서는 그리 지지를 얻지 못한다. 소농의 생활 수준을 저하시킴으로써 농업 부문이 산업 부문에 '잉여'를 창출한다고 가정한다면, 어떻게 집단화를 통해 농촌 지역의 생활 수준을 개선시키고 또 동시에 산업에 필요한 잉여를 창출시킬 수 있는지는 분명하지 않다. 소농의 토지 요구를 충족시켜 주는 것이 정치적으로는 부합될지 모르지만, 그것이 멕시코 농촌의 최빈곤 집단에 필요한 도움과 경제가 요구하는 자극을 동시에 제공할 수 있을까?

멕시코 농촌 발전에 관한 세번째 주요 비판은 정통적인 신고전경제학의 '개발주의자' 학파에서 나왔다. 이 비판은 멕시코의 석유 자원 착취에 관심 있는 멕시코내의 민간 은행들과 다국적 식품회사들을 포함한 대부분의 외국 기업들이 선호하는 견해이다. 이 '급진적 우파'의 견해는 멕시코 매스컴에서 거의 발표되지 않았다. 그러나 1982년 여름 통화 위기 때와 그후의 사건들에서 알 수 있는 것처럼 정통적인 신고전적 사고는 여전히 중요하다. 이 견해를 가장 조리있게 표현하고 있는 사람은 라마르틴 예이츠(Lamartine Yates)이다. 그는 혁명 후 소농 계급에게 베풀어진 정치적 보장들이 실질적으로 멕시코 농촌 발전을 저해했다고 주장한다(Yates, 1981). 멕시코 정부는 시장력의 작용을 왜곡시키는 역할을 했다. 토지는 부적합한 곡물 재배에 이용되고 너무 많은 농촌 인구가 흡수되었으므로, 여기서 노동은 자본의 요구보다 과잉이 되었다. 정치적 안정을 위해 기술적인 효율이 희생된 것이다. 이 견해에 따르면 멕시코는 자신이 갖고 있는 비교 우위의 생산물에 집중해야 한다. 정확히 말하자면 이것들은 맑스주의자들과 친소농주의자들 모두가 농촌 지역의 구조적 불평등의 심화 원인이라고 여기는 작물들(오일 씨드, 과일 그리고 면화 같은 환금 작물)이다. '개발주의자' 입장에 대한 주요한 의문은 다음과 같다. 농업 정책에 '시장' 기준을 적용한다고 해서 농촌의 빈곤이 감소될 수 없다면, 시장력에 의존한 경제 성장을 강조하는 것이 구조적 불평등을 한층 더 심화시키지 않을 것이라는 보장이 있겠는가?

SAM 제안이 처음 소개되었을 때 농촌 발전 계획에 관심 있는 대부분의 사람들은 환영했다. 좌파 측에서도 대부분의 사람들이 이를 지지했는데 이 사실은 설명이 필요하다. 일이 되어가는 형편을 봐가며 기다린다면 새로운 제안을 지지하면서도 좌파의 역량을 축적시킬 수 있지만, 처음부터 반대하여 문제를 일으키면―우파에게 유리한―반작용을 일으킬 수도 있다는 견해인 것 같다. 멕시코가 직면한 식량 위기의 심각성 때문에 대부분의 사람들은 공공 정책에 관심을 가지게 되었고 이전의 정책에서 이탈해 보는 것이 시도할 만한 가치가 있다고 생각했다. 비록 단기간의 수익은 있었지만 SAM이 농촌 부문의 구조적 문제들을 해결하지 못하리라는 것이 곧 분명해졌다. 1981년의 수확량은 상당했고 SAM의 생산 목표는 성취되었다. 그러나 이듬해 1982년 수확은 악화되었고 새 대통령 당선자를 지지하는 이들이 정치적인 주도권을 잡았다. 국제 통화 기금(IMF)에 멕시코의 자기 관리 능력을 재보증하기 위해서 고안한 상당히 정통적인 재정 조처를 통해 1982년 여름과 가을의 경제 위기는 해결된다. 한 때 용감한 제안이었던 SAM은 곧 조용히 잊혀졌다.

The SAM: 식량정책과 환경정책에서의 새로운 방향들

주권에 대한 불필요한 양보를 하지 않고, 재정적 굴종이라는 외부적인 구속에 질식되지 않고도, 식량 체계의 성장을 위한 우리의 거대한 잠재력을 충족시키는 독자적이고 유례 없는 기회를 SAM은 멕시코에 제공한다.(Jose Lopez

Portillo, 멕시코 대통령, 1980년 3월 18일)

이런 수사들을 사용하면서 멕시코 대통령은 기초 식량의 자급을 이루기 위한 새 정책을 발표했으며 국내 많은 지역에 편재하는 농촌 빈곤 문제들을 솔직하게 언급했다. 20세기의 첫 혁명[멕시코 혁명을 뜻함]이 경작자에게 토지를 나눠준 지 70년이 지난 후 왜 이런 정책이 필요했을까? 이 질문에 답하기 위해 우리는 먼저 1980년대 초반 멕시코 농촌에 관한 조사를 시작할 필요가 있다(<표 3>을 보라).

<표 3> 멕시코의 농촌 부문

1. 경작지(1978)	
(a) 천수답 지역	11,262,000헥타르(ha)
(b) 관개 지역	3,176,000헥타르(ha)
합계	14,438,000헥타르(ha)

출처: Dept of Programing and Budget, Mexican government 1978.

2. 주요 곡물(1983)	% 분포
식량 곡물(옥수수, 밀, 콩)	경작지의 59%(총가치의 29%)
사료 작물(수수, 알팔파 등)	경작지의 11%(총가치의 16%)
과일과 야채	경작지의 7%(총가치의 20%)
기타(커피, 담배, 오일 씨드 등)	경작지의 23%(총가치의 44%)

출처: Dept of Programing and Budget, Mexican government 1978.

3. 농작물 경작에 적합한 토지: 식량 곡물과 사료 작물의 증가율(1965~79)

기초 식량 곡물들	%	사료 작물	%
옥수수	-1.75	알팔파	5.5
콩	-6.15	귀리	26.5
밀	-2.3	보리	18.8
		사탕수수	15.0

출처: D. Barkin 1981: 22.

4. 토지 소유관계 (1970)

	토지 면적의 %
에지도	43
독립 공동체들	7
개인 농장들	50

출처: Ministry of Agriculture, Mexican government 1980.

	가족수(1970)
소농(ejido)	1,600,000
소농(독립 공동체)	300,000
개인 농부	600,000
계절 혹은 전시간 임금 노동자	900,000
	3,300,000

출처: Yates 1982: 146.

5. 멕시코: 옥수수와 밀 수입량이 전체 소비량에서 차지한 %

	옥수수	밀
1960	0.5	-
1970	8.6	-
1980	34.2	18.1

출처: Mexican government 1981.

멕시코 경작지의 대부분이 관개되어 있지 않다. 관개지의 3백만 헥타르 남짓이 주로 멕시코 북서부와 북부에 위치하는데, 이 지역은 1950년대와 1960년대에 대대적인 토목 공사가 착수되었던 곳이다. 그러나 농촌 주민들은 대부분 이 지역에 살지 않는다. 그들은 대부분 '천수답 지역'에 거주하며 여기서 농업은 소농 생산자와 그 가족의 손에 달려 있다. 이런 사람들이 1978년도에는 천백만 헥타르가 넘는 토지에서 일했다(<표 3>을 보라).

대부분의 친수답 지역에서는 가뭄이나 불충분한 강우에 시달리곤 한다. <그림 1>에서 보는 것처럼 농촌 인구 대부분은 중앙 고원과 산맥 지대에 거주하는데 이곳들은 강우가 상대적으로 부족한 곳이다. 남부의 습윤 열대 지역에는 적당한 비가 내리지만 더 적은 수의 사람들이 거주한다.

대부분의 소농 생산자들이 재배하는 주곡은 옥수수와 콩이다. <표 3>에서 알 수 있듯이 (주로 관개 지역에서 재배되는) 이 곡물들과 밀이 경작지의 거의 60%를 차지한다. 지난 20년간, 특히 지난 10년간은 다른 곡물들이 점차 중요하게 취급되기 시작했다. 1980년 동물에게 먹이기 위한 사료 작물이 경작지의 11%를 차지했고 곡물 가치의 16%에 해당했다. 과일과 야채, 그리고 커피와 담배 등을 포함한 작물들은 경작지의 30%를 차지하며 곡물의 총 시장가치에서 대략 2/3가량을 차지한다. 특히 사료 작물 생산의 증가는 표에서 1965년에서 79년까지 기간 동안의 수치를 보면 분명히 알 수 있다.

1970년대 동안 멕시코 농업에서 기초 식량 곡물은 감소했는데 이는 주로 동물 사료와 미국으로의 수출을 위한 곡물이 그 자리를 대신한 데 기인한다. 가축에서 나오는 생산물은 멕시코내에서도 상대적으로 부유한 소수의 사람들이 소비하며, 재배된 과일과 야채의 대부분은 겨울 동안 생산이 감소하는 지역인 캘리포니아, 텍사스 혹은 그밖의 다른 지역으로 수출된다. 커피와 담배 같은 환금 작물은 멕시코의 중요한 소득원이지만, 그 국제수지로 인한 이익이 농촌 빈곤층에까지 전달되지는 않았다. <표 3>에서 알 수 있듯이 1980년 멕시코에서는 기초 식량 곡물 필요량의 1/3이 수입으로 충족될 정도로까지 자급도가 감소했다. 북서부의 관개 지역에서는-'기적'이라고 불리는-녹색 혁명 종자가 사용되었음에도 불구하고 밀은 대규모로 수입되기까지 했다. 이런 와중에 멕시코는 과일과 '겨울 야채들'을 성공적으로 수출하고 북아메리카의 햄버거 '체인들'을 위해 더 많은 소를 사육함으로써 중산층을 한층 더 배불리고 있었다.

멕시코에서 대부분의 농촌 주민들의 상황은 상업 농업의 '성공'과는 극명하게 대조된다. <표 3>에서 보면 관개지의 40%가 넘는 지역이 에지도

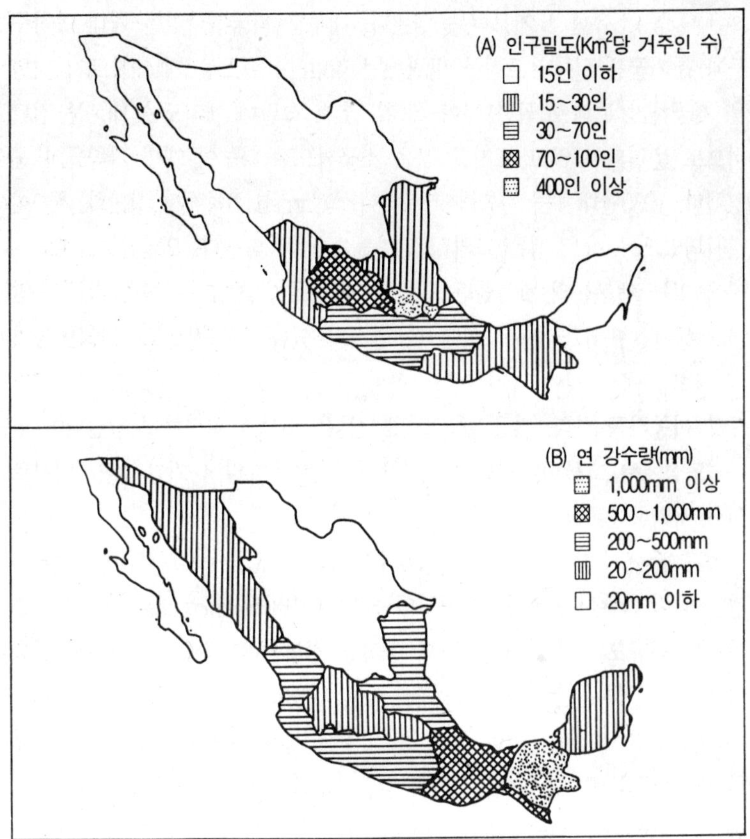

<그림 1> 멕시코의 농업 계획가들이 직면하고 있는 기본적인 어려움은 인구 분포(지도A)가 수자원 분포(지도B)와 일치하지 않는다는 사실이다. 따라서 국민의 대부분(그리고 농장의 대부분)은 국가의 보다 건조한 지역, 특히 중앙 고지대에 집중되어 있다. 이곳에는 인구의 과반수 이상이 거주하지만 단지 10%의 수자원만을 보유하고 있다. 이와 대조적으로 가용한 수자원의 약 40%는 습윤한 남동부 지역에 있는데 이곳에는 전체 인구의 약 8%만이 거주한다. 이 페이지에 있는 두 지도는 멕시코의 수자원부에서 얻은 자료에 근거한 것이다. 통계적인 목적을 위해 두 지도에서 전 국토를 13개의 주요 수권으로 분할하였다.

출처: E. Wellhausen, 'The agriculture of Mexico', Scientific American, vol. 235(1976), no.3.

혹은 공동 소유한 토지로서 운영된다. 대부분 외국인이었던 거대 농장주들과 투기꾼들로부터 토지를 박탈했던 혁명 이후 소농 계급에 토지 기반을 제공하기 위해 도입된 것이 에지도였다. 그런데 에지도는 대부분 집단적으로 운영되지 않고 토지를 작은 소구획으로 나누어 개별 가족들이 운영했다. 1930년대에는 대통령 카르데나스(Cardenas)하에서 집단화 계획이 실시되었으나 이 정책은 그의 후임자들에 의해 바뀐다. 오늘날 에지도 토지에 있는 대부분의 소농들은 그들의 가족을 부양하기 위해서 다른 수입원으로부터 수입을 벌어들여야 할 필요가 있다. 결과적으로 그들은 농업의 계절 고용을 찾아 규칙적으로 미국 국경을 넘거나 멕시코내 다른 지역으로 이동하곤 한다. 많은 에지도 소농들은 도심과 밀접하게 관련되어 있다. 도심에서 그들이나 그들의 자식들은 일년중 일정 기간 동안 임시로 일할 자리를 찾는다.

<표 3>에서 보면 '개인 농부'의 수는 소농(독립공동체) 계급에 속한 사람들의 두 배에 달한다. 멕시코인들이 랜처러스(*rancheros*)[27]라 부르는 이들은 소규모 혹은 중간 규모의 농장을 경영하며 멕시코 역사에서 중요한 역할을 했다(Schryer, 1980; Brading, 1978). 그러나 가장 중요한 집단은 대규모의 상업농들이며 이들 중 몇몇은 정부 관리이거나 혁명 초기에 혁명으로부터 혜택을 누린 사람들이다. 이 집단의 이해 관계는 수출품 생산 및 미국과 밀접한 관련을 가지고 있다. 딸기나 감귤류의 과일 작물들에서는 북미의 회사들이 멕시코 농업에 깊이 관여되어 있다.

고용 노동자의 수는 <표 3>의 수치들에서 나타나는 것보다 훨씬 많을 것이다. 앞에서 보았듯이 많은 에지도 소농들은 그들의 토지 바깥에서 노동에 종사한다. 특히 농업 센서스 수치들은 여성과 어린이들을 충분히 기술하지 못하고 있다. 이들은 커피와 담배, 면화와 과일을 수확하는 계절 고용에서 큰 비중을 차지한다. 여성들과 어린이들은 멕시코 농촌 인구에

---

27) 소규모 농장주.

서 가장 가난하고 가장 착취당하는 집단이다.

다소 부정확하기는 하지만 이 수치들을 보면 멕시코 농촌 인구의 최소한 절반 가량이 임금에 의존하고 있음을 알 수 있다. 대부분의 경우 이 임금 노동은 집에서 상당히 멀리 떨어진 곳에서 이루어진다. 토지를 경작하는 자에게 돌려 줄 것을 약속했던 혁명은 1980년도까지 토지로부터 중요한 부문을 함께 제거해 버렸다는 점에서는 성공적이었다. 토지를 직접 운영하는 이들이 외부로부터 기술적인 도움이나 농약, 종자 구입을 위한 신용대부를 얻는 일, 혹은 그들의 농산물을 시장에 내다 팔 때에 도움을 받기란 극히 힘들었다. 이런 중요한 기능들은 중개인들과 멕시코인들이 케시크스(*caciques*) 혹은 코요테스(*coyotes*)라 부르는 농촌 유력자들의 손에 달려 있다.

멕시코 에지도의 3/5은 1980년에 어떤 공식적인 정부 신용대부도 받지 못했다. 그들은 멕시코 경작지의 약 71%를 차지했다. 이 사실에도 불구하고 멕시코 정부의 신용 은행 밴루럴(Banrural)은 1979년 미국 달러로 10억 달러 이상에 해당하는 농업 신용대부를 배분했는데, 이 액수는 1978년도에 비해 32% 증가한 것이었다. 밴루럴이 해준 대부분의 신용대부는 소규모 생산자들에게 돌아감으로(민간 은행은 이보다 큰 규모의 농장주들을 후원한다) 대부분의 공식적인 신용대부는 상대적으로 부유한 소수의 소농들—그들 중 상당수는 관개 지역에 거주한다—에게 주어지고 있다. 가난한 에지도 농부들의 상황을 개선하는 것이 SAM의 목표 중 하나이다.

SAM이 도입된 이유는 식량 생산에서 위기가 심화되고 있다는 것과 농촌에 대한 다른 형태의 국가 개입이 농촌의 가장 가난한 이들을 돕지 못했다는 것을 깨달았기 때문이다. 그러나 로페즈 포르틸로(Lopez Portillo) 행정부내에 있는 모든 관료들이 새로운 정책의 방향이 필요하다고 확신한 것은 아니다. 실제로 정책을 도입한 지 1년도 되지 않아 신농업개발법(*Les de Formento Agropecuario*)이 통과되었다. 이 법은 가난한 소농 계급보다 대규모 농장주들을 선호하는 것처럼 보였으므로 SAM을 비판하던 사람들은 정부가 동시에 서로 다른 두 개의 방향으로 나아가고 있다고 질책하였다(Redclift, 1982a).

이제 SAM에서 제안됐던 정책 수단들과 그 실천 방식들을 개괄해 보자. 기본적으로 SAM은 20개가 넘는 집단들이 선행 연구를 한 후에 작성한 관련 정책들의 묶음이다. 이 제안들은 세 가지의 목적들을 달성하기 위한 것들이다. 첫째, 전략적으로 중요한 식량 곡물(옥수수, 콩, 쌀, 설탕)의 국내 생산 증가, 둘째, 도시와 농촌의 가난한 이들을 위한 식량 수송 체계의 합리화, 그리고 셋째, 도시와 농촌 두 지역에서 영양 상태가 취약한 목표 집단들의 영양 상태 개선이 그것이다. 구체적인 조치로서는 옥수수의 가격을 31%, 콩을 25% 올리는 방법이 포함되어 있다. 이 조치는 소농들이 다른 곡물로 전환하거나 토지를 내팽개치지 않고 이 곡물들을 재배해서 팔도록 장려하기 위해서이다. 가난한 농부들은 개량 종자를 이용하게 되었고 실거래 가격보다 20% 싼 가격으로 60만 톤의 농약의 무료 수송을 약속받았다(Meissner, 1981). 소농들이 식물의 질병을 퇴치할 수 있는 방법들은 늘어났고 곡물을 안전하게 재배하는 데 드는 비용은 줄어들었다. 아마도 무엇보다 중요한 것은 농업 신용대부 정책이 옥수수 재배 농부의 이해에 맞게 재구성되어 그들을 착취적인 중개인들로부터 자유롭게 했다는 것이다.

식량 수송 체계의 개선을 위해서도 역시 많은 노력이 있었다. SAM과 제휴한 식품 회사 부문은 재정적인 후원을 받았다. 특히 SAM은 '노동 집약적 농업 생산과 자본 집약적 가공 과정을 결합시켜 수직적으로 통합된 농업 사업을 후원하고자' 애썼다(Meissner, 1981: 223). 따라서 많은 농업 관련산업들이 정부 통제하에 놓여졌다.

어떤 면에서 보면 일련의 정책들 가운데서도 영양과 관련되는 부분이 가장 혁신적이었다. 전체 인구의 반이 넘는 약 3,500만의 멕시코인들이

2,750칼로리와 80그램의 단백질 섭취를 요구하는 1인당 하루 필요섭취량에 미달한다고 측정되었다. 이 숫자의 반이 넘는 수—농촌의 1,300만과 도시의 600만—는 '최소한의' 영양 상태 이하인 것으로 나타났다. 가장 취약한 부문은 농촌 여성들과 어린이들이었다. 보조금을 통해 '권장 기초 식품군'의 구입 가격을 낮추어 가난한 소비자들의 식품 구입 비용을 일인당 매일 13멕시코페소로 절감시키면 이들의 영양 수준은 개선될 수 있다(1980년 1월에는 약 26페소였다).

SAM의 효과가 목표 인구에까지 도달하기 위해선 가난한 사람들이 주로 이용하는 소매점, 특히 정부의 식량 분배 조직인 CANASUPO의 숫자를 늘리고 효율성을 개선시킬 필요가 있다는 것을 깨달았다. 도시의 가난한 사람들은 대부분이 이동식(바퀴달린) 작은 채소 가게와 공공 시장을 이용하곤 한다. 구체적인 매매 경로가 다르기 때문에 상이한 가격이 형성되는데, 이 때문에 국가 보조금[의 효과]은 상대적으로 선택적이 된다.

이런 야심찬 발전 계획은 멕시코가 거대한 원유 보유량을 가지고 있다는 운좋고 다소 특이한 입장 때문에 가능하였다. 1980년에 멕시코는 세계에서 다섯번째로 큰 석유 생산국이었으며 잠재 보유량은 사우디아라비아 다음으로 두번째를 차지하고 있었다. 1938년 카르데나스 대통령하에서 멕시코 정부는 석유 사업을 국유화했으며, 정부의 석유독점체인 PEMEX는 좌파와 우파 모두의 민족주의적 열망과 결합되어 있었다. 1980년 SAM이 멕시코 농촌에 수여한 보조금은 약 40억 달러에 달했다. 이것은 석유 판매 수입으로 쉽게 충당할 수 있었다. 결국 매일 100만 배럴의 석유가 1배럴당 미국 달러 40달러에 팔린다면(충분히 가능한 일이다) 1년에 약 1,460억 달러를 벌어들일 수 있다. 멕시코인들은 1970년대초 베네주엘라의 예를 따라 석유 판매 수익금을 쏟아부어 농촌 발전에 힘쓰고 있었다(Meissner, 1981). 표면상 이 전략은 추천할 만한 장점들을 가지고 있다. 다음에서 우리는 이 전략의 성공을 가로막는 주요한 걸림돌늘을 살펴볼 것이다. 그 걸림돌은 농촌 부문에서 멕시코 국가가 행한 역할인데, 이러한 역설은 피할 수 없는 것이다. 라틴 아메리카에서 멕시코만이 농촌 부문을 급속하고 효과적으로 발전시킬 수 있는 수단을 가지고 있었다. 그러나 멕시코 역시 다른 라틴 아메리카 국가들과 마찬가지로, 정치 체계의 상층부에서 이루어진 어떠한 시도도 망쳐버리는 부패와 의혹이라는 짐을 물려받았다.

멕시코 국가와 농촌 발전

이 장의 서두에서 우리는 멕시코 국가관료제가 기술적으로나 정치적으로나 농촌 발전 문제를 다루기에 적합하지 않다고 주장했었다. 그러나 보다 중요한 것은 농촌 발전 정책이 어느 정도나 수행 가능한지를 살펴보는 것이다.

멕시코 공공 부문의 능력과 경험은 아마도 다른 남미 국가들보다는 클 것이다. 고등 교육을 받은 많은 공무원들과 정책입안자들이 있으며, 이들은 국가 발전 과정을 통해서 얻게 된 시야 덕분에 정책의 결정과 수행에서 가치 있는 경험을 얻었다. SAM이 도입되기 이전에도 특히 식량 정책은 중요하게 인식되었다(Grindle, 1977; Esteva, 1980).

그러나 공공 정책 수행이 순전히 '기술적인' 문제와 관계되는 것은 아니다. 정부가 어떤 정책에 헌신하는 정도는 각 경우에 따라 상당히 다르다. 멕시코 대통령들은 많은 경우 동일한 정책 영역에서 둘 혹은 그 이상의 연구자들과 공무원 집단을 후원한다. 각 팀은 직접 대통령에게 보고하며 대통령은 어느 쪽에 공식 허가를 내줄지 결정한다. 때때로 한 팀에 대한 대통령의 지지는 그 팀이 목표를 성취하느냐에 따라서 조건부로 제공되며, 그는 6년의 재임 기간 동안 중도에서 쉽게 팀을 바꾸는 경향이 있다.

정부 기관내에서 대통령으로부터 개인적인 지지를 받는다는 것은 결정적으로 중요하다. 공무원의 경력은 대부분 그가 이전에 소속했던 정치적 후원자의 경력을 따라간다. 공공 부문에서 공무원 혹은 전문가의 미래는 소농이나 판자촌 거주자와 마찬가지로 모든 면에서 '지도자들'의 운명에 따라 결정된다. 롬니츠(Lomnitz)는 이러한 리더십의 역할을 다음과 같이 요약한다.

　　지도자는 더 큰 구조와 연계되어 있는 자신의 위치에서 자원을 끌어내 각각의 추종자들에게 서열에 따라 이 자원의 몫을 분배하는 중개인이다. 각 예속자들은 이에 대한 보답으로, 지도자에 대한 친근도에 따라, 상급자에게 봉사와 충성을 바친다. 지도자에게 향하는 충성심은 사회적 응집 혹은 집단내의 결속을 결정한다.(1982: 65)

발전 문제에 직면하고 있는 멕시코 국가의 '기술적' 능력을 평가할 때 발생하는 어려움의 하나는 정부에서 일하고 있는 사람들이 합의된 정책 수행보다는 관료제내에서의 개인적인 위치 보전에 노력을 쏟는다는 것이다.

게다가 멕시코에서 정부 정책의 창안 기간은 정책 그 자체의 '객관적인' 고려에 의한 것이 아니고 재임 기간, 즉 대통령 임기중에 해나갈 사항들의 순서에 의해 결정되었다. 메리리 그랜들(Merilee Grindle)은 기초 식량의 판매 및 가공과 관련된 정부 기관인 CONASUPO에 관한 그녀의 책에서 이에 관해 선명히 묘사하고 있다.

　　[대통령] 재임 기간은 CONASUPO에 분명히 영향을 끼쳤다. 재임 기간에 따른 행동 패턴은 예측가능한 규칙성을 가지고 수백개의 다른 공공 기관에서도 반복되고 있다. 재임 기간 초기에 각 관료 기관에는 새로 떠맡은 복잡한 책임들을 익혀야 할 시도사들이 임명된다. 그들은 곧 이진의 행정부에서부터 온존해 온 불확실하고 사실상 무능한 중간층과 최고층 관리들을 대체하기 시작

한다. 동시에 새 관리자들은 그들이 맡은 조직을 평가하고 개정된 정책과 새로
운 계획을 도입하고자 한다. 이 과정은 시간을 요한다. 성공적인 팀이 충원되
려면 1년 혹은 그 남짓의 기간이 걸릴 것이다. 이후의 6개월 또는 12개월이
연구, 재조직, 정책 개발에 소요된다. 이 기간 동안 '구'행정관료는 적당히 얼버
무리려 하고 '새'행정관료는 경험을 얻고자 하므로 조직의 일상적인 기능은 최
소한의 수준까지 감소한다.(1977: 165)

우리는 여기서 발전 정책의 수행 경험에 비추어볼 때, 발전 정책의 과
정을 변화시키기란 힘들다는 사실을 알 수 있다. 당연히 대부분의 전문가
와 행정 관료들은 정책의 성공을 과시하려고 애쓸 것이다. 이는 세계 어
디에나 마찬가지다. 그러나 멕시코에서 정책을 수행할 수 있는 기회는 결
과적으로 각 6년이라는 재임 기간의 약 1/3 정도에 한정되어 있다. 이 한
정된 기간내라도 대통령이 망설이지 않고 결정적인 순간에 가까이 있는
그 누군가에게 열심히 귀기울여 전폭적인 지지를 한다면 공공 정책은 수
행될 수 있다.

우리는 거의 알게 모르게 발전 정책의 '기술적' 요소에 대한 논의로부
터 정치적인 실현가능성에 대한 논의로 옮겨가고 있다. 위에서 본 것처럼
멕시코 관료제내에서 사회적 관계가 갖는 질적인 측면 때문에, 국가가 지
원하는 농촌 발전이 든든한 토대를 가지고 있는지 없는지를 확증하기 어
렵다. 관료제내의 사회적 관계가 갖는 질적인 측면은 부패의 관행에서 가
장 중요하게 작용하며 이 부패의 관행은 농촌 발전 수행에서 중요한 역할
을 한다.

1970년대 멕시코 농촌 발전을 위한 가장 중요한 계획은 종합 농촌개발
계획(PIDER: Programme for Integrated Rural Development)이었다. 이
계획은 1973년 시작되었으며 그 당시 전체 인구가 240만이 되는 43개의
이른바 '소지역들'을 포괄했다. 1978년까지 멕시코 농촌 인구 500만의 거
의 1/5이 이 소지역들에 거주했다. PIDER는 '소지역들'내에서 상이한 정

부 기관들의 기능을 통합시키고자 했다. 이는 선구적인 노력이었으며 세계 은행은 열광적인 지지를 보냈다(IBRD, 1979). 이 계획은 개별 가족 수준의 토끼 사육에서부터 300마리의 젖소로 이루어진 낙농 농장 단위들에 이르기까지 거의 모든 종류의 사업을 포괄했다. 또한 PIDER내에는 상이한 규모의 관개 사업안, 영양과 위생 강좌, 상업적인 과일 재배에 대한 후원들이 포함되었다. PIDER는 개별적인 목표 지역에서 정부 기관들의 업무들을 '통합하는 것'과는 별도로 그들의 사업안들에 대한 지역 주민의 지지를 얻고자 애썼다(IBRD, 1983). 한편 PIDER 사업안의 진행을 평가하고 더 폭넓은 공공 참여를 권장하기 위해서 사무소를 설립했다. 그러나 대부분의 경우 계획이 이미 확립되고 난 후에야 지역 주민은 정부 관료가 선호하는 그런 종류의 계획안을 원치 않는다는 것이 분명해졌다(IBRD, 1983). 지역[주민의] 참여는 계획의 원동력이라기보다 때늦은 뒷궁리였다.

외부로부터 추진된 '발전'에 대해 농촌 주민들이 보여준 무관심을 살펴보면 농촌을 발전시키려는 노력들의 실체가 나타난다. 대개는 아무도 지역 주민에게 그들이 무엇을 원하고 있는지 물어보지 않았다. 둘째, 공공 토목공사를 떠맡은 건설 회사의 예산에는 그 공사가 제대로 끝날 수 있게 보장해 달라고 공공 관료들에게 줄 뇌물까지도 일상적으로 포함되어 있다. 이런 식으로 그들은 계획안이 유용한지 그렇지 않은지에 상관 없이, 심지어 계획이 진행되고 있는 중에도 계획이 완료되었다고 상관에게 보고할 수 있다. 멕시코 전역에 공표된 정책에 맞게 음용 식수 체계가 건설된 마을도 있으나 거기에는 물이 한번도 공급된 적이 없다. 관료제의 바퀴에 기름을 치는 뇌물 혹은 모르디다스(*mordidas*: 유혹하는 미끼)가 반드시 자원을 공정하게 분배하지는 않으며 많은 경우에 낭비적이다. 뇌물은 정부 관료의 신용을 저하시키며 그들에게서 청렴함을 기대할 수는 없다. 더욱더 놀라운 사실은 가난한 농촌 주민들이 종종 정부 관료들을 무심하게 대하거나 그들의 행동을 흉내냄으로써 농촌 발전의 수행 문제를 더 어렵게 만든다는 것이다. 정치꾼들에게 농촌 사업안이란 돈이 생기는 일이거나 그들의 정치적 후원자에게 보답하는 일일 뿐이다. 사업안들은 대부분 지역적 요구와는 괴리되었고 지역 주민에 의해 관리되지도 않았다.

온정주의와 정부 부패가 보여주는 동전의 또 다른 면은 소농 계급 자체에서 나타난다. 많은 가난한 농촌 주민의 생계는 매우 불안정하다. 그들은 이익을 증가시킨다기보다는 위험을 줄일 수 있는 생산 전략을 고안한다. 이런 '심성'은 논리적이지만 대개 도시의 전문가들은 이 논리를 모르고 있다. 따라서 정부 관료에 대한 불신이 상호 몰이해와 결합된다. 예를 들어 농촌의 가난한 자들을 돕기 위한 농업 신용대부의 기준은 기본적으로 은행 기준인데, 이는 각 가구 생산 단위에서 쓰고 있는 기준과는 전혀 동떨어져 있다. 소농들은 토지보다는 임금에 의존하게 되면서 점점 더 '프롤레타리아화'되었기 때문에 토지에 대한 접근도를 높이려는 요구를 통해 가난에 대한 해결책을 찾으려고 할 수도 있다. 그러나 토지를 소유하게 된 이런 가난한 농부들은 국가로부터의 모든 간섭에 한층 더 저항하기 마련이다. 이것이 바로 중산층 전문가들이 그렇게 자주 비방하는 소농 '보수주의'의 모습이다.

만약 국가가 가난한 농부들간의 상호 협조를 위해 거의 아무것도 하지 않았다면, 협력 혹은 집단 생산 농업을 장려하는 정부의 의도를 농부들 스스로가 그렇게 의심하는 것이 당연할 것이다. 이는 북서부의 건조한 관개 지역에서 열대 분지까지 멕시코 전역에 걸쳐 똑같이 적용된다. 촌탈파 계획(Plan Chontalpa)(Barkin, 1978; Bartra, 1976)과 파파로아판 유역(Papaloapan Basin)(Ewell and Poleman, 1980)에 대한 연구를 보면, 특히 열대 지역은 가장 가난하고 취약한 자들을 배척하기 위해 소수의 소농들이 정부와 공모하는 지역이다. 각 사례를 살펴보면 멕시코 국가는 가능하다면 정부 통제에서 벗어나 가족 노동에 기반하여 토지를 경영하기로 결정한, 겉으로 무관심한 체하는 소농 계급에게 '협동'을 재촉해 왔다. 농촌 발전을 위한 멕시코 재단같이 소농과 밀접하게 일해 온 비정부조직들은 소농의 '책임성'의 결여에 관심을 모았다. 소농들은 자신이 공공의 돈으로 한 일에 대해서 책임지는 데 익숙치 않다. 정부 기금의 분배 이면에 숨어 있는 원칙들은 그 사람의 생산성 혹은 효율성보다는 그가 누구를 알고 있는가 하는 사실과 더 많은 관련을 가지고 있다.

지금까지 논의에서 우리는 멕시코 농업 발전의 '기술적' 측면을 '정치적' 측면과 분리할 수 없다는 것을 분명히 알 수 있다. 또한 정책을 수립하고 수행하는 정치 체계가 우회적이고 형식적인 구조를 통해 자원을 배분하고 있다는 것도 분명하다. 게다가 멕시코 국가와 소농 계급간의 관계는 SAM을 지지하고 실행에 옮길 수 있는 사회적 토대 형성에 '불리하게' 작용했다는 사실도 분명히 알 수 있다. 멕시코의 지방에서 만연하는 사회적이고 정치적인 제휴 관계는 SAM이 요구하는 국가기관의 역할과 양립할 수 없다. 아울러 우리는 이런 제휴 관계가 지방에서의 새로운 농촌 자원 이용과도 양립할 수 없는 것인지에 대해 질문을 던질 수 있다.

농촌 환경에서의 변화들

지금까지 우리는 멕시코 식량 위기의 구조적 근원을 살펴봄으로써 농촌 발전을 분석했다. 비록 석유 보유량 때문에 대안적인 식량 정책과 환경 정책에 재원을 조달할 수 있을지라도 새 정책을 수행하는 국가의 능력에 대해선 의문을 제기할 수밖에 없었다. 지금까지 우리는 멕시코 농촌 발전의 사회적·경제적 기반에 대해 논의했다. 이제는 생태학적으로 상이한 지역의 부존 자원 상태와 그 자원 기반에 대한 사회적·경제적 압력의 결과를 고려해 볼 것이다. 이 분석은 두 가지 구체적인 질문을 제기한다. 멕시코 사회 경제구조의 주요한 변화 없이도 현존 자원들을 더 생산적으로 개발할 수 있을까? 그리고 자연 자원을 소유하고 통제하는 사회 계급이 새로운 자원 이용을 찬성하리라고 기대할 수 있을 것인가?

고지대 천수답 지역

멕시코 농촌 발전에서 '천수답' 농업과 관개 농업은 근본적으로 구분된다. 그러나 '천수답' 농업이라는 범주는 광범위한 범주이다. 멕시코 천수답 농업의 30%에서 40%만이 옥수수 개량종을 성공적으로 재배할 수 있는 충분한 비가 내린다(연간 강우량이 750mm이고 가뭄 확률이 35% 이하). 토질이 비옥하고 강우가 상대적으로 안정되기만 한다면 토지는 거대한 생산 잠재력을 가지고 있다. 푸에브라 계획(Plan Puebla: 1967~73)이 적용된 지역이 그런 경우에 해당하는데, 이 계획은 소농들이 농약과 종자 개량종들을 구입하기 위한 신용대부를 얻는 데 도움을 주려는 농업 확대 사업안이다(CIMMYT, 1974). 어느 고위 공직자에 따르면 만약 다른 지역에 비해 상대적으로 축복받은 지역들이 이와 비슷한 지원을 받았다면 멕시코의 옥수수 생산은 3배로 늘어났을 것이라고 한다(Wallhausen, 1976).

천수답 지역내에서 상대적으로 상황이 나은 지역의 토지를 경작하는 소농들이라 해도 부유하지는 않다. 그러나 그들 중 많은 수는 정부 농학자들과 대부 기관이 그들에게 더 많은 관심을 보일 거라고 기대할 수 있다. 민간 조직인 농촌 발전을 위한 멕시코 재단은 1975년에서 79년까지 농업 신용대부를 5배 증가시켰다. 때때로 이 과정을 '상품화'라고 말하는데, 왜냐하면 농부가 개인 소비보다 시장을 위한 생산을 하고 있기 때문이다. 도시의 성장으로 인해 옥수수, 콩, 고추 같은 기초 식량들의 수요는 멕시코내에서도 계속 유지될 것이며 '상품화'된 소농들은 정부와 민간 부문으로부터 더 많은 지원을 이끌어낼 수 있을 것 같다. 어떤 면에서 SAM은 단지 이 과정을 촉진시켰을 뿐이다.

반면 대부분의 농촌 빈곤층은 고지대 천수답 지역에 거주한다. 정부 농업 신용대부 은행인 밴루럴에 의하면 '심각할 정도로 불완전 고용된' 수는 약 500만 명 정도로 추정된다. 한편 멕시코 정부의 농업 및 수자원부에서는 멕시코 인구의 약 40%가 이 범주에 속한다고 본다. 이 범주에 속하는 대부분의 사람들이 아직도 기초 곡물 생산에 종사하고 있지만 그들은 그들 스스로 생산할 수 있는 양보다 더 많은 양을 소비한다. 부족액은 임금 노동이나 이른바 도시의 '비공식 부문'에서 구할 수 있는 임시 고용으로 충당되어야 한다. 이들은 에지도 토지 단위가 존속함으로 인해서 명목 이익을 유지하지만 1년의 대부분은 토지를 돌보지 않고 내버려 둔다.

농촌 지역의 인구·사회적 구조가 토지 이용에 대해 갖는 의미를 인식하기는 어렵지 않다. 자원이 기존 인구를 부양하지 못하는 지역에서도 멕시코 농민들은 토지에 대한 더 나은 접근을 계속 원하고 있다. 상업 농업이나 도시 혹은 국경 너머에서 이루어지는 임시 노동이 에지도에 대한 대안을 의미하지는 않지만 보충해 주기는 한다. 에지도에 기반하면서 불안정하게 존재하는 이들의 토지에 대한 갈망을 채워주지 않고서는, 대부분의 삶을 그곳에서 보내는 이들에게 더 나은 생계를 제공하기 위해 농촌의 자원 부족 지역들이 '합리화'된다는 것은 불가능하다. 마뀌라도라스(*Maquiladoras*) 혹은 멕시코와 미국의 국경에 세운 부품 공장과 같은 대안적 고용을 창출하기 위한 시도는 남성 고용 기회를 창출하는 데는 거의 효과를 보지 못했다. 미초아칸(Michoacan)의 딸기 포장 공장이나 몬테모레로스(Montemorelos)의 과일 통조림 공장들은 부양 가족을 가진 저임금 여성 노동자를 끌어들였다(Arizpe and Arandes, 1981). 멕시코 고지대 '소농'지대의 전망은 침울하다. 어떤 이들은 자원이 풍요한 지역에서 번영할 수도 있을 것이다. 그러나 대부분의 인구는 그들에게 주어진 척박한 토지와 수자원을 너이상 효과적으로 이용할 수 없을 것이다.

관개 지역

멕시코 관개 지역은 면화, 담배, 과일, 야채 따위의 환금 작물뿐 아니라 멕시코에서 나는 대부분의 밀이 생산되는 지역이다. SAM의 주목적 중의 하나는 현재 관개 지역이 향유하고 있는 균형의 우위를 역전시키는 것이었다. 1950년과 1970년 사이 농업에 대한 연방 정부 지출의 70% 이상이 관개 사업에 쏟아졌다(Esteva, 1975: 1313). 1979년에는 전체 농업 예산의 41%가 현존하는 관개 하부구조의 유지와 확장에 지출되었다(Review of Economic Situation of Mexico, 1979: 251). 새로운 식량 정책이 어떤 방향으로 진행되고 있건간에, 분명한 것은 멕시코 정부가 관개 지역에 재정적으로 엄청난 지원을 하고 있다는 것이다.

관개 체계에는 중요한 기술적 문제가 있는데, 특히 염화(鹽化)가 골칫거리다. 따라서 관개 체계를 유지하려면 많은 비용이 든다. 물 공급을 안정적으로 보장받으려면 관개 담당 관료에게 뇌물을 주어야 하며, 정치가들은 대규모 사용자의 요구에 쉽게 반응하기 마련이다(Wade, 1979). 대부분의 혜택은 투입물을 값싸게 구할 수 있고, 생산물을 이미 형성된 판매 경로를 통해 팔 수 있는 이들이 챙긴다. 멕시코에서 이런 부유한 농부들—그들 중 어떤 이들은 에지도 토지에서 일한다—은 번영을 누렸다. 신시아 휴이트(Cynthia Hewitt)는 그녀의 소노라(Sonora) 연구에서 보다 소수의 손에 부를 집중시키는 데 있어서 소비 형태가 얼마나 중요한지 보여주었다. 어떤 농부들은 자신의 농장 경영 노력이 실패한 결과로 빚을 지기도 한다. 이 부채에다가 소비 재화와 용역을 사기 위해 계약했던 이들로부터 진 빚이 더 추가된다(Hewitt, 1976). 비록 몇몇 다른 지역에서 보이는 비참할 정도의 빈곤은 눈에 띄지 않지만 멕시코 북서부에서 새로운 수준의 농업 투자와 산출은 불평등을 심화시켰다(Mujica, 1978).

관개 지역에서 생산되는 대부분의 생산물은 수출되거나 상대적으로 부유한 멕시코 중산층들에 의해 소비된다. 따라서 관개 농업의 경쟁적인 위치는 낮은 임금과 우호적인 재배 조건의 결합에 의존한다. 고부가가치 식료품에 대한 수요가 떨어질 것 같지도 않고 SAM이 식량 생산에서 미국 소유 회사들의 투자를 감소시키는 어떠한 조치도 취하지 않았으므로, 관개 농업이 가까운 미래에 축소되지는 않을 것이다. 더 가난한 천수답 지역에서 온 노동력의 주요 고용주인 관개 지역의 토지 소유 계급은 싼 노동력의 공급을 위협하는 어떤 일도 일어나지 않도록 노력할 것이다. 1976년 에체바리아(Echevarria) 대통령은 북서부 관개 지역의 소농들의 토지를 더 달라는 요구를 지지함으로써 국가 전체를 놀라게 했다. 그 결과 대통령직이 불안정하게 되었고 그의 정부에 대한 국제적인 '신용'은 떨어졌다. 1982년 그의 임기가 끝나고 그의 후임자인 로페즈 포르틸로(Lopez Portillo)는 더 한층 큰 경제 위기를 만났다. 포르틸로 대통령은 민족주의적 수사를 통해 국내의 지지를 이끌어내려고 하였다. 대규모의 시위가 멕시코 시티에서 일어났다. 그러나 6년 전에 있었던 그런 방식으로 토지가 침범되지는 않았다. 대신 국제 금융체계가 멕시코를 구하게 되었다. 대통령의 전술은 맞아떨어졌다. 멕시코가 오늘날처럼 거대한 외채를 안고 있는 한 관개 지역에서 토지 개혁이 권장되는 일은 거의 없을 것 같다.

습윤 열대 지역

SAM을 계획한 사람들 중의 한 사람인 카시오 루이젤리(Cassio Luiselli)에 따르면, 멕시코의 '미개척 농업 지역'은 농업에 적합하나 아직 미개발된 채 남아 있는 1,100만 헥타르가 넘는 토지로 이루어져 있다(Luiselli, 1979: 349). 다소 조심성 있는 멕시쿠 세계적 발전 계획(Mexico's Global Development Plan)의 추정에 따르면 330만 헥타르라고 한다. 이

땅의 대부분은 습윤 열대 지역, 특히 멕시코 만 연안의 타마우리파스(Tamaulipas)와 베라크루즈(Veracruz) 주에 위치한다. 이들 주와 멕시코 남부 및 남동부의 다른 주에서는 토지가 대부분 기초 곡물 생산보다는 목축을 위해 사용되고 있다. 이런 토지 중의 상당 부분은 전통적으로 지역 소농들이 불법으로 착취해 왔다. 이 토지는 옥수수 생산 소농들이 보존지로 남겨둔 것이다(Fernandes, 1979). 비록 목재 자원 개발에 관심 있는 회사와 목축업자들이 이 지역을 급격히 황폐화시키기는 했지만 이 지역의 대부분은 여전히 정글이다.

1937년 이래로 600만 헥타르에서 900만 헥타르 가량의 목축지가 대통령 법령에 의해 농업 개혁 과정으로부터 '보호'되었다. 이 땅의 대부분은 건조한 멕시코 북부에 위치하지만, 보호 정책은 훨씬 비옥한 열대 지역에까지 확장된다. 여기서 부유한 목장주들은 소농들을 숲을 제거하는 값싼 수단으로 이용하고 난 후, 이들을 쫓아낸다. 습윤 열대 지역은 상대적으로 비옥한데도 거의 북부의 건조 지역과 반건조 지역만큼 가축 생산이 광범위하게 이루어진다(Rutsch, 1980). 게다가 목축에 집중적으로 투하된 광대한 정부 기금 때문에 목축업자들은 축사나 동물 위생 개선에 신경쓰지 않고도 가축 수를 늘릴 수 있었다. 열대 지역에서 소 사육은 일종의 투기 행위로써, 낮은 비용으로 손쉬운 이익을 보장하며 거대한 면적의 토지를 옭아매서 자연자원을 함부로 낭비하게 한다. 멕시코 만 연안, 치아파스(Chiapas) 그리고 후아스테카(huasteca)와 같은 지역에서는 새로운 계급과 국가 전략에 의해 목축업자와 소농들 사이에 갈등이 고조되고 있다. 목장주들은 그들의 거대한 제국에서 작은 부분을 보다 집약적인 옥수수 생산으로 전환시켜 자신들의 행위를 정당화하고자 한다.

다른 멕시코 열대 지역에서는 국가의 직접 개입에 의한 불안요인 관리를 통해 점차 중요한 역할을 수행하고 있다. 이전에는 자본을 충분히 공급받지 못했던 에지도가 촌탈파 계획(Plan Chontalpa)이나 팔파로아판 유역(Palpaloapan Basin)과 같은 지역 개발 사업의 한 부분으로서 상당한 기금을 제공받는 경우가 종종 있다(Barkin, 1978; Ewell and Poleman, 1980). 이러한 하천 유역 사업 속에 포함된 협동 생산 조직은 국가의 자원 관리를 위한 좀더 용이한 수단이 되고 있으며 최근까지 국제 자금을 모집하는 한 요소였다. 이런 고려가 종종 고용 창출보다 우선시되며, 왜 멕시코 열대 지역의 소규모 농법-체계에 대한 연구가 공식적인 지원을 받지 못하는지를 설명하는 데도 도움이 된다.

지금까지의 서술을 통해 우리는 습윤 열대 지역의 자원 이용이 자본집약적인 기반에서 토지와 수자원을 관리하고자 애쓰는 정부 관료들과 지역적으로 권력 있는 목장주들의 계급 이해를 반영한다는 것을 분명히 알 수 있다. 이런 관행은 가난한 소농 가족의 경험과 참여 잠재력을 확실하게 무시한다. 처녀림을 광대한 목축지로 급속하게 전환시키려는 재정적 유인이 존재하는 한 권력 남용이 없으리라는 보장은 없다. 습윤 열대 지역에서 자연자원을 소유하고 통제하는 계급들이 SAM에서 대략 제시된 대안적인 자연자원 이용 방법을 선호하리라고 기대할 수는 없다. 그러므로 SAM에서 제시된 정책들은 가장 관련성이 큰 지역인 습윤 열대 지역에서 '철저하게' 실패했다.

환경 정책의 정치

이 장에서 우리는 최근 멕시코의 식량 정책과 환경 정책을 분석하고 왜 정책이 이렇게 변질되었는지에 대해 설명하고자 노력했다. 또한 멕시코에서 발전 정책이 수행되는 방식과 발전 과정에 관한 다양한 해석들도 살펴보았다. 생태학적으로 상이한 지역은 각기 다른 지역과는 구별되는 독특한 경제적 문제와 사회 문제 및 갈등을 가지는 것으로 확인되었다.

우리가 이러한 발전 정책들을 진단하면서 그 진단이 아주 객관적이라고는 주장할 수 없다. 상이한 이데올로기적 신조를 가진 이들이 멕시코의 발전 과정을 상이하게 판단하는 것과 마찬가지로 외부의 관찰자도 역시 그 자신의 편견을 보여준다. 이런 연유로 해서 멕시코인들이 왜 국경 남쪽에서의 불법 이주 '문제'를 전혀 문제시하지 않는지를 북미인들에게 설명하기란 어렵다. 멕시코에서 그것은 문젯거리가 되는 미국의 정책일 뿐이다. 그것이 멕시코내의 민간투자, 미국내의 남미 이주인들에게 주어지는 처우, 중미 국가들의 자결권 문제 등과 관련되건 안되건간에 그것은 다만 미국의 문제일 따름이다.

농촌 발전 정책에 대한 진지한 평가는 정책이 수행되는 형식적 절차뿐 아니라 그 이면에 숨어 있는 목적들에 관한 연구도 포함한다. 자연자원을 보다 더 잘 이용하는 것은 어떤 특정한 사회 계급들에게 다른 계급들보다 더 많은 혜택을 준다는 것을 의미한다. 분배적 측면의 함의에서 자유로운 [즉 중립적인] 최적의 자원 계획 같은 것은 없다. 우리는 또한 어느 집단이 환경 변화의 주체가 되는지 알 필요가 있는데, 왜냐하면 자원 이용의 변동은 혜택자 혹은 잠재적 혜택자들의 정치적 행동을 요구하기 때문이다. 일단 우리가 누가 혜택을 보는지, 그리고 누가 자신들에게 유리하게 환경 정책이나 식량 정책에 압력을 행사할 것인지를 알 수 있다면 정책의 수행이라는 곤혹스런 문제를 재검토할 수 있을 것이다. 이러한 재검토 과정은 어떻게 발전 과정 그 자체가 정책 형성을 돕는가에 대한 것뿐만 아니라 정책이 어떻게 발전 과정에 기여하는지를 설명하는 데도 필요한 단계들이다.

이 장에서는 멕시코 식량 체계(SAM)라는 구체적인 한 정책이 형성되는 방식과 그 도입의 결과에 관심을 두었다. 멕시코 농촌의 환경 위기는 두 가지 모습을 보여준다. 하나는 무시당하고 있는 천수답 지역의 빈곤이고, 다른 하나는 관개 지역의 상업적 성공인데 이 성공은 동시에 경제적 종속을 의미한다. 농촌 빈곤을 다루는 정책이 성공할 수 있으려면 궁극적으로 국제 경제, 특히 미국에 종속된 관계라는 멕시코의 구조적 위치에 근본적인 변화가 이루어져야만 한다. 이러한 국제적 차원에서 점차 중요해지는 한 측면은 농업 기술이 환경에 대한 사회 계급들의 통제 정도를 줄일 수 있는 방법이다. 이것이 우리가 다음 장에서 다룰 문제이다.

6. 기술과 자원의 통제

2장에서 우리는 사용되는 용도에 따른 자연 자원의 전세계적인 분배에 대해 논의하였다. 남미에서 나타나는 환경 파괴와 자원 고갈의 대부분은 복지를 개선하고 빈곤을 근절하기 전에 경제 성장과 상품 생산을 도입한 발전 모델에 기인한다. 4장에서는 이 주제를 환경적 빈곤이라는 구체적인 관점에서 다루었으며, 비록 농촌 빈곤이 부분적으로는 자연 자원 요소들에 기인하지만 이 자원들의 분배는 사회 자체의 구조적 불평등을 반영한다고 주장했다. 환경에 대한 정치경제학적 접근에서는 구체적인 보유 자원 상태와 시장과 공공 정책과 같은 구조적 과정들간의 상호작용을 검토할 필요가 있는데, 그 이유는 이런 상호작용이 자원 기반(resource base)을 손상시키는 데 기여하기 때문이다.

인류가 환경에 변화를 주고 영향을 끼치기 위해 채택하는 수단들은 기술의 영역에 속한다. '기술'은 매우 광범위한 범주이며, 기술이 그 안에 체현되어 상이한 국가의 여러 집단의 사람들간을 옮겨다니는 물리적인 의미에서의 기술적 '생산물'과는 구분된다(Evans and Adler, 1979: 25). 기술은 환경에 대한 과학적 사고의 적용으로 우리에게 '우리들 스스로를 자연의 지배자와 소유자로 만드는' 지식을 제공한다(Descartes, 1968: 78). 우리가 데카르트를 심각하게 받아들인다면―사실 당연히 그래야만 하지만

-기술은 우리와 자연과의 관계에서 바로 핵심에 놓여 있다.

환경주의자적 관점에서 기술에 접근하려면 인간 생존의 경제적, 인구학적, 생물학적 요소들을 근본적으로 재검토해야 한다. 메도우(Meadow)가 언급했듯이 '한계를 인정한 채 생존하는 법을 터득하기보다는 한계에 대항해서 싸운다는 원칙하에서 전체 문화가 진화해 왔다'(Meadow et al., 1972: 150). 기술은 인간이 만든 생산의 목적일 뿐 아니라 사고를 행동으로 변형시키는 정신적 장치로서도 중요하다. 기술은 탈정치적이지 않고 항상 정치적이다. 즉 기술이 기술적 한계뿐 아니라 사회적 가치와 이해에 따라 구조화된 사회에서 이용가능한 수단이라는 점에서 그러하다. '자연 현상을 개조할 수 있는 기술을 실행하지 않는 행위는 자연 그 자체를 내버려두는 행위와는 정치적인 면에서나 도덕적인 면에서 다르다'라고 최근 미국의 한 철학자가 말한 것과 같이, 일단 기술이 존재한다면 그것을 사용하는지 않는지는 정치적인 선택을 함축한다(Socolow, 1976: 30-31). 환경과 관련한 기술에 대한 의문 중 흥미롭고 중요한 것은 기술 적용의 개별적인 사례가 아니라 상이한 기술 선택에 관한 분석에서 나타난다(Global 2000, 1982: 271).

이 질문은 우리로 하여금 앞의 장에서 계속했던 논쟁, 즉 발전에 대한 정통 맑스주의자 입장과 급진적 생태학의 입장에 대한 논의로 되돌아가게 한다. 맑스주의자들은 지배 계급의 이해를 따라 기술의 소유와 통제가 이루어진다면 기술의 정치적 결과는 이롭지 못할 것이라는 점을 강조했다(Sandbach, 1980: 142). 그러나 '선진' 기술과 '적정' 기술을 둘러싼 논쟁에서 분명해진 것처럼 생산의 사회적 관계는 생산에서 채택된 기술과 구분되지 않는다. 논쟁의 양'편' 모두가 이 견해에는 동의한다(Dickson, 1974; Schumacher, 1973: Emmanuel, 1982). 이 장의 후반에서 우리는 자원 이용에 쓰이는 기술이 변화하면 상이한 계급들이 환경에 행사하는 통제 역시 변할 것이라는 논의를 할 것이다. 이에 대한 사례는 고수확 곡물 개량종을 도입한 '녹색 혁명'과 소농들의 생산 상황에 따라 발달된 '농법 체계(farming system)'에서 찾을 수 있다. 게다가 초기의 지적들에 의하면 새로운 생명공학은 그 사회적 결과와 정치적 반향 모두에서 유사한 분배적 결과를 지닐 것이라고 한다.

식량 체계의 기술

보서럽(Boserup)의 주장에 따르면 개발도상국과 선진국간 차이의 상당 부문은 식량 체계에 적용되는 기술과 인구 분포간의 관계로 설명될 수 있다. 그녀는 후진기술 국가에서 7가지의 주요 식량 공급 체계를 구분한다. 이 체계들은 토지 비옥도, 잡초, 수자원 관리와 토양 침식 등의 문제에 각기 다른 반응을 나타낸다(Boserup, 1981: 26). 역사적으로 보면 비슷한 상황이 현재의 선진국에서도 있었다. 상업 농업으로 가는 과정에서 휴경 기간이 사라지고 그 자리에 매년 작물을 경작할 수 있게 되었다. 매년 작물을 심으려면 '구체계하에서는 휴경지로 내버려두거나 영구 목초지로 이용되었던 지역을 쟁기로 갈아 파종하고 수확하도록 하기 위해' 고도의 노동 투입이 필요하다(ibid.: 121).

보서럽에 따르면 후진기술 국가는 상당한 규모의 토지 휴경을 방치하거나 노동집약적인 농업 실행을 선택해야 한다. 첫번째 선택은 인구가 희박하게 분포한 지역에만 해당된다. 가장 가난한 국가들에서 집약적 식량 재배의 유일한 대안은 집약적인 가축 사육인데, 이는 사료의 수입과 생산에 크게 의존해야 한다. 공업적으로 대량생산되는 화학품을 광범위하게 사용하여 휴경의 필요성을 줄여온 선진국과는 달리 후진기술을 가진 인구 조밀 국가들은 그들의 환경이 가진 가용력을 이용하고자 할 때 아주 현실적인 한계에 직면한다.

북미와 서유럽으로부터 많은 식량을 공급받는다는 바로 그 사실은 대부분의 남부 국가들에게 또 다른 문제를 안겨준다. 북미나 호주와 같은 '개척 사회(frontier socities)'들은 유럽 이주자들이 개발하였다. 이들은 당시의 기준으로는 선진 수준이었던 기술을 거대한 식량 공급 체계와 결합시켰다(Boserup, 1982: 136). 결과적으로 이들의 농업은 그 당시까지의 어떤 다른 식량 생산보다 인간이 투입한 시간에 대해 더 높은 산출량을 성취했다. 서유럽에서는 정부가 개입하여 농부들에게 보조금을 지급하였기 때문에 2차 대전 후에도 식량을 생산하는 토지 면적은 감소하지 않았고 오히려 생산량은 증가하였다. 이렇듯 균형은 선진기술 국가에 유리한 방향으로 기울었으며, 이들 국가들은 산업 혁명 동안의 경험과는 반대로 가난한 국가에 식량 수출을 증가시켰다. 유럽공동체 국가들과 미국 정부가 그들 국가내에서 농촌과 도시의 생활 수준 격차를 줄이려고 애썼기 때문에 이 수출은 지속되었다. 남부에 무더기로 쏟아진 북부의 식량 잉여는 북부의 정부들이 자국내 부문간 불균형을 감소시키려 애쓴 직접적인 결과였다.

역설적으로 후진기술 국가의 식량 수입은 자신의 발전 상황을 악화시키는 데 한몫했다. 선진국 시장을 위해 열대 산물들을 재배하는 플랜테이션 국가들에서 주곡 생산은 장기간의 휴경 경작방식을 통해서 이루어진다. 주로 남성 노동에 의존하는 환금 작물 재배와 주로 여성들이 떠맡는 생존을 위한 식량 재배는 서로 결합되어 있었다(ibid.: 147). 선진기술 국가들이 식량 잉여를 쏟아붓기 전까지도 이런 상황은 계속 진행되었다. 유리한 조건으로 미국과 서유럽에서 수입된 식량은 남부의 정부들로 하여금 농업과 농촌 하부구조에 투자를 소홀히 하도록 유도했다. 2장에서 살펴본 것처럼 농업관련산업은 무역에서 '비교 우위'에 의해 발생한 종속을 기술 통제로 대체시킴으로써, 아프리카와 남미의 대부분에서 나타난 식량 부족을 이용하여 돈을 계속 벌 수 있었다. 보서럽은 '만약 선진국의 식량 정책이 식량 수출을 보조하는 대신 식량 수입을 장려했다면 많은 후진 기술 혹은 중간 기술 국가들은 분명히 식량 생산에 더 많이 투자했을 것이다'라고 신랄하게 비판한다(ibid.: 192).

가난한 국가의 도시 부문에서 상대적으로 값싸게 수입된 식량을 이용할 수 있다는 사실이 이번에는 투자의 분배에 영향을 미쳤다. 값싸게 수입된 식량은 도시의 상대적 임금 비용을 낮추었고 후진 기술 국가의 정부로 하여금 공업화에 온힘을 쏟도록 유도했다. 립톤(Lipton)을 비롯한 많은 학자들은 개발 기관들이 촉진한 다른 형태의 '도시 편향(urban bias)'과 함께 이것도 철저히 재검토했다(Lipton, 1977; Byres, 1979). 농촌의 저발전을 설명하는 데 있어서 '도시 편향론'의 장점이 무엇이든간에, 분명한 것은 선진 기술 국가로부터 식량을 수입할 때 얻는 재정적 인센티브가 최근 대부분의 남부의 발전 정책에 매우 중요한 요소로 작용하고 있다는 점이다. 후진 기술 국가들은 식량 제공자의 압력에 굴복함으로써 더 많은 개발 원조를 얻고, 이를 성장 부문인 수출 작물에 집중적으로 투자하고 그래서 재정확보를 위한 세금을 거둬들일 수 있었다. 북부와 남부 모두의 식량 체계에서 기술 채택을 둘러싼 선택들은 문호를 개방하는 데뿐만 아니라 닫는 데도 점차 중요한 역할을 수행했다.

선진 기술과 발전

기술은 때로 예기치 않은 방식으로 사회를 변화시키는 능력을 가진다고 종종 주장된다. 이 역의 경우도 맞는 말인데도 이상하게 거의 언급되지 않았다. 사회는 기술이 개발되고 채택되는 방식을 결정한다. 이것이 무엇을 의미하는지는 한 사회내에서 이용하기 위해 발달시킨 기술이 다른 사회에서 문제를 일으키는 것을 보면 분명히 알 수 있다. 특히 선진 국가에서 개발된 이른바 '선진 기술'은 가난한 국가들의 저발전의 원인이 되었다.

스튜어트(Stewart, 1977)가 진술한 바와 같이 기술이 저발전에 행한 역할은 복잡한 문제이다. 선진 산업 사회에서 사용되는 기술의 특성을 검토해 보면 우리는 이런 기술들이 중요한 개발 편향을 안고 있다는 점을 쉽게 받아들일 수 있다. 첫째, 선진 기술은 최종 생산물의 조그만 변화에도 매우 민감하다. 시장에서 거래되는 생산물은 일련의 기술적인 관계의 산물이다. 이것은 '상당부분 기술 패키지를 전체 다 받아들여야(혹은 전체 다 거부해야) 한다는 것을 의미한다—부분적 선택은 불가능하다'(Stewart, 1977: 58). 기술은 점점 분할할 수 없는 것이 되고 있으며, 따라서 기술 이용은 완전한 기술 패키지의 이전에 의존한다.

둘째, 선진 기술을 이용하려는 경향은 저발전 국가에서의 '선택 메커니즘'에 의해 강화되는데, 이 선택 메커니즘은 선진 기술에 유리하도록 요소 가격(factor price)[28]을 조정하며, 선진 기술을 이용하는 기업가들에게 자원과 노동이라는 핵심 자원에 대한 더 많은 통제를 허락한다(ibid.: 86). 이처럼 선진 기술 부문에는 그 발달과 채택에 유리한 생산 환경을 보장하는 내재적인 편향이 있다. 이 과정은 이데올로기적으로도 중요하다. 스튜어트가 주장한 바와 같이 '개인적으로 또는 종종 사회적으로도 수지맞는 것처럼 보이게 하면서… 선택 메커니즘은 선진 기술로 가는 추세를 강화시킴으로써 선진 기술의 이용을 정당화하는 것 같다'(ibid.: 59). 이 논의는 이 책에서 계속 관심을 두고 있는 주제를 잘 나타내 준다. 즉 특정 자원 이용을 제도화시켜 그것을 정당화시킴으로써 대안적 자원 이용을 거부하게 한다.

---

28) 생산을 위해 물리적으로 필요한 토지, 자원, 노동, 자본 등을 생산요소라 하는데, 이들 생산요소가 각각 시장에서 평가되는 가격, 즉 지대, 원료비용, 임금, 이자 등을 일괄하여 요소 가격이라고 한다. 이 요소 가격은 시장에서의 수요와 공급에 의해 결정된다.

셋째, 선진 기술은 조직적인 형태(대규모의 산업 공장, 시장 체계 관리 관행 등)와 함께 발달되는데, 대부분의 개발도상국에서는 이런 형태를 확립하기가 쉽지 않다. 기술이 이런 조직적인 형태와 밀접히 결합되어 있다는 사실은 기술을 채택하는 국가가 필연적으로 동일한 조직적 구조를 채용해야 한다는 것을 의미한다. 이렇듯 여러 이유로 인해서 기술 이전은 기술 종속으로 이끄는 경향이 있다. 그러나 때로 잘못 채택된 선진 기술이 가난한 국가에서 자원 이용 가능성을 높일 수도 있다.

넷째, 선진 기술은 저발전뿐 아니라 불평등에도 기여한다. 부문적인 측면에서 보면, 선진 기술 부문의 자본 요구는 가난한 국가의 희소한 자본을 덜 발전된 부문은 무시한 채 선진 기술 부문에 집중시키도록 한다. '선진' 부문의 노동생산성이 높기 때문에 부유한 국가의 기술을 채택하면 사회계급간 생활 수준의 격차는 더 커지곤 한다. 새로운 생산물은 기존의 생산물을 보완한다기보다는 대체하는 경향이 있다. 그러므로 '부적절한 생산품의 이전은 이에 적절한 시장을 창출하기 위해 소득 분배의 불평등을 필요로 하며, 또한 이러한 이전으로 인해 불평등이 발생하고 있다'(ibid.: 80).

이처럼 개발도상국에서 선진 기술의 이용은 불평등의 증대라는 필연적인 결과를 낳는다. 또한 기술을 정당화하는 기능 역시 관찰된다. 선진 기술을 이용해서 만든 상품의 국내 시장이 창출되기 위해서는 소득 불평등이 필수적인데, 이 소득 불평등은 기술 이용 그 자체를 정당화시킨다. 개발도상국에서 국가 엘리트들은 기술이 자신들의 존재에 필수적이므로 적절하다고 여긴다. 같은 이유로 대안적인 기술 채택은 더욱더 힘들어지고 있다. 왜냐하면 그것은 정치적으로 입에 맞지 않은 재분배를 요구할 뿐 아니라 선진 기술의 '성공' 자체가 다른 기술적인 대안의 역할을 축소시키기 때문이다. 사회적 불평등은 어떤 종류의 기술 진보에 추진력인 동시에 이 진보가 필연적으로 이끄는 기술 종속의 산물이기도 하다.

선진 기술이 함축하고 있는 자원의 왜곡된 이용을 평가하기 위해, 우리는 개발도상국에서 선진 기술의 도입 결과와 함께 농업과 같은 어떤 특정 부문에서 나타나는 선진 기술의 발달도 고려해야 한다. 한 선동적인 논문에서 트리고, 피네이로와 피오렌티노(Trigo, Pineiro, Fiorentino)는 신고전경제학자들이 제시한 기술에 관한 유력한 이론인 '혁신 유발론(induced innovation)'이 라틴 아메리카 농업의 경우를 설명하는 데는 부적절한 것으로 입증되었다고 한다. 혁신 유발은 시장 경제내에서 시장 관계로부터 유도된 일련의 제도적 메커니즘이 특정 유형의 기술 발달을 일으키는 데 도움을 주는 과정으로, 이때 기술 발달의 유형은 현존 자원 보유상태에서 경제 성장을 최대화하는 것과 일치한다. 트리고와 그의 동료들에 따르면, 라틴 아메리카에서 '혁신 유발 기제는… 대다수의 농부들이 지닌 것과는 다른, 농촌의 권력 집단들이 지닌 보유 요소(the factor endowment)에 걸맞는 기술을 창출하는 데 공헌한다.' 다른 말로 하면 라틴 아메리카 농업의 기술적 변화는 기술 그 자체의 추동력만으로 발생하는 것이 아니라 국가에 의해 매개된 사적인 계급 이해에 따라서도 발생한다. 이리하여 트리고와 그의 동료들은 라틴 아메리카 농업 기술의 연구로부터 선동적이고 급진적인 결론을 이끌어냈다.

> 아주 다양한 생산 조건하에서 다수의 상이한 작물들의 불균등한 생산과 불균등한 생산성 증가는… 이런 각각의 생산 상황을 규정하는 사회적 힘들에 근거하여 설명될 수 있다.(Trigo et al., 1979: 173)

물론 농촌 권력 집단들이 그들에게 유리한 방향으로 경제 성장을 극대화시킬 수 있도록 하는 우월한 보유 요소를 이미 지니고 있었기 때문에 정치적 주도권을 획득했다는 부가적인 가정을 덧붙인다면 '혁신 유발론'이 라틴 아메리카의 경우와 모순되는 것은 아니라고 주장할 수도 있다. 이런 논증은 드리고와 그의 동료들이 진행시킨 사회적 과정에 대한 관찰과 논리적으로 양립할 수 있다. 왜냐하면 보유 요소의 분배 상황을 이미 당연한 전제로 취하기 때문이다. 따라서 이런 분배 체계로부터 어느 집단이 혜택을 얻는가 하는 문제는 한편으로 밀쳐지게 된다.

기술적 통제

녹색 혁명

1966년과 1970년 사이 저발전 국가들에 새로운 고수확 밀 개량종과 쌀 개량종이 광범위하게 도입되었다. 이 개량종들은 두 주요 국제 연구 센터 인 CIMMYT(멕시코)와 IRRI(필리핀)에서 개발되었으며, 질소 비료를 함 께 사용하고 수자원을 통제할 경우 단위 면적당 엄청난 증산을 해냈다. '녹색 혁명'이 태동한 것이다. 이후 새로운 곡물 개량종의 도입 효과는 개 발 기구들과 저자들 사이에서 상당한 논쟁거리가 되었다(Griffin, 1974; Farmer, 1977; Pearse, 1980; ILO, 1977; Vallianatos, 1976; Hewitt, 1976; Leowontin, 1979; Bowonder, 1981; IDRC, 1982).

'녹색 혁명'과 관계된 논쟁을 정확하게 요약하는 것은 어렵다. 왜냐하면 이에 관한 저작들이 엄청나게 많으며 '녹색 혁명'의 결과에 대해 의견이 일치하는 것이 거의 없기 때문이다. 따라서 우리의 목표는 여태껏 관심의 대상이 되었던 대다수 아시아 지역들과 라틴 아메리카 몇몇 지역들의 농 업에서 일어난 변화의 측면을 밝히는 것이다. 십년도 채 안되는 기간 동 안 대부분의 몬순 아시아 지역들은 기술적인 변화를 겪었다. 이 기술 변 화는 소득과 부를 재분배하고 물질적으로는 토지 소유 제도에 영향을 끼 쳤으며 새로운 시장 질서를 도입했다. 게다가 전국민의 영양 상태가 혁신 적으로 변화했으며 자연자원의 생태계가 파괴됐다. 이처럼 광범위하게 전 파되고 급격한 영향을 끼친 기술은 여태까지는 거의 없었다. 우리의 논의는 녹색 혁명을 통해 그때까지 과학자들, 정책입안자들, 상업적 이해들이 환경에 행사했던 통제의 정도가 어떻게 변했는지, 그리고 녹색 혁명이 가지고 온 사회적 변화가 환경에 대해 가지는 함의가 무엇인지에 초점을 맞출 것이다.

1970년대초까지는 녹색 혁명의 이점이 관찰된다. 새로운 종자 개량종은 같은 면적의 토지에서 작물당 더 높은 수확량을 가져왔다. 쌀의 경우 개량종들로 인해 수확 주기가 단축되었고, 따라서 농부들은 수자원을 좀더 경제적으로 이용할 수도 있게 되었다. 새 개량종이 도입되자 이전에는 단지 매년 한 번만 파종할 수 있었던 곳도 여러 번 파종이 가능했으므로 농부들은 토지를 경제적으로 이용할 수 있게 되었다. 최적 조건하에서 잘 통제된 관개 체계와 화학 비료와 살충제를 적절히 이용하기만 하면 단위 토지당 투입되는 노동이 전과 같아도 증산이 이루어졌다. '기술 패키지'는 쉽게 배포되었다. 왜냐하면 부농뿐 아니라 소농의 영역에도 적용할 수 있었으며 농사 관행에 그다지 큰 변화를 요구하지 않았기 때문이다(Griffin, 1974: 205). 이런 의미에서 녹색 혁명은 '규모-중립적'이다. 녹색 혁명의 옹호자들은 대부분 녹색 혁명이 규모-중립성을 가지고 있으며, 또한 노동을 대체한다기보다는 토지를 대체하기 때문에 평등하다고 여겼다.

녹색 혁명의 주요 단점들은 역시 1970년대초에 이르러서 분명히 나타나기 시작했다. 새로운 종자 개량종들은 그것들이 대체시킨 어떤 다른 종들보다 약해서 가뭄과 홍수에 견디기 어려웠고 질병과 해충 피해를 입기 쉬웠다. 산출량의 실질적인 증가는 신뢰할 만한 관개 시설과 엄청난 양의 질소에 기초한 농약 없이는 불가능했다. 결과적으로 고정 자본과 유동 자본의 비용이 높았으므로 새로운 개량종들을 활용하기 위해 드는 경제 비용은 높았다고 볼 수 있다(Griffin, 1974: 209).

몇몇 논자들이 가정한 것처럼 녹색 혁명의 효과는 그다지 평등하지 않았다. 기술 패키지를 비판하는 이들은 피어스(Pearse)가 '달란트 효과

(talent effect)'29)라고 지칭한 것을 지적한다―처음에 최고로 많이 가지고 시작한 이가 녹색 혁명에서 최고의 이익을 얻었다(Pearse, 1980). 아시아 전역에 걸쳐서 토지를 소유하지 못한 이들이 계속 증가했다. 왜냐하면 새로운 기술이 1년에 2.5%의 인구 증가와 결합하여 불평등한 토지 소유 관계를 양산하고, 지주들에게 소작인들을 쫓아낼 수 있는 동기를 부여하였기 때문이다(ILO, 1977). 인도의 우타르 프라데쉬(Uttar Pradesh) 같은 몇몇 지역에서는 고용 증대의 효과가 기계화에 의해 상쇄되곤 했다. 부농들은 신용대부을 얻기 쉬웠기 때문에 투입할 자원에 보다 쉽게 접근할 수 있었다. 최빈층의 식량 소비가 감소했다는, 특히 빈곤층의 식생활에서 많은 부분을 차지했던 거친 곡물과 콩의 소비가 감소했다는 증거가 많이 있다(Bowonder, 1981: 295). 이와 유사하게 강과 침수지에서 잡히는 물고기에 단백질 공급원을 의존했던 사람들도 늘어난 화학 비료 사용으로 인한 수질오염에 타격을 받았다(ibid.: 309). 새로운 기술 패키지와 결합되어 사용되는 살충제는 미생물로 분해되지 않고 잔여물이 사료 작물과 우유에 축적되었으며 토양은 침식되고 황폐화되어 부식토층이 감소했다(Biswas and Biswas, 1978).

녹색 혁명을 가장 잘 이용할 수 있는 위치에 있는 자들은 '그들의 생산물에 대해 높은 가격을 받았을 뿐 아니라 낮은 가격으로 투입물을 구할 수 있었다'(Griffin, 1974: 211). 심지어 카나다의 IDRC와 같은 개발 기구의 과장되지 않은 보고는 다음과 같은 결론을 내린다:

---

29) 달란트란 고대 그리이스 로마시대의 화폐 단위로 성서를 보면 다음과 같은 비유가 있다. 외국으로 가는 주인이 세 명의 하인에게 10달란트, 5달란트, 1달란트를 주면서 잘 관리하게 하였다. 주인이 돌아와 보니 10달란트, 5달란트 가졌던 하인들은 장사를 하여 그만큼씩의 달란트를 남겼으나 1달란트 가졌던 하인은 땅 속에 묻어 두고 잘 보관하기만 하였다. 결국 주인은 앞의 두 하인을 칭찬하고 뒤의 하인을 게으른 종이라고 야단치며 쫓아냈다.

> 토지 분배가 불균등한 지역에서 단위 토지당 산출량을 증대시키는 기술의 직접적 결과는 이런 작물들을 심어서 먹고 사는 가족들의 불균등을 절대적인 수준에서 심화시키리라는 것이 분명하다.(IDRC, 1982: 33)

소규모 영세 농부들이 필요한 투입물을 얻을 수 있다면 새로운 기술 패키지로부터 종종 혜택을 얻을 수 있을지 모르지만, 연구된 거의 모든 사례를 보면 소농과 대규모 농부들의 격차는 더 커졌다. 새로운 기술에 동조하는 학자인 립톤조차도 "가장 가난한 생산자들—소농들과 토지를 가지지 못한 노동자들—은 상대적으로 더 가난하게 된다. …그러므로 '체제'는 가난한 생산자들을 가장 적합한 투입물에서조차도 소외시키는 힘을 가지고 있다"고 인정한다(Lipton, 1978: 335). 다른 논평가들은 녹색 혁명 기술에 적응하지 못하는 농부들을 더 자세히 연구할 필요가 있다고 강조했다.

녹색 혁명의 단점이 명백해진 이래로 더 많은 관심을 끌고 있는 농업 연구에서 가장 부각된 분야는 새로운 개량종 연구이다. 여기에는 국내 연구소나 국제적 연구 센타에서 일하는 농업 연구 과학자들과 기술 변화로부터 혜택을 기대하는 농부들간의 관계가 투영된다. 국제적 연구 센타는 개발 기구들로부터 쏟아져 들어오는 늘어만 가는 기금에서 후원을 받고 있는데, 유전 공학의 비약적인 발전이 바로 여기서 비롯된 결과이다. 볼리아나토스(Vallianatos)의 연구처럼 연구 부서에서 농부에게 기술을 이전하는 것이 실패했다고 주장하는 논의들은 기술 이전의 정도를 심각하리만치 과소 평가하고 있다(Valliianatos, 1976: 148). 또한 이러한 연구들은 어떻게 하면 기존 농업 기술을 사회적으로 더 유용하게 만들 수 있는가 하는 문제와 사회적 불평등을 완화시킬 수 있는 기술을 개발할 수 있다는 견해를 서로 혼동하고 있다. 이것들은 모두 관련된 이슈들이지만 같은 것으로 환원될 수는 없다. 멕시코에서 녹색 혁명의 효과에 대한 연구들 역시 비슷한 혼동에 빠져 있다. 멕시코에서는 콩 개량종보다 밀 개량종이 더 발달했는데, 그 이유는 밀 개량종이 부농들에게 정치적인 이점을 주며 따라서 국가가 이 정책을 선호했기 때문이라고 생각하는 사람들이 있다(Hewitt, 1976; Leowontin, 1979). 어느 작물이 먼저 발전하는가 하는 발전의 우선 순위를 결정하는 것은 비약적인 생물학의 발전 순서에 의한 것이라는 주장이 더 근거 있게 들린다. 돌이켜 보건대 녹색 혁명이 주는 교훈의 하나는 사회과학자들이 연구의 요구사항을 사전적으로(ex ante) 더 분명히 해야 할 필요가 있다는 것이다(Lipton, 1978: 335).

녹색 혁명은 기술을 농업에 적용하는 것과 관련해서 적어도 두 가지 중요한 논쟁을 촉진해 왔다. 첫째는 기술 패키지의 분배적 효과와 관련된다. 즉 도시와 농촌 부문 모두에서 여러 계급들의 소득, 영양상태, 토지보유, 정치적 권력에 관련된 논쟁이다. 두번째 논쟁은 좀더 직접적으로 자연 자원과 관련되어 있는데, 이것은 사회 집단이 그들의 환경에서 얻어내는 혜택의 규모뿐만 아니라 이런 혜택을 이끌어내는 방식을 변화시키는 기술의 역할에 관한 보다 폭넓은 문제와 관련된다. 간단히 말해서 고수확 개량종들은 구입한 투입물(화학 비료, 살충제, 종자와 물)을 투입하여 더 철저하게 자연 환경을 통제할 수 있도록 하였다. 그러나 이러한 환경에 대한 기술적 통제는 경작규모확대론자(extensionist),[30] 농업 관련 상인들, 그리고 과학자들과 협력하는 농부들만이 행사할 수 있었다. 결과적으로 농부들이 생산 체계에 행하는 통제는 실질적으로 감소하였다. 녹색 혁명이 농부나 노동자 그 자신보다는 농부를 지원했던 이들에게 가장 높은 혜택을 제공했다는 의견이 대두되면서, 농부로 하여금 기술적 과정을 통제하도록 하는 농법 체계 연구에 대한 관심이 증가하였다. 녹색 혁명과 대조적으로 농법 체계 연구는 농장에서 그들 자신의 자원을 사용하는 이들에게 혜택을 주고자 고안된 것이다. 농법 체계 연구는 환경을 통제한다기

---

30) 소농경작체제에 반대하고 경작규모를 확대해야 한다고 주장하는 사람들, 대농주의자라고 하기도 한다.

보다 환경에 적응하는 것과 관련된다.

농법 체계(Farming system) 연구

앞에서 보았듯이 농법 체계(farming system) 연구에 대한 관심은 부분적으로는 녹색 혁명이 이끌어낸 사회적·경제적·환경적 결과 때문에 일어났다. 그러나 녹색 혁명에서 채택된 생명공학/기술 이전 모델이 농법 체계 연구라는 접근과 경쟁하고 있다고 생각하는 것은 잘못이다. 생명공학/기술 이전 모델은 관개 조건하에서 단 하나의 작물을 생산하는 농부에 방향을 맞춘다. 반면 농법 체계 접근은 천수답 조건 아래서 여러 작물들과 가축의 생산을 최대화하려는 소규모 농부들에 초점을 맞춘다. 녹색 혁명의 목적은 도시와 농촌에서 되도록이면 더 많은 사람들을 먹일 수 있도록 주곡의 생산을 증가시키는 것이다. 반면 농법 체계 연구의 목적은 소농의 총생산을 증가시키고 그 가족의 복지를 개선하는 것이다.

앤드류 피어스(Andrew Pearse)는 농법 체계 접근의 이면에 존재하는 현실을 다음과 같은 언어로 잘 표현하고 있다:

> 자기식량 공급을 지향하는 농업 체계는 일년 내내 가족이 소비하는, 건강에 좋은 기초적인 먹거리를 제공할 수 있는 잠재력을 가져야 한다. 그 체계는 불안정한 작물이나 비용이 많이 드는 투입, 또는 기존에 이미 알고 있거나 배워서 익힐 수 있는 범위를 넘어서는 과도한 기술에 의해 운영되어서는 안된다. 일년 내내 가족 구성원들에게 일거리와 현금을 제공할 수 있다는 사실은 중요하다. 기껏해야 그들의 생산은 생산 과정에서 경제적 활동을 조금 더 증가시켰을 뿐이고 이는 그들의 이웃도 받아들일 수 있는 정도의 변화이다.(1974: 49)

'농업 기술이 사회 공학을 위한 강력한 도구(가 되었다)'라는 녹색 혁명이 주는 긍정적 교훈 때문에, 몇몇 농학자들과 사회과학자들은 농법 체계 연구에 흥미를 가지게 되었다(Chambers, 1977: 350). 한편 다른 학자들은 농법 체계가 선진 기술과 온정주의의 편향에서 벗어날 수 있는 탈출구가 될 수 있다고 생각했다. 이런 사고의 대부분은 소농에게는 부적절하고 적용할 수 없었으며 높은 위험성을 제공했던 이전의 연구들에 대한 기본적인 불만에서 유래한다(Norman, 1972; ICRISAT, 1980). 소농들이 스스로 이용할 수 있는 적절한 기술을 채택하면서 그들 자신의 '연구 체계'를 운영했다는 것을 발견함으로써 농법 체계 연구에 공헌한 논문이 몇 편 있다(Biggs and Clay, 1982; Mooney, 1979; Bull, 1982). 이러한 발견에 대해 계획추진 실무자들이 동의하여 수행한 프로젝트 중의 하나가 콩 재배 기술에 관한 정보를 보급시킨 푸에블라 계획(Plan Puebla)이다(Redclift, 1983). 농법 체계 연구가 완전히 이해되고 실천되기 전까지는 빅스(Biggs)가 묘사한 상황이 일반적이었다.

대부분의 경우 (과학자들과 경작규모확대론자들은) 농부들 스스로 부적절한 '패키지된 영농법'을 수정하고 적응해 온 창조적인 방식에 관한 정보를 수집하고, 이 정보를 경작규모확대론자들에게 전달하면서 새로운 발전을 도모하려고는 하지 않았다. 오히려 그들은 농부들이 영농법을 완전한 패키지로 받아들이지 않는 것이 농부들의 후진성을 보여주는 것이라고, 혹은 가격 정책이나 투입물의 공급 등이 부적절한 탓이라고 생각해 왔다.(1981: 10)

위와 같은 일반적 견해와 순수한 농법 체계 연구들간에는 아주 분명한 차이점이 있다. 농법 체계 모델을 수용하는 가장 능력있는 교육가 중의 한 사람인 콜린슨(Collinson)은 '소규모 자작농업 부문을 둘러싼 환경과 소농들의 특성에는 도전해 볼 만한 가치가 있다'라고 주장한다(1972: 2). 왜 농부들이 기술적 영농법을 받아들이는지 또는 거부하는지를 이해하는 것이 이 접근의 첫째 원칙이다. 농법 체계는 모든 유용한 연구 정보에 우선해서 존재한다. '농부들이 스스로 농법 체계를 운영하는 것이지, 그것을 수동적으로 받아들이는 것은 아니다'(ibid.: 7).

농법 체계 연구 이면에 있는 원칙들은 간단하다. 첫째, 유급 노동이나 화학 비료, 종자와 같이 농장에서 산출되지 않는 투입물의 사용을 줄이기 위해 온갖 노력을 다해 본다. 둘째, 가족 노동이나 유기 비료처럼 소농들이 상대적으로 넉넉하게 갖고 있는 것을 최대한 이용하려고 노력한다. 농학자들은 농부들과 함께 일해 보면 농부들이 위험을 피하려는 전략에 대해, 그리고 그들 체계를 취약하게 하는 위협이 무엇인지 이해하게 된다. 가장 편견 없는 농법 체계 연구조차도 세 가지의 암묵적인 전제를 가지고 있다. 첫째, 인간과 자연 모두가 동일한 체계의 일부분이라는 것이다. 둘째, 만약 생산 과정이(예를 들어, 침식 작용으로 저수지가 막히는 것과 같이) 어떤 지역에 영향을 끼친다면, 비록 거리상으로는 멀리 떨어져 있더라도 그 영향을 받는 지역을 체계에 포함해서 고려해야 한다. 셋째, 분석이 이루어지는 시간은 생태적 과정의 결과가 관찰될 수 있을 만큼 길어야 한다(Avery, Schramn and Shapiro, 1978). 그러나 실제적으로는 이런 야심찬 정의는 실천이 거의 불가능하므로 대부분의 농법 체계 연구는 좀더 범위를 좁혀 연구되고 있다. 농법 체계 연구에서는 농부들의 행동을 논리적이라고 이해하며 그들을 완전히 이해하기 위해서는 농업 연구가 더욱 철저해야 한다는 것이 핵심적인 요소이다.

농법 체계 연구는 '하향적'(즉 연구소에서 시작되어 농부들을 포괄하는)일 수도 '상향적'(즉 농부들의 밭에서 시작되어 연구소를 포괄하는)일 수도 있다. 연구는 농법 체계의 분류부터 시작되어 계속 다른 단계로 진행된다. 즉 미래 개입의 기회와 가능성에 대한 진단, 농부의 농사 현장에서 철저한 실험을 거칠 권장 사항의 결정, 아이디어의 실행과 그 평가의 단계이다(Maxwell, 1983). 이상적으로는 농부와 함께 일하는 연구팀은 학제적(interdisciplinary)이어야 한다. '전문가들은 계속 필요하다. 그러나 그들은 그들의 전문 지식을 서로 보완하고 협력하여 문제 해결을 위해 노력해야 한다'(Gostyla and White, 1979: 5).

농업 과학과 사회 과학에서 농법 체계 연구로 전환할 때 발생하는 어려움의 하나는, 농사 현장에 기반한 연구가 학제적이면서 동시에 새로운 심성을 요구한다는 사실이다. 전문가적인 영예와 재정적 후원은 농부들과 함께 일하는 농사 현장보다는 상품과 관련되는 프로그램이나 실험실에 주로 주어진다. 논의의 초점이 되는 학제적인 연구는 신념에 의해서만 시작될 수 있다. 게다가 새로운 접근을 성취하는 데 필요한 자원과 정치적 의지가 항상 마련되어 있는 것은 아니다. 몇몇 논평자들은 소농에 집중해서 저렴한 비용으로 운영하려는 이런 접근이 "행정부나 정치적 지원에 직접적으로 의존하는 조치들보다 왜곡이나 부패나 '달란트 효과'를 훨씬 덜 초래할 것"이라는 견해를 가지고 있다(Chambers, 1977: 349). 그러나 이것은 농업 연구진들과 경작규모확대론자 및 여타 다른 이들의 훨씬 높은 수준의 동의를 필요로 한다.

농법 체계 연구는 과학자들에게는 많은 시간을 요하는 일인데, 이는 '농부들이… 기술에 대한 독립적 평가를 할 수 있을 만큼 그들의 실험을 충분히 통제하고 있을 경우 더욱 그러하다'(Gostyla and Whyte, 1979: 46). 콜린슨(Collinson)은 지역적 농법 체계에 대한 이해와 농부들의 실험 참여 사이에는 균형이 모색되어야만 한다고 주장한다. 그는 농부가 참여한 실험이 사전적인(ex ante) 경작 체제 연구를 대체하는 것이 가능하다고 생각한다(1979: 11). 농법 체계 연구가 열어준 가능성은 거의 무한하지만, 부족한 농업 연구진을 복잡한 농법 체계를 이해하도록 하려면 비용이 많이 들 수도 있다. 이런 점에서 복잡한 농법 체계의 연구를 농업 연구 기관보다는 농부들이 떠맡는 것은 불가피하다(Jodha, 1979: 19). 여태껏 농법 체계에 대한 연구로부터 얻을 수 있었던 혜택의 대부분은 상황적이고 간접적인 것이었다. 즉 그것은 학제간 연구의 경험이거나, 연구소에서 이루어진 연구 혹은 농사 현장에서의 '시도'를 재검증하는 것이다. 사회적, 생태학적 제약 조건들이 소농의 행태에 중요하게 작용하며, 아울러 소농들 스스로가 연구·개발 과정을 전개해 왔다는 사실은 다른 유형의 농업 및 농촌 발전 프로그램에서도 중요하다는 것이 입증되었다. 다음에서는 브라질의 유명한 공업 알콜 프로그램의 검토를 통해, 보다 고른 분배가 이루어지기도 전에 공업성장을 위해 자원을 이용하는 것이 어떤 함의를 가지는지 살펴보겠다.

에너지 대 식량: 브라질의 에탄올 프로그램

녹색 혁명의 '성공'은 화학비료의 투입량 증대에 의존하는데, 대부분의 화학 비료는 부분적으로 석유 자원에서 생산된다. 이 사실은 석유의 대부분을 수입해야 하는 인도와 같이 가난한 나라에는 큰 부담을 준다. 트랙터와 일반적인 수송 차량 역시 공급이 매우 제한되어 있는 석유를 엄청나게 소모한다. 가난한 농부들이 석유와 화학 비료와 제초제에 크게 의존하려면 그 비용은 매우 크다. 이런 요인들을 살펴보면, 특히 석유가 부족한 개발도상국에서 농법 체계 접근이 매력이 있음을 알 수 있다.

인도처럼 가난한 국가들과 마찬가지로 중진국에도 에너지 위기는 심각한 영향을 끼쳤다. 이들 국가에서 보편적으로 나타난 대중의 빈곤 상태는 고도의 산업화가 진행되고 나서도 별로 개선되지 않았다. 브라질도 이 경우에 해당한다. 브라질에서는 지난 30년간 발전 전략을 추진해 온 결과 수입 에너지원에 대한 의존이 심화되었다. 1940년 브라질의 에너지 소비의 80%가 생물자원으로 충당되었는데, 그것은 주로 땔나무였다. 단지 15%만이 수력이었다. 1980년에는 수력이 전체의 4분의 1을 넘어서며 석유가 계속적으로 생물자원을 대체했다(Cardoso, 1980: 114)(<표 4>를 보라). 급속한 공업화와 도시화의 필연적 산물로 나타난 에너지 부문의 근대화는 이 나라의 외부 종속을 심화시켰다. 발전 모델은 국내적으로는 내구소비재의 확산 및 소득의 집중과 지역 불균형을 초래했는데, 이 모두 석유 수입에 의해서 가능해진 것이다. 브라질의 내연 기관에 대한 의존으로 인해 소요된 비용은 1980년 미국 달러로 110억 달러에 달했다(Saint, 1982: 223).

브라질의 에너지 종속의 주요 원인은 개인적이고 상업적인 목적을 위한 자동차 수송에 대한 과도한 의존이다. 1978년 승객의 96%와 화물의 70%가 도로로 운송되었다고 추정된다(Cardoso, 1980: 115). 비록 브라질에는 중요한 수력 프로그램이 있긴 하지만 석유와 석탄에서 추출되는 액체 탄화수소의 단지 일부분만 수력으로 대체 가능하다. 그런데 그것도 단지 공업적 소비에서만 가능하다. 브라질 에너지 소비의 가장 큰 부분은 제조업이 아니라 수송 부문이다. 에너지 정책의 근본적 변화 없이는 브라질의 석유 소비는 계속 증가하리라는 많은 증거가 있다.

<표 4> 브라질: 주요 에너지 소비(%)

	석유	석탄	수력	생물자원
1970	38.3	3.9	18.9	38.9
1975	43.9	3.2	23.7	29.2
1977	42.2	4.0	26.1	26.6
1978	43.0	4.4	25.6	27.0
1979	41.1	4.3	28.3	26.3
1980*	41.2	4.6	28.4	25.8

*추정치
1980년 생물자원에서 나온 에너지 25.8% 중에서 7%는 알콜 프로그램에서, 16.4%는 땔나무에서, 2.4%는 숯에서 나왔다.
출처: Van der Pluijin 1982: 87.

수입 에너지원에 대한 종속 심화를 의미하는 현재의 발전 모델에 대해 국가적으로 행해진 노력들을 살펴보면 다음과 같다. 군사정부는 1979년 이래로 새로운 정책을 도입하려고 힘써왔다. 이 정책들은 석유 소비를 줄이고 대신 그것을 생물자원에서 얻을 수 있는 알콜로 대치하기 위한 계획들이다. 브라질의 국가적 알콜 프로그램은 4년 일찍 제안되었는데, 계속 악화되는 무역 상황으로 인해 새 정책 수단의 도입이 가속화되었다. 그리고 그 계획은 곧 생명공학의 혁명과 관련해서 가장 논란이 많은 논쟁거리 중의 하나가 되었다. 미국 달러로 50억 달러가 넘는 예산이 소요되는 알콜 프로그램은 주로 사탕수수와 카사바31)를 공급재료로 써서 에틸 알콜(에탄올)을 생산하고자 하는 계획이다. 이 계획은 가솔린을 알콜로 대체하려는 것으로 그 대체량은 2000년까지의 모든 액체 연소 연료의 4분의 3에 해당한다(Saint, 1982: 223). 유사한 에너지 작물 자원의 이점을 지니고 있으며 화석 연료 공급이 심각할 정도로 부족하고 석유 수입으로 인해 무역수지 상황이 왜곡되어 있는 다른 나라들에서도, 이런 에너지 작물로부터의 액체 연료 생산은 점차 중요하게 부각될 것이다. 이미 살펴본 것처럼 생명공학의 잠재력은 식량, 에너지, 쓰레기 처리 정책들에 대한 사회적 우선순위의 결정과 밀접하게 관련되어 있다.

세밀한 주의를 기울여 살펴봐야 할 만큼 브라질의 알콜 프로그램이 환경에 미치는·함의는 매우 심각하다. 알콜 프로그램은 필연적으로 그 결과가 분배적이며, 기술로 인해 상이한 사회 계급들이 자원 전환에서 불평등한 혜택을 얻는 과정들을 그대로 보여 준다. 알콜 프로그램의 가장 중요한 결과들 가운데 다음과 같은 것이 규명될 수 있다. 주곡 작물과 국내 식량 공급의 점차적 무시, 그리고 심화되는 토지 집중과 악화되는 지역 불균등.

브라질에서 사탕수수 생산을 활성화시키려는 결정은 사탕수수 생산의

---

31) 열대지방에서 자라는 식물의 일종.

3분의 2와 모든 가공 공장을 통제하고 있는 250세대의 플랜테이션 소유 가족들에게 직접적인 혜택을 가져다준다(Saint, 1982: 224). 이 결정에 따라 기존의 관개 플랜테이션의 경험에 기초하여, 산출량이 높고 단위 비용이 매우 저렴한 상 프란시스코(Sao Francisco) 강 유역에 알콜 생산을 위한 75만 헥타르의 사탕수수 관개 개발 계획이 수립되었다. 이런 계획안은 주로 계절 임금 노동에 의존하고 있으며 사탕수수 생산이 효율적이지 못한 지역인 가난한 북동부의 주들은 무시한 채, 상 파울로의 중요성을 증대시키는 데 기여했다(Van der Pluijin, 1982).

사탕수수 생산에 중점을 두기로 한 결정은 카사바에 의한 알콜 생산 가능성을 타진해 본 연후에 이루어졌다. 브라질은 사탕수수와는 달리 다양한 농업기후 조건하에서도 잘 자라는 카사바의 세계적인 생산국이다. 카사바는 일년 내내 소규모 토지에서 일하는, 자원이 부족한 소농들에 의해 주로 재배된다. 소농들이 재배하는 다른 작물들과 마찬가지로 카사바에는 거의 연구 자금이 주어지지 않았으며, 신용대부와 개간 프로그램에서도 체계적으로 무시되었다(Saint, 1982: 226). 만약 카사바 산출을 증가시키는 기존의 기술을 채택했더라면 카사바가 생산한 알콜량은 사탕수수에 의한 양과 거의 맞먹었을 것이다.

카사바에 의한 알콜 생산 가능성에 덧붙여 말하고 싶은 것은, 사탕수수로부터 에탄올을 개발한 것이 브라질의 토지 집중에 한층 더 기여한 것 같다는 사실이다. 믿을 만한 증거에 의하면 1974년과 1979년 사이에 36만 2천 헥타르의 토지가 식량 곡물 대신 사탕수수 재배에 투자되었다. 이 시기 동안 옥수수와 쌀 경작지의 35%가 감소했다. 동시에 도시에서 주요 식량곡물의 가격은 엄청나게 상승했다. 세인트(Saint)의 주장에 따르면,

인구의 상위 20%가 자동차의 거의 90%를 소유하고 있으며 곤궁한 처지에 있는 50%가 그들 소득의 최소한 절반 이상을 식량에 소비하는 나라에서, 정책 결정은… 위험천만하게도 칼로리를 자동차에 배분할지 사람들에 배분할지를

선택하는 데 근접하고 있다.(1982: 230)

심지어 심정적으로는 사탕수수 생산에 의한 에탄올 프로그램을 지지하는 학자들도, 의도적으로 사탕수수 재배 면적을 늘린다면 개인적인 소득 분배뿐만 아니라 식량의 생산과 이용가능성에 부정적인 영향을 끼치게 될 것이라는 점을 인정한다.(Van der Pluijin, 1982: 92)

에탄올 프로그램이 환경에 주는 영향에 대해서는 특히 더 논란이 많다. 카르도소(Cardoso)는 사탕수수에 의한 알콜 생산은 현재 하천의 오염에 상당한 책임이 있는 부산물들을 과도하게 발생시킨다고 주장한다 (Cardoso, 1980: 119). 한편 알콜은 그 기체가 일산화탄소나 납을 거의 함유하고 있지 않기 때문에 석유 가스보다 대기 오염을 덜 일으킨다. 흥미롭게도 알콜 생산에서 나온 폐기물은 비료로 사용할 수 있으며 대규모의 증류공장을 소규모로 대체한다면 비용을 더 절감할 수 있을 것이다. 그러나 이런 선택은 브라질 정부의 관심을 받을 만한데도 여태껏 관심을 끌지 못했다(Saint, 1982: 233).

브라질의 에탄올 프로그램이 제기하는 문제들을 외화를 절약하는 수단으로써의 경제적인 효율성에 국한시켜서는 안된다(Barzelay and Pearson, 1982: 144). 카르도소가 언급하듯이, 그 기본적인 선택의 이면에는 '누가, 어떤 목적으로 에너지를 소비하는가'에 관한 문제가 깔려 있으므로 기술적 대체물들을 분석하는 데만 그 선택을 한정시켜서는 안된다(Cardoso, 1980: 119). 에탄올 프로그램의 효과에 대한 사회적 평가 측면이나 에너지 대체 정책이 아닌 에너지 보존 정책의 필요성 측면에서 에탄올 프로그램의 기회비용에 대한 문제제기는 거의 없었다. 에탄올 프로그램은 많은 가난한 식량 곡물 생산자들을 한층 더 주변화시킬 뿐만 아니라 새 기술을 소유하고 통제하는 이들의 손에 더 한층 권력을 집중시키게 되는데, 이런 사실에 비추어볼 때 환경의 기술적 통제라는 이슈는 매우 중요하다.

선진 기술인가 아니면 적정 기술인가?

이 장의 앞에서는 '적정' 기술에 의한 대안은 고려하지 않고 이른바 '선진' 기술의 효과에 대해서만 자세히 검토하였다. 슈마허(Schumacher)는 그의 저서 『작은 것이 아름답다』(1973)에서 개발도상국의 기술 선택을 용이하게 하는 네 가지 제안을 한다. 첫째, 그 지역에 살고 있는 사람들을 작업장에 배치시킬 수 있는 기술이어야 한다. 둘째, 기술이 자본형성이나 외국으로부터의 수입이라는 도달하기 힘겨운 수준을 요구하지 않고서도 많은 수의 일자리를 창출해야 한다. 셋째, 채택되는 생산 방법은 상대적으로 단순해야 한다. 그리하여 생산, 판매, 재료 공급과 재정 등의 모든 과정에서 어려운 기술을 최소화해야 한다. 마지막으로 지역적인 원료를 사용하고 지역적인 이용을 위한 생산이 이루어져야 한다. 적정 기술에 대한 논의의 중점은 가장 싸게 얻을 수 있는 자원인 노동을 최대한 이용하도록 하는 반면, 생산 시설에 대한 투자는 최소화시키는 데 있다(Evans and Adler, 1979).

적정 기술이 저발전의 문제에 어떤 해답을 제공한다는 주장은 최근 엠마뉴엘(Emmanuel)에 의해 심각한 도전을 받고 있다. 그는 일반적으로 가장 선진적이고 자본집약적인 기술이 산출을 최대화시키는 기술이며 따라서 개발도상국에 가장 수지맞는 기술이라고 믿고 있다. 그는 또한 다국적 기업들이 개발도상국에 선진 기술을 이전하는 데 가장 적절한 도구가 된다고 생각한다.

엠마뉴엘의 주장에 의하면, '가난한 국가에 어울리도록 만들어진 기술은 가난한 기술이 되므로' 적절한 기술을 찾는 것은 잘못된 생각이다(1982: 104). 남부의 국가들이 진정한 자율과 독립을 성취하는 유일한 통로는 가장 선진국과 유사한 기술을 획득하는 것이다. 그는 발전이 비자본주의적인 형태로 일어날 수 있는 가능성을 무시하고 덜 발전된 국가를 단순히 덜 발전한 자본주의 국가로 간주한다. 이것은 그를 기술에서의 '선진'이 문화에서의 '선진'을 유발한다는 일종의 기술결정론으로 이끈다:

> 마지막 분석에서 보듯이, 한 국가는 기술에 조응하는 문화를 가지므로 문화에 조응하는 기술을 찾는 것은 환상이다. …그 본성상 자본주의는 생산력을 발전시키며, 생산력 발전이 바로 그 사실 자체로는 '사회적 필요들'을 충족시키지 못한다 할지라도, 그럼에도 불구하고 생산력 발전은 산업혁명의 높은 단계에 내재하는 다원주의에 의해서 가능하게 된 정치 투쟁을 통해 과거 어떤 계급 정권들보다 그들의 필요충족에 훨씬 더 우호적인 틀을 구성한다.(ibid.: 104-105)

엠마뉴엘이 '적정 기술'에 관한 논쟁에 공헌한 점은 중요하다. 많은 경우 적정기술론의 옹호자들은 마치 '사회적 필요'를 위한 생산과 '이윤'을 위한 생산이란 두 형태가 필연적으로 양립불가능한 것처럼 단순하게 비교한다. 서구에서 자본주의는 사회계급간에 존재하는 거대한 불평등은 남겨둔 반면, 일반적인 생활수준을 상당히 끌어올렸다. 문제는 자본주의적인 발전에 함축된 사회 비용을 고려해 볼 때 경제적 동인 그 자체가 이미 선진국에서 경험한 효과를 개발도상국에서도 산출해 낼 수 있는가 하는 것이다. 따라서 '소규모' 기술이 어떤 상황에서는 더 '적정'할 수 있지만 대규모 기술이 지닌 발전 잠재력을 제공하지는 못한다. 한편 '선진' 기술을 적용한다고 해서 선진 국가와 비슷한 발전 경로를 겪는 것도 아니다.

좀더 실용주의적인 수준에서 봐서 엠마뉴엘은 일본, 한국, 대만과 같이 급속하게 산업화되고 있는 국가들의 발전이 선진 기술의 대폭적인 채택 탓이라고 믿는데, 그것은 잘못이다. 이들 국가들은 그들이 제공받은 기술 패키지를 해체하여 기술 획득을 재정과 자원소유와 분리함으로써, 비교적 적당한 거리를 유지하면서 기술을 채택해 왔다. 이런 방식으로 이들 국가들은 '기술이 주는 최악의 결과들을 겪지 않고 기술에서 최고의 것을 얻을 수 있었다'(Stewart, 1983: 23). 프란스 스튜어트가 쓴 것처럼, 적정 기술에 대한 논의는 그 산출물에 우선하여 일자리를 먼저 제공해야 한다는 것이 아니라, 둘 다를 증진시킬 수 있는 기술이 발달될 수 있다는 것을 의미한다.

새로운 기술에 소유를 집중시킨 결과는 몇몇 아시아 국가들에서 급격히 성장하고 있는 극소전자공학의 사례를 통해서 잘 묘사될 수 있다. 킹 (King)은 '아주 초기 단계에서 실리콘 칩은 기존의 전자공학 생산물들의 대부분을 변형시키고, 한국이나 대만, 홍콩과 같은 나라들에게 유리하다고 판단되었던 섬세한 조립 라인을 필요 없게 할 것이다'라고 결론을 내린다 (1980: 109). 새로운 기술들은 점차적으로 정보 축적 체계가 되며 그 체계를 소유하고 통제하는 북부에 기반한 초국적 기업들이 정치적 이익을 누리게 해준다. 북부의 국가들은 그들의 생산 산업과 서비스 산업을 재편하면서 이러한 기술들이 주는 혜택을 극대화시키고자 애쓰고 있다(Rada, 1981: 43). 게다가 기술의 획기적인 발전을 내다볼 수 있는 능력은 기존의 상업적 이해와 정부의 이해가 이 능력의 급격한 증대를 위해 애쓰고 있는 북부에만 한정되어 있다.

생명공학과 환경

생명공학은 '생물유기체, 생물적인 과정과 생물적인 체계를 제조업과 서비스 산업에 적용시키는 것'이라고 정의되어 왔다(Smith, 1981: 1). 본질적으로 생명공학은 생체량(biomasss)[32]에서 얻을 수 있는 자연물질들을 낮은 에너지 비용을 들여 대규모로 식량 생산, 대안적 에너지 자원, 쓰

---

32) 어느 지역내에 생존하고 있는 생물의 현존량.

레기 재활용과 제약학 분야 등에서 사용되는 다양한 물질들로 변형시킬 수 있도록 했다. 생명공학이 인간과 자연환경과의 관계를 혁명적으로 변화시켰다고 말하는 것은 전혀 과장이 아니다.

유전공학과 적절한 효소 체계의 열려진 가능성은 매우 커서 오늘날 자연자원에 대한 정의가 생명공학 진보의 관점에서 거의 모두 수정되어야 할 정도이다. 생명공학은 화석 연료를 거의 사용하지 않으며 대안적인 에너지 자원의 발달에 도움을 주리라고 기대된다. 생명공학의 진보는 석유화학 재료를 대체함으로써, 녹색 혁명이 강화시켜 온 구매된 투입요소에 대한 의존을 감소시켜 줄 것이다. 곡물경작지를 사료경작지로 전환시키고 목축지를 확장시키도록 했던 단백질에 대한 요구는 생명공학의 발전과정을 통해 혁명적으로 변화될 것이다. 이미 단백질은 극세여과(ultrafiltration)를 통해 액체 폐기물에서 추출할 수 있으며, 미생물을 단백질 생산자로 이용할 수 있다는 것이 성공적인 실험을 통해 입증되어 왔다. 단세포 단백질 생산 또는 SCP로 알려진 연구 분야는 근본적으로 우리가 식품 재료를 얻는 방법과 식량 생산 체계를 변화시킬 것이다.

쓰레기 재활용은 생명공학의 진보가 가져온 또 하나의 부문이다. 실제로 '생명공학의 주목적은 세계 전반에 걸쳐 발견되는 막대한 양의 쓰레기 유기물질들의 관리와 이용을 개선시키는 것'이라고 주장되기도 한다(ibid: 9). 자연에서, 특히 열대와 아열대 지역에서 이용할 수 있는 생체량 자원은 풍부하므로 생명공학과 연계된다면 세계 경제력의 균형을 변화시킬 수 있을 정도이다. 우리는 이미 브라질의 에탄올 프로그램을 통해 생명공학이 초래할 수 있는 부정적 영향을 분명히 살펴보았다. 생체량 생산이 자본재 부문(증류공장과 생물반응기), 증류의 기술적 혁신, 찌꺼기의 이용, 오염 통제에서 새로운 발전을 유도하면서 새로운 자본을 농업으로 끌어들이리라고 예상된다.

미래에 화학 산업과 식량 산업간의 상호 침투가 승가하게 되는 것은 기술을 통해 연구에서 산업생산으로 진행되는 순환고리의 변화와 관련될 것 같다. 이 부분은 초국적 기업과 민족 국가 모두 중요한 역할을 선점하려고 애쓰고 있는 곳이다. 남부의 국가들 내부에서 외국 자본과 민족 자본 사이의 관계 및 국가의 중재적이고 주도적인 역할은 이러한 획기적인 기술발전에 대응하여 변화될 것 같다. 하나의 예를 들어 보자. 식량 생산은 현재의 추세를 따를 수도 있다. 급격히 발전하고 있는 식품 산업 부문은 낙농 제품, 치즈와 포도주와 같이 좀더 복잡하고 세련된 식품과 결합되어 있는데, 이를 위해서 산업적으로 생산된 효소 기술이 잘 확립되어 있다. 이와는 달리, 콩으로 만든 고기나 우유 대체품과 같은 것이 이용 가능한 곳에서는, 시장의 다른 한편[가난한 사람들이 이용하는 시장]의 식량 프로그램을 위하여, 식량 생산을 이러한 저비용 단백질 자원에 집중할 수도 있다. 환경 정책의 여타 측면과 마찬가지로 생명공학 발달이 낳는 분배적 결과에 대한 결정은 사회적으로 결정되는 우선순위 및 필요의 정의에 달려 있다. 이때 변화의 방향을 예측하기란 쉽지 않다. 그러나 발전과 환경에 대한 어떠한 결정도 자연자원의 보유 현황뿐만 아니라 생물자원의 전환에 관한 인식 역시 필요하다는 사실이 점차 분명해지고 있다.

최근까지는 기술의 소유권과 그 위치에 의거하여 기술이 자연자원 이용에서 수행하는 역할을 분석할 수 있었다. 소농들은 괭이나 쟁기를 채택했다. 부농들은 트랙터나 콤바인 수확기를 채택했다. 그러나 오늘날 이런 접근은 부적절하다. 농부들은 종자와 같은 화학적 투입 요소와 유전학적 물질들로 구성되어 있는 기술 '패키지'를 받아들이는 맨 끝에 놓여 있다. 농업 생산은 자연 환경이 조직되는 방식을 근본적으로 변화시키면서 자연 환경을 이용한다. 작물에 비행기로 물을 주고 병에 강한 변종을 키우고 관개 하부구조를 통해 물공급을 조정한다. 마찬가지로 중요한 것은 '기술 패키지'가 연구 개발 체계뿐만 아니라 부품의 공급과 농산물의 판매와도 관련이 있다는 사실이다. 농부는 부농이든 소농이든간에 자신이 농사짓고 있는 토지를 '소유'하기도 하고 소유하지 못하기도 한다. 그러나 그들은 토지에 활용하는 기술을 소유하고 있는 것 같지는 않다. 사실 점차적으로 그들은 그들 자신의 기술을 갖고 있지 않게 되며, 농업관련 회사나 정부와의 계약 관계를 통해 그 기술의 사용에 동의하게 된다. 농업 기술을 조정하는 전문 지식은 농부들에게 있는 것이 아니라 정부 자문 기관이나 자문을 제공하는 다국적 기업에 있다. 이런 과정에서 소유권이 통제에서 분리되며 '소유권' 그 자체는 불확실한 개념이 된다.

이 장에서는 토지 소유권이나 수자원이 기술의 사용을 결정했던 이전의 사회보다 기술 통제가 더욱 중요성을 띠게 되는 과정을 논의하였다. 분명히 토지 소유관계의 관행과 노동 과정이 하루 아침에 바뀌지는 않으며 자연 자원의 소유권이 더이상 중요하지 않은 것도 아니다. 본질적으로 중요한 것은 점차적으로 생산 과정의 기술적 통제가 식민화와 관련된 물리적 강제나 북부의 무역관계를 통한 통제를 대체하고 있다는 사실이다. 토지 소유체계나 노동 과정 그 자체에 의해서보다는 기술의 이용과 기술에 대한 접근을 통해서 사회적 통제가 행사된다. 생산의 사회적 관계가 기술적 변화의 축에 따라 수정된다. 사회적 통제가 사라지는 것이 아니라 다른 방식으로 매개되는 것이다.

생명공학은 기술을 전통적인 '소유권' 개념에서뿐만 아니라 '가치'라는 고정된 개념에 의존하는 것에서 분리시키는 것에 관심을 두고 있다. 농업 기술은 더이상 상이한 환경에 따라 발달하는 것이 아니라 생물 자원의 결합에 따라 발전하고 있다. 자원들은 그것들이 이전에는 가지지 못했던 가치를 지니게 된다. 여기서 제기되는 문제는 기술이 주어진 환경에 따라 '적절하게' 발달해야 하는지 그렇지 않는지의 문제가 아니다. 그보다는 자연 환경에 대한 종속을 감소시키는 것이 자연 환경으로 인해 빈곤하게 되었던 사람들에게 혜택을 가져다 주는지, 아니면 이 사람들을 자연적 풍요의 변두리에서 계속 빈곤하게 방치할지의 문제이다. 오늘날 생명공학은 유전공학을 이르는 용어이다. 이것이 미래에는 사회공학을 대신하여 완곡하게 쓰이는 용어가 될 수도 있다.

7. 발전과 환경: 수렴하는 하나의 담론?

정치경제학은 환경보전 운동에 대한 반대명제를 제공해 왔다고도 이야기할 수 있다. 동시에 남부의 빈곤과 종속에 대해 덜 '정치적인' 설명들이 선호되는 가운데, 환경을 파괴하는 구조적 과정들은 자주 무시되곤 했다. 환경주의는 일관된 정치적 방향이 부족하다. 이 책에서 고려되는 중심적인 역설은 다음과 같다. 발전이 아주 눈에 띄는 방식으로 환경을 위협하는데도, 우리에게는 그 도전에 맞설 수 있는 도덕적 혹은 지적 수단이 없는 채 남아 있다는 것이다. 아니면, 우리에게 그럴 능력이 있는가? 이 장에서는 발전과 환경에 관한 담론들이 최근 어떻게 진행되는지 검토해 보고 이 담론들이 취할 수 있는 새로운 방향들을 몇 가지 제안하고자 한다.

다양한 담론들: 정치경제학에 대한 반론들

첫 장에서 우리는 다음과 같은 점을 주장했다. 정치경제학이 환경주의적 관점을 통합하려 할 때 직면하는 몇 가지 어려움은 맑스가 인식한 것처럼 자본주의하에서의 경제 성장이 사회주의로 이월될 것이라는 가정에서 비롯된다. 맑스는 물질적 진보에 한계를 두기보다는, 자연에 대한 인간의 지배를 물질적 진보에 필요한 전제조건으로 보았다. 맑스는 노동을 자본주의하에서 상품으로 보고 노동의 소외가 사회주의적 의식의 발전에 필수적인 것으로 보았지만, 자연에 대해서는 꼭같은 비중의 관심을 쏟지는 않았다. 인간은 물질세계를 구축할 때 자연에 영향을 끼쳤다. 자연은 수동적이었다.

최근에 목소리를 높이고 있는 정치경제학에 대한 반론들은 맑스주의의 핵심 교의 몇 가지에 반론을 제기한다. 3장에서 보았듯이 루돌프 바로(Rudolf Bahro)는 상품생산에 대해 보다 비판적인 입장을 취해 왔다. 그의 견해에 의하면 상품생산은 인간 존재의 필요조건이 아니다. 그러나 선진 국가에서 상품에 대한 강박관념은 그들의 경제 모델이 지니는 완전한 함의에 대한 관심을 왜곡시킨다(Bahro, 1982a). 앙드레 고르(Andre Gorz)는 일(work)을 새롭게 정의해야 한다는 비슷한 확신을 가지고 있다. 대량 실업은 산업 사회에서 고유한 것이며 노동계급의 숙련이 더이상 자본주의의 유지에 필수적이지 않기 때문에, ‘일의 철폐가 관리되고 사회적으로 수행되는 방식이 앞으로 다가오는 시대의 중심적인 정치적 이슈가 될 것이다’(Gorz, 1982: 4). 소비자 사회가 상품에 부여하고 있는 신비화와 ‘일의 해방적인 철폐’ 요구는 모두 정통 맑스주의 정치경제학에 대한 도전이다.

좀더 끈질긴 또 하나의 도전은 페미니스트들(feminists)에 의한 것이다. 유급 고용된 여성이 해방적인 결과를 가져온다는 엥겔스의 주장에 이의를 제기하면서, 급진적 페미니스트들은 가부장제가 자본주의보다 앞서 존재해 왔으며 여성의 종속에 결정적인 영향을 끼쳤다고 주장한다(Engels, 1970c).33) 여성의 해방이 노동 계급의 해방 여하에 달려 있다는 [전통적 맑스주의의] 견해는 이런 관점에서 도전을 받는다. 페미니스트들은 특히

---

33) 엥겔스와 같은 전통적 맑스주의자들의 여성론에서는 여성의 특수한 성적 억압이 여성들의 임노동으로의 진출에 따라 감소되고 있다고 믿었다.

여성과 자연, 그리고 생태학과의 관계를 평가하는 데 있어서 그들 나름대로 매우 풍부한 영역을 개척했다.

정치경제학에 대한 세번째 도전은 인간과 자연 그 자체의 관계와 관련 있는데, 이것은 최근 다시 부활한 관심이다. 인간 진보와 발전이 단선적이라는 견해의 한계를 보여주는 가장 좋은 예는 우리의 자연관을 재검토하려는 관심이다. 우리는 앞서 3장에서 이런 전통을 가진 철학적, 지적 근원을 고찰해 보았으며, 남부의 많은 지역에서는 환경 보전 이데올로기가 부적절하게 주어졌다는 것을 강조하였다. 케이스 토마스(Keith Thomas)는 최근의 책에서 중요한 역사적 차원을 덧붙였는데, 그는 산업혁명 이전에 영국에서 나타났던 자연관의 변화에 관하여 서술했다. 자연 보전과 동물 보호에 대한 요구는 일반적으로 자연 파괴와 함께 나타났으며, 이것은 인간의 물질적 이해와 도덕적 감수성 사이에 긴장을 야기했다.

> 근대 초기에… 인간이라는 종의 지배를 보장해 왔던 그런 잔인한 방법들을 용납하는 것이 점차 힘들어지리라는 느낌이 나타났다. 한편에서 그들은 안락과 신체적 행복 또는 인류 복지의 무한한 증가를 볼 수 있었다. 다른 한편 그들은 다른 형태의 생명이 잔인하게 착취당하고 있다는 것도 인식했다. 따라서 새로운 감수성과 인간 사회의 물질적 기초 사이에 갈등이 점차 증가하고 있었다.(Thomas, 1983: 302)

프롬(Fromm)이 주장했듯이 인간과 자연 사이에는 문명의 시초부터 서로 모순되는 감정이 병존해 왔지만 이 모순을 부추킨 것은 산업 사회였다(Fromm, 1979: 11). 인간의 자연 파괴가 자연에 대한 인간의 의존을 감소시키지 못했다. 오히려 그것은 불안과 죄의식의 감정을 낳았다. 파괴를 감수하는 자연의 바로 그 수동성이 공포를 야기시켰다. 급진적 생태학자들에게 유일한 해결책은 '우리가 자연을 해독하기에는 불충분한 암호로 구성된' '과학적인 세계관'을 거부하는 것이었다(Skolimowsky, 1981: vii).

심지어 이런 사상은 보다 영적으로 변화시킨 생태학, 즉 일종의 자연숭배(pantheism)를 추구해야 한다는 훈계와도 관련이 있으며, 환경에서 인간의 도덕적·실천적 실마리를 이끌어내야 한다고 주장한다(Riddell, 1981). 그러나 이런 견해는 널리 유행되지는 못했고 정치적 활동과 대중적인 사회적 기반 모두에서 고립되어 있다.

일반적으로 발전에 관한 담론에서는 주로 신고전경제학과 맑스주의적 정치경제학의 주장들이 비교된다. 그러나 두 접근 모두 산업 사회에 대한 대안을 제공할 수 없다는 점에서는 꼭같이 무능하며 부족하다는 것이 밝혀졌다. 자연에 대한 우리의 책임감과 소외된 노동과 상품 물신주의에 대한 대안에 관심이 증가하고 있으며, 페미니스트들이 성(gender)의 사회적 구성에 관심을 두고 있다는 사실은 우리들에게 산업 사회에서 '발전'이 지나온 길에 대해 반성을 해야 할 이유를 제공한다. 이런 관점들은 발전에 관한 새로운 담론의 요소를 잠재적으로 지니고 있다. 새로운 담론이란 보다 전일적이며 지속가능한 자원 이용에 관심을 집중하고 시장 경제가 아닌 다른 메커니즘을 통해 인간적 필요의 충족을 꾀하는 것이다.

담론을 넓히며

환경과 관련한 이슈에 대해 좀더 보편적으로 접근할 필요가 있다는 것은 단지 정치경제학의 한계에만 해당되는 것은 아니다. 실천운동과 사고들은 점차적으로 담론이 일상적으로 이루어지는 경계들을 넘나들고 있다. 사회주의적 전통과 페미니스트적 전통의 결합을 모색하는 페미니스트들은 초기 산업 사회에서의 여성과 계급의 역할에 관심을 둔다(Taylor, 1983). 페미니즘과 생태학의 결합은 페미니스트 운동내에서 한 부문이 될 정도로 확신을 가지고 추구되었다.

생태학과 페미니즘의 연계는 논쟁거리이다. 어떤 저자들은 여성과 자연의 결합을 '페미니즘과 생태학간의 자연스런 관계의 근원'으로 간주한다 (Capra, 1981: 15). 그러나 여성운동은 다양한 반응을 보이고 있다. '여성적 원칙(the feminine principle)', 즉 문명과 문화에 대해 본질적으로 차별적인 여성의 기여를 확신하는 페미니스트들에게 생태학과 페미니즘의 용해는 불가피한 것이다.

> 생태학은 지구상에 있는 모든 생명들의 균형과 상호관계에 관한 학문이라고 보편적으로 정의할 수 있다. 페미니즘 배후의 동인은 여성적 원칙의 표현이다. 여성적 원칙의 본질적 추진력이 균형과 상호관계를 추구하는 것이라면, 페미니즘과 생태학은 분리할 수 없을 정도로 상호관련되어 있다는 결론이 자연스레 나온다.(Leland, 1981: 33)

수잔 그리핀(Susan Griffin)의 산문시(1980) 역시 같은 목적에서 영감 받은 것이다. 이 입장을 가장 세련되게 해석한 사람은 캐롤라인 머천트 (Carolyn Merchant)이다. 그녀는 『자연의 죽음』이라는 책에서 자연의 종속을 여성의 종속과 연결시키며 이러한 종속 과정을 초기 근대 유럽의 과학 혁명에 둔다. 그녀의 책의 중심 교의는 과학 혁명이 '생태적' 사고방식을 바꾸어 놓았다는 것이다. 다음처럼,

> 우리가 현재 직면하고 있는 환경적 딜레마의 근원과 과학, 기술, 경제와의 연관성을 살펴보기 위해선, 현실세계를 살아 있는 유기체로 보지 않고 기계로 재개념화함으로써 자연과 여성 둘 다의 지배를 허용했던 세계관과 과학의 형성을 재검토해 보아야 한다.(Merchant, 1980: xvii)

모든 페미니스트들이 여성 운동과 생태학의 이해관계가 합치될 수 있다고 확신하시는 않는다. 어떤 이들은 이런 결합을 개탄히며 이런 결합은 고정된 성역할을 강화시키기 마련이므로 퇴보라고 간주한다. 이런 우려는

부분적으로 메리 달리(Mary Daly)와 수잔 그리핀(Susan Griffin) 같은 페미니스트들에 대한 반발에서 비롯되었다. 달리와 그리핀은 '여성은 남성에 대항하고, 자연과 제휴해야 한다'고 믿는다. 또한 그녀들은 '사회주의적 페미니스트들의 해결책은 자연에 대한 문화의 투쟁에서 여성이 문화와 제휴하는 것이다'라는 견해에 반대한다(King, 1981: 13). 한편 여성이—여성만은 아닐지라도 특히 여성이—핵의 재무장에 저항해야 한다는 반응을 불러일으킨 서유럽 '녹색' 운동의 증거에도 불구하고, 페미니즘과 생태학의 결합이 여성운동을 강화하기보다는 약화시킨다고 보는 견해도 있다. 핵의 재무장에 대한 저항, 페미니즘과 환경주의적 행동의 연계는 서유럽 전역에서 나타나는 녹색 정치에서 현실적인 형태를 볼 수 있다.

한편 산업 사회가 이끌어가고 있는 방향을 거스를 수 있는 실천적인 방식에 대한 관심 속에서 사회주의와 환경의 관계에 대한 역사적인 재검토 필요성이 대두되고 있다. 머천트가 제안하듯 '새로운 사회적 관심은 새로운 지적인 문제와 역사적 문제를 발생시킨다'(1980: xvi). 레이몽드 윌리암즈(Raymond Williams)는 독특한 사고를 유발시키는 그의 글에서, 사회주의와 생태학이 나누어지는 시점을 추적하고 있다. 그 시기는 근대 사회의 중심 문제는 빈곤이며 그에 대한 해결책은 더 많은 생산이라는 주장이 유행하던 19세기 중반쯤이다(1981: 6). 그의 관점에 따르면, 경제 성장을 포함한 산업 사회의 '성공'을 환경 파괴를 위시한 산업 사회의 '실패'와 결합하는 것이 바로 사회주의적 비판의 핵심이다(ibid.: 8).

그러나 많은 이들은 윌리암스가 말하는 것에 대해, 즉 윌리암 모리스(William Morris)를 연상시키는 대중적인 기술의 재활성화를 위시해서, 사회주의적 계획이 반드시 환경을 언급하고 있지는 않다는 의견에 공감할 것이다. 윌리암즈는 '자원 문제'를 세계 자본주의 위기에서 핵심적인 것으로, 또한 세계 평화에 대한 위협이라고 본다(ibid: 18). 수트크리프(Sutcliffe)와 같은 보다 정통 사회주의자는 세계 자본주의 위기의 본질을 검토하는 데 전념하고 있지만 자연자원이나 환경에 대해선 전혀 언급하지 않는다. 이는 자연자원이나 환경 문제가 설령 존재한다고 하더라도 이러한 문제는 생산의 소유권 변화를 통해서만 다루어질 수 있다는 함의를 내포하고 있다(Sutcliffe, 1983: 14). 환경을 발전에서 하나의 정치적 이슈로 만들려는 투쟁은 사회주의 운동 밖에서뿐만 아니라 내부에서도 수행될 필요가 있다. 이러한 시도는 수트크리프의 책과 자매편인 다른 책에서 제시된 식량 정치에 관한 논의 속에서 보인다(Clutterbuck and Lang, 1982).

포기하지도, 교조적이지도 않으면서 사회주의적 전통에 근접하는 또 다른 접근이 자유주의적 환경주의와 무정부주의에서 나타난다(Bookchin, 1980). 이런 접근은 '생태적 원리'에 따라 조직되는 미래 사회를 위한 토대를 형성할 수 있는 지적인 틀을 발전시키려는 노력 속에서 최근에 확대되어 왔다(Capra, 1981). 마르쿠제(Marcuse)가 최근에 프랑크푸르트 학파에서 빌려온 것에서부터 '가치의 제도화'에 관한 일리치(Illich)의 문제 제기에 이르기까지, 다양하게 표출되는 '대안적' 관점들에서 나타나는 현대 세계에 대한 각성은 교조적인 좌파나 우파에 의해서는 지배되지 않는 다른 동기를 지니고 있다. 유토피아적 급진주의와 자발적이고 '계획적인' 공동체에 대한 관심이 1960년대와 함께 사라진 것은 아니었다. 이것이 급진적 계획가들과 도시학자들의 저작에서 다시 부상하고 있다는 증거들이 있다(레드크리프트(Redcliff)와 민존(Mingione)의 책(1984)에서 프리드만(Friedeman)에 대해 언급한 장을 참조하라). 한때 조롱거리였던 유토피아주의는 이제 퇴니스(Tonnies)나 베버(Weber) 그리고 다른 19세기 산업 사회 비판가들이 세워 놓은 사회학적 전통의 지속적인 한 부분으로서 대서양 양쪽 모두에서 번성하고 있다(Kumar, 1978; Jones, 1983).

담론의 방향을 수정하며

1960년대와 1970년대 초반의 환경주의는 거의 대부분 번영의 산물이다. 재화의 물리적 생산과 관련된 문제가 해결된 것처럼 보일 바로 그때, '삶의 질'과 관련된 논쟁이 북아메리카와 일부 서유럽에서 중요하게 부각되었다. 환경 위기는 환경 운동에 투신한 대부분의 사람들에게 거의 주관적인 것이었다. 자원 파괴의 결과를 직접 경험한 사람들은 남부에서 그곳 사회의 주변부에 살고 있었다.

이 모든 상황이 1980년대에는 바뀐다. 선진 북부의 경기 침체로 인해 대량 실업이 대두하고, 군비재무장과 특정 사회 집단들—특히 여성, 소수 민족과 젊은 층—속에 정치 불신이 만연하게 되었다. 이런 불신은 물론 1960년대에도 존재했으며, 파리에서 일어난 1968년 5월의 사건들에서 절정에 달했다. 그러나 1960년대의 마오주의 학생들과 오늘날 젊은 실업자들을 갈라놓을 수 있는 큰 간격을 인식하려면, 이 시기의 장 쟈크 고다르(Jean-Jac Godard) 감독의 라 쉬느와즈(La Chinoise)와 같은 영화를 보기만 하면 된다. 오늘날 경제 성장의 약속은 그 이면에 감추어진 위험 때문에 좌파에게 비웃음거리가 되는 것이 아니다. 단지 믿을 수가 없을 뿐이다. 더 많은 성장을 지지하는 주장이 심각하고 지속적인 경기침체에 직면하여 이루어지고 있다. 그것은 정치가들의 눈에서 보면 거의 하나의 반짝임일 뿐이다.

이런 상황은 환경 운동을 어디에 위치시키는가? 한편으로, 선진 국가의 엄청난 실업의 규모로 인해 비틀거리는 세계 경제에서 경제 성장을 회복하려는 필사적인 노력이 나타나는 것처럼 보인다. 다른 한편, 사회적 박탈이 쉽게 환경주의적인 행동으로 전환되지는 않을 것이다. 후진국과 마찬가지로 선진국에서도 환경 위기로 인한 물질적인 피해를 가장 많이 받는 사람들에게서 성공적인 정치 투쟁을 기대하기란 거의 힘들다. 사회내에서 큰몫을 차지하고 있는 이들에게 미래의 경제 성장의 약속은 이미 충분히 현실적이다. 반면 물질적 번영으로부터 차단된 이들에게 이런 약속은 공허한 수사일 뿐이다.

3장에서는 환경주의에 '급진적' 입장과 '보수적' 입장이 존재한다고 이야기했다. 급진적 견해의 문제점은 맑스주의 이론에서의 프롤레타리아와 같은 바람직한 사회 질서를 창조할 능력이 있는 주체의 결여에서 파생된다. 자본주의 사회 내부의 노동 분업은 환경적 이슈에 관해 일반적인 동의를 회피하도록 만든다. 왜냐하면 각 집단들과 계급들은 기존의 사회질서내에서 상이한 방식으로 이익을 고수하기 때문이다. 그런데 급진 생태학은 급진적인 생태적 사회내에서만 수행할 수 있는 프로그램을 무리하게 따르도록 강요한다. 문화적으로 대단한 변화 없이는 이러한 어떤 것도 좌절과 냉담을 가져올 뿐이다.

더 보수적인 집단이 직면하고 있는 문제들은 로왜(Lowe)와 고이더(Goyder)가 쓴 최근 책에서 잘 묘사되고 있다. 유럽공동시장 전체를 포괄하는 환경 압력단체를 위한 포럼인 유럽환경국(the European Environmental Bureau)은 그 지지자들의 환경에 관한 원칙을 고수하려는 입장과, 유럽경제공동체(EEC)가 선호하는 '공개적인 대결보다는 합리적이고 온건한 논의'라는 대변적 스타일로 나갈 필요가 있다는 입장 사이에서 계속 망설이고 있다(Lowe and Goyder, 1983: 171). EEC내의 다국적 행동은 개별 국가들의 행동보다는 상당한 이점을 가지고 있다. 그러나 모든 것을 망쳐버리는 EEC내의 관료제와, 논란 대상이 되고 있는 정책에 대해 강력하게 제재하지 못하는 환경 단체의 무능 때문에 파생되는 결과는 매우 실망스럽다. 좀더 타협적인 입장을 선호하는 단체들조차 크게 실망하고 있다.

보수적 환경주의의 실패에 대한 가장 확실한 지적은 유엔 환경 프로그램(United Nations Environmental Program: UNEP)의 역할과 활동에 대한 것이다. 이는 최근의 논문에서 다음과 같이 간결하게 표현된다.

스톡홀름 회담(Stockholm Conference)은 환경 문제에 대해 체제를 넘어선 광범위한 노력을 조장하는 제도적 출발, 즉 UN에서의 환경 프로그램을 가시화했다. 그러나 우리가 얻어낸 것은 협소한 인식 능력과 부족한 자원을 가진 유엔 환경 프로그램(UNEP)이라는 다른 종류의 창조물이었다.(Myers and Myers, 1982: 201)

UNEP의 역할은 일반적으로 잘못 이해되었다. UNEP는 자신들의 프로그램을 수행할 수 있는 권한을 부여받은 UN의 집행기관이 아니다. 거대한 규모의 직원과 막대한 예산을 가진 세계 보건 기구(WHO)나 국제 노동 기구(ILO)에 견줄 만큼 뻗어나가는 조직도 아니다. 무엇보다 중요한 것은 UNEP가 세계 환경을 책임질 수 없다는 것이다. 세계 환경의 상당 부분은 주권국가의 영토 안에 있으며 그들은 UN의 어떤 개입도 달가워하지 않는다. UNEP의 역할은 보다 큰 UN 산하 기관의 환경 관련 활동들을 조정하고 UN 체계내에서 후원을 받을 수 없던 환경 관련 프로그램을 자극하기 위해 만들어진 전적으로 '촉매적인' 기관이다. UNEP는 UN 체계의 '환경 의식'이며 그것 자체만으로 다른 좀더 강력한 기관들의 문제에 개입하고 있다고 끊임없는 비난의 대상이 된다(Earthcan, 1982: 49).

환경 보호를 위해서는 여러 국가가 참여하는 다국적 행동이 점점 더 시급한데도 불구하고, 이것이 점점 더 성공할 가망이 없어진다는 것은 피할 수 없는 역설이다. 그 이유는 우리가 UNEP와 같은 기관이 받아들여야 하는 '국가 주권'이라는 개념을 살펴보면 수긍할 수 있다. 각 국가들이 그들의 국경 밖에서는 환경 파괴에 공헌하면서도 국경내에서는 환경 보전 정책을 계도할 수 있다는 사실이 점점 더 분명해지고 있다. 예를 들어 일본은 최근 20년 동안 연간 벌목량을 반으로 줄이면서 자국의 삼림을 보호하고 있다. 동시에 인근의 동남 아시아의 풍부한 삼림들을 훼손하고 있으며, '이제 금세기말이면 동남 아시아의 삼림이 상업적인 소모에 따라 고갈될듯이 보이니까 더 멀리 중미나 아마존, 서아프리카까지 넘보고 있다'(Myers and Myers, 1982: 199). 환경 보전에 대한 일본의 태도는 환경적 신념에 의해 지배되는 것이 아니라, 단기간의 상업적 이익을 위해 자연자원을 교환해야만 하는 더 가난한 다른 나라에 접근할 수 있다는 사실에 지배된다. 일본의 환경 보전 정책을 보강하고 있는 것은 정치적 신념이 아니라 세계 경제이다.

비슷한 경향으로 각 나라 정부는 국방 정책에서는 경제 정책이나 무역 정책들과 아주 다른 방식으로 '주권'의 개념을 들먹인다. 최근 아르헨티나와의 갈등에서 영국 정부는 포크랜드(Falkland) 섬이 영국이 주권을 가진 영토라는 근거로 그 섬에서 국제적 요구가 개입할 여지를 봉쇄했다. 물론 그 섬의 대부분은 초국적 기업인 포크랜드 섬 회사(the Folkland Island Company)의 소유로, 남대서양에서의 갈등 발발은 영국에 단지 전략적인 중요성만을 부여할 뿐이다. '국가 주권'이라는 개념은 국민 국가가 원하는 대로 이용할 수 있는 유연한 개념이다. 초국적 산림 산업과 목축 산업들이 브라질의 아마존을 약탈해도 브라질 정부는 브라질의 주권을 방어하려 하지 않았다. 그러나 국제적 보호주의자들이 브라질 정부에 아마존의 자원을 보호하기 위해서는 어떻게 해야 한다고 충고를 했을 때, 브라질 정부는 주권을 방어하려 한다. '주권'은 국가의 '안전'이 위태로울 때만 발휘되며, 자연자원의 '안전'에 대해 국제적 관심이 있을 때에는 조용히 무시된다.

환경과 관련된 발전에 대한 담론의 방향을 새롭게 해야 할 필요가 있다는 것은 분명하다. 새로운 담론은 세계적인 경기 후퇴에 직면해서 점점 더 긴급하게 요구되고 있다. 3장에서 보았듯이, 산업 사회의 관리 관행에 환경 평가를 통합시킨다고 해서 환경 위기를 피할 수 있다고 보장할 수는 없다. 동시에 맑스주의가 간과해 왔던 이런 요소들을 자본주의의 재평가

속에 반영함으로써, 생태 운동은 지속적이고 혁명적인 역할을 확고히 할 수 있었다. 환경 관리가 남부에서 갖는 의미는 인간이 이미 인간 자신에게 상처입힌 것을 이제는 자연에 상처입힐 수 있다는 것을 뜻한다. 그렇다고 해서 인간이 자연 기반에 대한 초국가적인 위협을 초국가적인 정치적 행동을 통해 맞설 수 있는 것은 아니다.

앞으로의 방식은 우리가 '내적 한계'—환경적 행동 배후의 사회적, 정치적인 추동력—라고 지칭하는 것을 재검토하는 것이 될 것이다. 우리는 이미 지구의 자원으로 대표되는 '외적 한계'가 어떻게 새로운 생명공학과 같은 기술적인 변화에 의해 수정될 수 있는지 살펴보았다. 지구상의 모든 사람들을 위한 기본적 필요를 충족시키는 능력인 '내적 한계'는 우리의 경제적, 사회적 체계에 의해 결정된다. 이런 체계들을 근본적으로 변화시키지 않고서는, '내적 한계'는 어떤 특정 집단에 해로운 방식으로 계속 자원에 압력을 가할 것이다. 또한 앞으로도 계속 환경 보전이라는 것은 특권을 가진 이들이 특권화된 환경에 접근하는 것을 보장하기 위해 계획된 관리 실행으로 간주될 것이다.

인간 활동이 환경에 부과하는 '내적 한계'를 재정의한다는 것은 다음을 뜻한다. 남부의 가난한 이들을 돕는 길은 북부의 선진 국가에서 유래된 '보전'이라는 개념을 채택하는 것보다는 발전에 대한 구조적인 장애를 제거하는 것이라는 점을 인식하는 것이다. 4장과 5장에서 보았듯이, 가난한 이들은 그들에게 부과된 구조적인 요구로 인해, 자연 환경을 이용할 때 자연이 갖고 있는 수용능력에 과도한 긴장을 가한다. 가난한 자들은 한편에서 부문간, 국가간 관계를 지배하는 무역이라는 악덕에 시달리고 있으며, 그러는 동안에도 그들은 여전히 현금 수입을 늘려 빚을 갚고 가족을 위한 일용품들을 구입해야 하는 필요에 사로잡혀 있다. 발전은 그들에게서 그들의 환경에 대한 통제를 빼앗아 갔으며 이 통제는 다국적 기업과 자본 집약적 기술에 주어지게 된다. 어떤 활동들, 특히 여성 활동들이 가정에서 시장으로 이전됨에 따라 환경은 생산의 지역적 체계가 아니라 국제적 노동 분업의 연결 고리로 재배치된다. 가난한 이들의 행동에서 구조적인 강제를 제거해서 이것을 부유한 이들의 행동에 부과한다면 지속가능한 발전이 이루어질 가능성은 좀더 높아질 것이다.

발전과 환경에 관한 담론을 새롭게 방향지울 수 있는 열쇠의 핵심은 힘없고 가난한 이들에 주어지는 정치적, 경제적 지원에 달려 있다. 환경과 관련한 목표가 정치적인 것도, 재분배적인 것도 아니라고 믿는 것은 환상이다. 사람들이 그들 스스로 쟁취하고 실천에 옮기지 않는 한 어떠한 새로운 자유도 제도화된 권력에 의해서 위로부터 주어지지 않는다는 것 역시 분명하다(Gorz, 1982: 11). 그때 우리가 할 수 있는 도전은 인간으로부터 자연 환경을 보호하는 것이 아니라, 우리의 욕구가 자원이라는 '외적 한계'를 압박하고 있는 세계 경제를 변화시키는 것이다. 이것은 남부의 가난한 사람들의 권리를 변화시킴으로써만 가능하다. 그럼으로써 환경의 담론이 발전의 담론이 된다. 다양한 종들을 보존할 임무를 위임받은 우리는 '발전'으로 인해 항상 그 존재가 위협받아 온 사회들[제3세계의 빈곤한 사람들의 사회]로부터 실마리를 찾아내야 할 것이다.

참고문헌

Ahmed, N. U. (1975) *Field Report on Irrigation by Handpump Tubewells*, Dacca, USAID.

Alavi, H. (1982) 'The Structure of Peripheral Capitalism', in Alavi, H. and Shanin, T. (eds) *Introduction to the Sociology of Developing Societies*, London, Macmillan.

Amin, S. (1974) *Accumulation on a World Scale*, New York, Monthly Review Press.

Apthorpe, R. (1973) 'Peasants and Planistrators in Eastern Africa 1960–1970', Paper to the Association of Social Anthropologists, Oxford.

Arad, R. W. (1979) *Sharing Global Resources*, New York, McGraw-Hill.

Archetti, E. (1977) 'Analisis regional y estructura agraria en América Latina', Paper presented to seminar at El Colegio de México, unpublished manuscript.

Arizpe, L. and Arandes, T. (1981) 'The "Comparative Advantages" of Women's Disadvantages: women workers in the strawberry export agribusiness in Mexico', *Signs*, 7 (2).

Arrighi, G. and Saul, J. S. (1968) 'Socialism and Economic Development in Tropical Africa', *Journal of Modern African Studies*, 6 (2), 141–69.

Arrow, K. T. (1976) 'The Rate of Discount for Long-Term Public Investment', in Holt, A. *Energy and the Environment: a risk benefit approach*, New York, Pergamon.

Avery, D., Schramm, G. and Shapiro, K. (1978) 'Production Systems in Fragile Environments', in *Science and Technology for Managing Environments in Developing Nations*, University of Michigan.

Bahro, R. (1978) *The Alternative in Eastern Europe*, London, New Left Books.

Bahro, R. (1982a) *Socialism and Survival*, London, Heretic Books.

Bahro, R. (1982b) 'Capitalism's Global Crisis', *New Statesman*, 17 Dec.

Banaji, J. (1977) 'Modes of Production in a Materialist Conception of History', *Capital and Class*, 3.

Barbira-Scazzochio, F. (ed) (1980) *Land, People and Planning in Contemporary Amazonia*, Cambridge Centre of Latin American Studies, University of Cambridge Occasional Publication No. 3.

Barkin, D. (1978) *Desarollo regional y reorganización campesina*, Mexico City, Nueva Imagen.

Barkin, D. (1981) *The Use of Agricultural Land in Mexico*, Working Papers in US–Mexican Studies no. 17, San Diego, University of California.

Barnes, B. and Edge, D. (eds) (1982) *Science in Context: readings in the sociology of science*, Milton Keynes, Open University Press.

Barraclough, S. (1973) *Agrarian Structure in Latin America*, Massachusetts, D. C. Heath.

Barraclough, S. and Domike, A. (1970) 'Agrarian Structure in Seven Latin American Countries', in *Agrarian Problems and Peasant Movements in Latin America*, New York, Anchor Doubleday.

Bartra, A. (1976) 'Colectivización o proletarización: el caso del Plan Chontalpa', *Cuadernos Agrarios*, 1 (4).

Bartra, R. (1974) *Estructura agraria y clases sociales en México*, Mexico City, Serie Popular Era.

Barzelay, M. and Pearson, S. R. (1982) 'The Efficiency of Producing Alcohol for Energy in Brazil', *Economic Development and Cultural Change*, 31 (1).

Bauer, P. T. (1981) *Equality, the Third World and Economic Delusion*, London, Methuen.

Bauer, P. T. and Yamey, B. S. (1957) *The Economics of Underdeveloped Countries*, Cambridge, Cambridge University Press.

Bell, C. (1974) 'Ideology and Economic Interests in Indian Land Reform', in Lehmann, D. (ed.) *Agrarian Reform and Agrarian Reformism*, London, Faber.

Bergmann, T. (1977) *The Development Models of India, the Soviet Union and China*, Assen, Van Gorcum.

Bernstein, H. (ed.) (1973) *Underdevelopment and Development*, Harmondsworth, Penguin.

Bernstein, H. (1977) 'Notes on Capital and Peasantry', *Review of African Political Economy*, 10, 60–73.

Bernstein, H. (1979) 'African Peasantries: a theoretical framework', *The Journal of Peasant Studies*, 6 (4).

Beteille, A. (1974) *Studies in Agrarian Social Structure*, Oxford, Oxford University Press.

Biggs, S. (1981) 'Monitoring for Re-planning Purposes: the role of research and development in river basin development', in Saha, S. K. and Barrow, C. (eds) *River Basin Planning. theory and practice*, Chichester, John Wiley.

Biggs, S. D. and Burns, C. E. (1976) 'Transactions, modes and the distribution of farm output', in Joy, J. L. (ed.) *The Kosi Symposium: the Rural Problem in N. E. Bihar*, Brighton, Institute of Development Studies.

Biggs, S. D. and Clay, E. J. (1981) 'Sources of Innovation in Agricultural Technology', *World Development*, 9 (4).

Biswas, M. R. and Biswas, A. K. (1978) 'Loss of Productive Soil', in *International Journal of Environmental Studies*, 12.

Blaikie, P. (1981) 'Class, Land-Use and Soil Erosion', Paper read to the Development Studies Association Annual Conference, Oxford.

Bookchin, M. (1980) *Towards an Ecological Society*, Montreal, Black Rose Books.

Booth, D. (1975) 'Andre Gunder Frank: an introduction and appreciation', in Oxaal, I., Barnett, T. and Booth, D. (eds) *Beyond the Sociology of Development*, London, Routledge & Kegan Paul.

Boserup, E. (1981) *Population and Technology*, Oxford, Basil Blackwell.

Bottomore, T. (1982) 'Degrees of Determination', *The Times Literary Supplement*, London, 12 March.

Bowonder, B. (1981) 'The Myth and Reality of High Yielding Varieties in Indian Agriculture', *Development and Change*, 12 (2).

Bradby, B. (1975) 'The Destruction of Natural Economy', *Economy and Society*, 4 (2).

Brading, D. (1978) *Haciendas and Ranchos in the Mexican Bajio*, Cambridge, Cambridge University Press.

Brandt Commission (1980) *North-South: a programme for survival*, London, Pan Books.

Brandt Commission (1983) *Common Crisis*, London, Pan Books.

Bromley, R. and Gerry, C. (1979) *Casual Work and Poverty in Third World Cities*, Chichester, John Wiley.

Brookfield, H. (1975) *Interdependent Development*, London, Methuen.

Brookfield, H. (1982) 'On Man and Ecosystems', *International Social Science Journal*, xxxiv (3).

Brooks, H. (1976) 'Environmental Decision Making: analysis and values', in Tribe, L. H., Schelling, C. S. and Voss, I. (eds) *When Values Conflict: essays on environmental analysis, discourse and decision*, Cambridge, Mass., Ballinger.

Brown, L. R. (1978) *The Twenty-Ninth Day*, New York, Norton.

Bull, D. (1982) *A Growing Problem: pesticides and the Third World poor*, Oxford, OXFAM.

Burbach, R. and Flynn, P. (1980) *Agribusiness in the Americas*, New York, Monthly Review Press.

Buttel, F. (1979) 'Agricultural Structure and Energy Intensity: a comparative analysis of the developed capitalist societies', *Comparative*

Rural and Regional Studies, University of Guelph, Occasional Paper No. 1.

Byres, T. (1974) 'Land Reform, Industrialization and the Marketed Surplus in India: an essay on the power of rural bias', in Lehmann, D. (ed.) *Agrarian Reform and Agrarian Reformism*, London, Faber.

Byres, T. (1977) 'Agrarian transition and the agrarian question', *Journal of Peasant Studies*, 4 (3).

Byres, T. (1979) 'Of Neo-Populist Pipe-Dreams: Daedalus in the Third World and the myth of urban bias', *Journal of Peasant Studies*, 6 (2), 210–44.

Caldwell, M. (1977) *The Wealth of Some Nations*, London, Zed Press.

Capra, F. (1981) 'The Yin Yang Balance', *Resurgence*, 86.

Cardoso, F. H. (1972) 'Dependent Capitalist Development in Latin America' *New Left Review*, 74.

Cardoso, F. H. (1980) 'Development and Environment: the Brazilian case', *CEPAL Review*, 12.

Castells, M. (1977) *The Urban Question: a Marxist approach*, London, Edward Arnold.

Castillo, L. and Lehmann, D. (1982) 'Chile's Three Agrarian Reforms: the inheritors', *Bulletin of Latin American Research*, 1 (2).

Chambers, R. (1977) 'Notes and Comments: technology and peasant production', *Development and Change* 8, 347–75.

Chambers, R. (1981) 'Introduction' to Chambers, R., Longhurst, R. and Pacey, A. (eds) *Seasonal Dimensions to Rural Poverty*, London, Frances Pinter.

Chowdury, A. K. M. A., Huffman, S. L. and Chen, L. C. (1981) 'Agriculture and Nutrition in Matlab Thana, Bangladesh', in Chambers, R., Longhurst, R. and Pacey, A. (eds) *Seasonal Dimensions to Rural Poverty*, London, Frances Pinter.

CIMMYT (The International Centre for the Improvement of Maize and Wheat) (1974) *The Puebla Project – Seven Years of Experience 1966–1973*, Mexico City.

Clark, C. and Haswell, M. (1964) *The Economics of Subsistence Agriculture*, London, Macmillan.

Clay, E. J. (1980) 'The Economics of Bamboo Tubewell' *Ceres*, 13 (3) 43–7.

Clay, E. J. (1981) 'Seasonal Patterns of Agricultural Employment in Bangladesh', in Chambers, R., Longhurst, R. and Pacey, A. (eds) *Seasonal Dimensions to Rural Poverty*, London, Frances Pinter.

Cliffe, L. (1982) 'Class Formation as an "Articulation" Process: East African cases', in Alavi, H. and Shanin, T. (eds) *Introduction to the Sociology of Developing Societies*, London, Macmillan.

Clutterbuck, C. and Lang, T. (1982) *More Than We Can Chew: the crazy world of food and farming*, London, Pluto Press.

Collinson, M. (1979) 'Micro-level Accomplishment and Challenges for the Less Developed World', Paper to International Association of Agricultural Economists, 17th Conference, Canada, Banff.

Commoner, B. (1972) *The Closing Circle*, London, Jonathan Cape.

Cotgrove, S. (1983) 'Environmentalism and Utopia', in O'Riordan, T. and Turner, R. Kerry (eds) *An Annotated Reader in Environmental Planning and Management*, Oxford, Pergamon.

Cuanalo, M. (1983) *Social and Economic Constraints to Firewood Production in Mexico: a preliminary report*, London, Overseas Development Administration.

Dasmann, R. F. (1975) *The Conservation Alternative*, Chichester, John Wiley.

Delavaud, A. C. (1980) 'From Colonization to Agricultural Development: the case of coastal Ecuador', in Preston, D. (ed.) *Environment, Society and Rural Change in Latin America*, Chichester, John Wiley.

Descartes, R. (1968) *Discours de la méthode*, Paris, Larousse.

Dickson, D. (1974) *Alternative Technology*, London, Fontana.

D'Incao e Mello, M. C. (1976) *O 'Boia-Fria': acumulacao e miseria*, Petropolis, Brazil, Editôria Vozes.

Dinham, B. and Hines, C. (1983) *Agribusiness in Africa*, London, Earth Resources.

Earthscan (1982) *Stockholm Plus Ten*, Earthscan Press Briefing Document, no. 31.

Ebert, F. Foundation (1981) *Towards One World? International Responses to the Brandt Report*, London, Temple Smith.

Eckholm, E. P. (1976) *Losing Ground: environmental stress and world food prospects*, Oxford, Pergamon.

Eckholm, E. P. (1982) *Down to Earth: environment and human needs*, London, Pluto Press.

Eckstein, S. (1977) *The Poverty of Revolution, the State and the Urban Poor in Mexico*, Princeton, Princeton University Press.

Elliott, C. (1982) 'Making Excellence Useful', Conference on 'Technical Assistance Overseas and the Environment', London, Royal Society of Arts.

Emmanuel, A. (1973) *Unequal Exchange*, London, New Left Books.

Emmanuel, A. (1982) *Appropriate or Underdeveloped Technology?*, Chichester, John Wiley.

Engels, F. (1970a) 'Introduction to the Dialectics of Nature', in Marx, K. and Engels, F. *Selected Works* (one volume), London, Lawrence & Wishart.

Engels, F. (1970b) 'The Part played by Labour in the Transition from Ape to Man', in Marx, K. and Engels, F. *Selected Works* (one volume), London, Lawrence & Wishart.

Engels, F. (1970c) 'The Origins of the Family, Private Property and the State', in Marx, K. and Engels, F. *Selected Works* (one volume), London, Lawrence & Wishart.

Environmental Conservation (1982) 9 (2).

Erasmus, C. (1968) 'Community Development and the Emcogido Syndrome', *Human Organization*, 27 (1), Spring.

Esteva, G. (1975) 'La agricultura en México de 1950 a 1979: el fracaso de una falsa analogía', *Comercio Exterior*, 25 (12).

Esteva, G. (1980) 'La experiencia de la intervención estatal reguladora en la comercialización agropecuaria de 1970 a 1976', in Oswald, U. (ed.) *Mercado y Dependencia*, Mexico, Nueva Imagen.

Evans, D. D. and Adler, L. N. (eds) (1979) *Appropriate Technology for Development: a discussion and case histories*, Boulder, Westview Press.

Ewell, P. T. and Poleman, T. T. (1980) *Uxpanapa: agricultural development in the Mexican tropics*, Oxford, Pergamon.

Farmer, B. H. (1977) *Green Revolution? technology and change in rice-growing areas of Tamil Nadu and Sri Lanka*, London, Macmillan.

Fernandez, Luis M. (1979) 'Ganaderia, campesinado y productos de granos basicos: un estudio en chiapas', Mexico City, Fundación Javier Bamos Sierra.

Food and Agricultural Organisation (FAO) (1978) *The State of Food and Agriculture 1977*, Rome.

Foster, G. M. (1965) 'Peasant society and the image of limited good', *American Anthropologist*, 67 (2), 293–315.

Foster-Carter, A. (1974) 'Neo-Marxist Approaches to Development and Underdevelopment', in de Kadt, E. and Williams, G. (eds) *Sociology and Development*, London, Tavistock.

Frank, A. G. (1967) *Capitalism and Underdevelopment in Latin America*, New York, Monthly Review Press.

Frank, A. G. (1969) *Latin America: underdevelopment or revolution*, New York, Monthly Review Press.

Fraser Darling (1970) *Wilderness and Plenty* (1969 Reith Lectures), London, BBC Publications.

Furtado, C. (1970) *Economic Development of Latin America*, Cambridge, Cambridge University Press.

Fromm, E. (1979) *To have or to be?*, London, Sphere Books.

Galjart, B. (1979) 'Peasant cooperation, consciousness and solidarity', *Development and Change*, VI (4).

Gamser, M. S. (1980) 'The Forest Resource and Rural Energy Development', *World Development*, 8.

Geertz, C. (1971) *Agricultural Involution*, Berkeley, University of California Press.

Gerth, H. H. and Wright Mills, C. (1970) *From Max Weber: essays in sociology*, London, Routledge & Kegan Paul.

Global 2000 (1982) *Report to the President*, Harmondsworth, Penguin.

Godelier, M. (1977) *Perspectives in Marxist Anthropology*, Cambridge, Cambridge University Press.

Goodman, D. and Redclift, M. (1981) *From Peasant to Proletarian: capitalist development and agrarian transitions*, Oxford, Basil Blackwell.

Gorz, A. (1982) *Farewell to the Working Class: an essay on post-industrial socialism*, London, Pluto Press.

Gostyla, L. and Whyte, W. F. (1979) 'ICTA in Guatema', Centre for International Studies, Cornell University, unpublished manuscript.

Griffin, K. (1969) *Underdevelopment in Spanish America: an interpretation*, London, Allen & Unwin.

Griffin, K. (1974) *The Political Economy of Agrarian Change*, London, Macmillan.

Griffin, K. (1976) *Land Distribution and Rural Poverty*, London, Macmillan.

Griffin, S. (1980) *Woman and Nature: the roaring inside her*, New York, Harper Colophon Books.

Grindle, M. (1977) *Bureaucrats, Politicians and Peasants in Mexico*, Berkeley, University of California Press.

Guillet, D. (1979) *Agrarian Reform and Peasant Economy in Southern Peru*, Columbia, University of Missouri Press.

Gutelman, M. (1974) *Capitalismo y Reforma Agraria en México*, Mexico City, Ediciones Era.

Gutkind, P. C. and Waterman, P. (1977) *African Social Studies: a radical reader*, London, Heinemann.

Habermas, J. (1976) 'Systematically Distorted Communication', in Connerton, P. (ed.) *Critical Sociology. selected readings*, Harmondsworth, Penguin.

Harriss, J. (1981) *Capitalist and Peasant Farming*, Bombay, Oxford University Press.

Hewitt, C. (1976) *Modernizing Mexican Agriculture*, Geneva, UNRISD.

Heyer, J., Roberts, P. and Williams, G. (eds) (1981) *Rural Development in Tropical Africa*, London, Macmillan.

Hirsch, F. (1977) *The Social Limits to Growth*, London, Routledge & Kegan Paul.

Hobsbawm, E. (1969) 'A Case of Neo-Feudalism: la Convención, Peru', *Journal of Latin American Studies*, 1 (1).

Hodder, B. W. (1968) *Economic Development in the Tropics*, London, Methuen.

Huizer, G. (1970) *Human Organization*, 23 (4).

Hutton, C. and Cohen, R. (1975) 'African Peasants and Resistance to Change: a reconsideration of sociological approaches', in Oxaal, I., Barnett, T. and Booth, D. (eds) *Beyond the Sociology of Development*, London, Routledge & Kegan Paul.

IBRD International Bank for Reconstruction and Development (1979) Measuring Project Impact: PIDER Rural Development Project, World Bank Staff Working Paper, No. 332, Washington, DC.

IBRD (1983) *Community Participation in Local Investment Programming: a social methodology in PIDER-Mexico*, draft working paper, Washington, DC.

ICRISAT (International Crops Research Institute for the Semi-arid Tropics) (1980) Proceedings of the International Workshop on socio-economic constraints to development of semi-arid tropical agriculture, Hyderabad.

IDRC (International Development Research Centre) (1982) *Agricultural Policy in India*, Ottawa.

ILO (International Labour Office) (1977) *Poverty and Landlessness in Rural Asia*, Geneva.

IPPF (International Planned Parenthood Federation) (1982) 'Bangladesh: a fragile but too fertile delta', *People*, 9 (2).

de Janvry, A. (1981) *The Agrarian Question and Reformism in Latin America*, Baltimore, Maryland, John Hopkins University Press.

Jeffery, S. (1981) '"Our Usual Landslide": ubiquitous hazard and socio-economic causes of natural disaster in Nusa Teuggara Timur, Indonesia', in Natural Hazards Research Working Paper, No. 40, Boulder, University of Colorado.

Jodha, N. S. (1979) *Intercropping in traditional Farming Systems*, ICRISAT.

Jones, A. (1983) 'Beyond Industrial Society: towards balance and harmony in an eco-future', paper delivered to the British Sociological Association Annual Conference.

Jones, E. L. and Woolf, S. J. (1969) *Agrarian Change and Economic Development*, London, Methuen.

Kelly, P. F. (1980) 'Mexican Border Industrialisation, Female Labour Force Participation and Industrialisation', *Signs*, mimeo.

Khan, A. R. (1977) 'Poverty and Inequality in Rural Bangladesh', in

Poverty and Landlessness in Rural Asia, International Labour Office, Geneva.

Khozin, G. (1979) *The Biosphere and Politics*, Moscow, Progress Publishers.

King, A. (1980) *The State of the Planet*, Oxford, Pergamon.

King, Y. (1981) 'Feminism and the Revolt of Nature', *Heresies* 13, 4 (1).

Kirpich, P. Z. (1979) 'El desarrollo de las planices tropicales en América Latina', *Comercio Exterior*, 29 (9).

Kitching, G. (1980) *Class and Economic Change in Kenya: the making of an African petite-bourgeoisie 1905–1970*, New Haven, Yale University Press.

Kitching, G. (1982) *Development and Underdevelopment in Historical Perspective*, London, Methuen.

Kumar, K. (1978) *Prophecy and Progress*, Harmondsworth, Penguin.

Laclau, E. (1971) 'Feudalism and Capitalism in Latin America', *New Left Review*, 67.

Lappé, F. M. and Collins, J. (1977) *Food First: beyond the myth of scarcity*, New York, Houghton Mifflin.

Lappé, F. M. and Collins, J. (1978) *World Hunger: ten myths*, San Francisco, Institute for Food and Development Policy.

Leach, G. (1976) *Energy and Food Production*, Guildford, IPC.

Lehmann, D. (1978) 'The Death of Land Reform: a polemic', *World Development*, 6 (3).

Lehmann, D. (1982) 'Agrarian Structure, Migration and the State in Cuba', in Peek, P. and Standing, G. (eds) *State Policies and Migration*, London, Croom Helm.

Leland, S. (1981) 'The Earth Without Violence', *Resurgence*, 86.

Lenin, V. I. (1952) *Materialism and Empirio-Criticism*, Moscow, Progress Publishers.

Lenin, V. I. (1964) *The Development of Capitalism in Russia* (*Collected Works*, vol. 3), Moscow, Progress Publishers.

Lenin, V. I. (1972) *Imperialism, The Highest Stage of Capitalism*, Moscow, Progress Publishers.

Leowontin, S. (1979) 'The Green Revolution and Capitalist Development in Mexico since 1940', Paper presented to the Symposium, 'Food, Ecology, Culture, Economy and Nutrition', Yale University.

Lewis, W. A. (1955) *The Theory of Economic Growth*, London, Allen & Unwin.

Leys, C. (1977) *Underdevelopment in Kenya: the political economy of neocolonialism 1964–1971*, London, Heinemann.

Lipton, M. (1977) *Why Poor People Stay Poor: a study of urban bias in world development*, London, Temple Smith.

Lipton, M. (1978) 'Inter-Farm, Inter-Regional and Farm-Non-Farm

Income Distribution: the impact of new cereal varieties', *World Development*, 6 (3).

Lofchie, M. F. (1975) 'Political and Economic Origins of African Hunger', *Journal of Modern African Studies*, 14.

Lomnitz, L. (1982) 'Horizontal and Vertical Relations and the Social Structure of Urban Mexico', *Latin American Research Review*, XVII (2).

Long, N. (1977) *An Introduction to the Sociology of Rural Development*, London, Tavistock.

Long, N. and Roberts, B. (eds) (1979) *Peasant Cooperation and Capitalist Farming in Central Peru*, University of Texas.

Longman, K. A. and Jenik, J. (1974) *Tropical Forest and its Environment*, Harlow, Longman.

Lopes, B. J. R. (1978) 'Capitalist Development and Agrarian Structure in Brazil', *International Journal of Urban and Regional Research* 2 (1).

Lowe, P. and Goyder, J. (1983) *Environmental Groups-in-Politics*, London, Allen & Unwin.

Lowe, P. and Worboys, M. (1980) 'Ecology and Ideology', in Buttel, F. H. and Newby, H. (eds) *The Rural Sociology of the Advanced Societies*, London, Croom Helm.

Luiselli, C. (1979) 'Agricultura y alimentación en México: premisas para una nueva estrategia', *Estudios Rurales Latinoamericanos*, 2 (3).

Luxemburg, R. (1951) *The Accumulation of Capital*, London, Routledge & Kegan Paul.

McClelland (1961) *The Achieving Society*, Glencoe, Illinois, Free Press.

Magdoff, H. (1982) 'Imperialism: a historical survey', in Alavi, H. and Shanin, T. (eds) *Introduction to the Sociology of Developing Societies*, London, Macmillan.

Marnham, P. (1977) *Nomads of the Sahel*, London, Minority Rights Group.

Martinez Alier, J. (1977) *Haciendas, Plantations and Collective Farms: agrarian class societies*, London, Frank Cass.

Marx, K. (1974) *Capital*, vol. 3, Moscow, Progress Publishers.

Marx, K. and Engels, F. (1970) *Selected Works* (one volume), London, Lawrence & Wishart.

Maxwell, S. (1983) 'Farming Systems Research: a course of lectures', mimeo (unpublished).

Meadows, D. C., Randers, D. H. and Behrens, W. W. (1972) *The Limits to Growth*, London, Pan Books.

Meijer, W. (1980) 'A New Look at the Plight of Tropical Rain-Forests', *Environmental Conservation*, 7 (3).

Meissner, F. (1981) 'The Mexican Food System (SAM): cultivating the oil revenue', *Food Policy*, 6 (4).

Merchant, C. (1980) *The Death of Nature: women, ecology and the scientific revolution*, New York, Harper & Row.

Mill, J. S. (1873) *Principles of Political Economy*, London.

Mitchell, S. (ed.) (1981) *The Logic of Poverty: the case of the Brazilian Northeast*, London, Routledge & Kegan Paul.

Monzelis, N. (1976) 'Capitalism and the Development of Agriculture', *Journal of Peasant Studies*, 3 (4).

Mooney, P. R. (1979) *Seeds of the Earth*, Washington, DC, ICDA.

Moore, M. and Harriss, J. (1984) (eds) 'Development and the Rural-Urban Divider', *Journal of Development Studies*, Special Number (forthcoming).

Moran, E. F. (1982) 'Ecological, Anthropological an ' Agronomic Research in the Amazon Basin', *Latin American Research Review*, XVII (1).

Mujica, R. (1978) 'Las zonas de riego: acumulacion y marginalidad', *Comercio Exterior*, 29 (4).

Myers, N. (1979) *The Sinking Ark*, Oxford, Pergamon.

Myers, N. and Myers, D. (1982) 'Increasing Awareness of the Supranational Nature of Emerging Environmental Issues', *Ambio* XI (4).

Nelson, N. (1979) *Why Has Development Neglected Rural Women?*, Oxford, Pergamon.

Newby, H. (1980a) 'Rural Sociology: a trend report', *Current Sociology*, 28 (1).

Newby, H. (1980b) *Green and Pleasant Land*, Harmondsworth, Penguin.

Newby, H., Rose, D. and Saunders, P. (1978) *Property, Paternalism and Power: class and control in rural England*, London, Hutchinson.

Norman, D. W. (1972) 'Farming Systems Research to Improve Livelihood of Small Farmers', *American Journal of Agricultural Economics*, 60 (5).

Norton, B. E. (1976) 'The Management of Desert Grazing Systems', in Glantz, M. H. (ed.) *The Politics of Natural Disaster: the case of the Sahel drought*, New York, Praeger.

Norton-Taylor, R. (1982) *Whose Land Is It Anyway?*, Wellingborough, Northamptonshire, Turnstone Press.

de Oliveira, F. (1981) 'State and Society in Northeastern Brazil: SUDENE and the role of regional planning', in Mitchell, S. (ed.) *The Logic of Poverty: the case of the Brazilian Northeast*, London, Routledge & Kegan Paul.

O'Riordan, T. (1981) *Environmentalism*, London, Pion.

O'Riordan, T. and Turner, R. Kerry (1983) *An Annotated Reader in Environmental Planning and Management*, Oxford, Pergamon.

Oxaal, I., Barnett, T. and Booth, D. (eds) (1975) *Beyond the Sociology of Development*, London, Routledge & Kegan Paul.

Paré, L. (1977) *El proletariado agricola en Mexico*, Mexico City, Siglo XXI.

Pearse, A. (1974) *The Social and Economic Implications of the Large-Scale Introduction of High-Yielding Varieties of Foodgrain*, Geneva, UNRISD.

Pearse, A. (1980) *Seeds of Plenty, Seeds of Change*, Oxford, Clarendon Press.

Perlman, J. (1976) *The Myth of Marginality*, Berkeley, University of California Press.

Pickvance, C. (ed.) (1976) *Urban Sociology: critical essays*, London, Methuen.

Plumwood, V. and Routley, R. (1982) 'World Rain Forest Destruction: the social factors', *The Ecologist*, 12 (1).

Posner, J. L. and McPherson, M. F. (1981) 'The Steep Sloped Areas of Tropical America: current situation and prospects for the year 2000', New York, Rockefeller Foundation, Agricultural Sciences Division.

Preston, D. (ed.) (1980) *Environment, Society and Rural Change in Latin America*, Chichester, John Wiley.

Preston, D. and Redclift, M. R. (1980) 'Agrarian Reform and Rural Change in Ecuador' in Preston, D. (ed.) *Environment, Society and Rural Change in Latin America*, Chichester, John Wiley.

Rada, J. F. (1981) 'The Microelectronics Revolution: implications for the Third World', *Development Dialogue*, 2.

Rainbird, H. (1981) *Peasant Structure and Agrarian Reform in Highland Peru*, University of Durham, Ph.D. thesis.

Redclift, M. (1980) 'Agrarian Populism in Mexico – the "via campesina"', *Journal of Peasant Studies*, 7 (4).

Redclift, M. (1981a) 'The Mexican Food System (SAM): sowing subsidies, reaping apathy', *Food Policy*, 6 (4).

Redclift, M. (1981b) 'Development Policymaking in Mexico: *the Sistema Alimentario Mexicano*', Working Paper in US–Mexican Studies, No. 24, San Diego, University of California.

Redclift, M. (1983) 'Production Programs for Small Farmers: Plan Puebla as myth and reality', *Economic Development and Cultural Change*, 31 (3).

Redclift, N. (1982) 'Relations of Gender and the International Division of Labour', paper delivered to meeting of the International Sociological Association, Mexico City.

Redclift, N. and Mingione, E. (eds) (1984) *Beyond Employment, Household, Gender and Subsistence*, Oxford, Basil Blackwell.

Revel-Mouroz, T. (1980) 'Mexican Colonization Experience in the

Humid Tropics', in Preston, D. (ed.) *Environment, Society and Rural Change in Latin America*, Chichester, John Wiley.

Review of Economic Situation of Mexico (1979) Banco Nacional de Mexico, 54 (637).

Riddell, R. (1981) *Ecodevelopment*, Farnborough, Gower.

Roberts, B. (1978) *Cities of Peasants*, London, Edward Arnold.

Rogers, B. (1981) *The Domestication of Women*, London, Tavistock.

Roxborough, I. (1979) *Theories of Underdevelopment*, London, Macmillan.

Runciman, W. G. (1966) *Relative Deprivation and Social Justice*, London, Routledge & Kegan Paul.

Rusque, J. (1982) *Labour Absorption and the Persistence of the Peasant Sector: a case study in Cañar Province, Highland Ecuador*, Swansea, University College of Wales, Ph.D. thesis.

Rutsch, M. (1980) *La Cuestion Ganadera en Mexico*, Mexico City, CIIS.

Saint, W. (1982) 'Farming for Energy: social options under Brazil's National Alcohol Programme', *World Development*, 10 (3).

Sandbach, F. (1980) *Environment, Ideology and Policy*, Oxford, Basil Blackwell.

Sandbrook, R. (1982) 'What the UK Should and Could Do', Conference on 'Technical Assistance Overseas and the Environment', London, Royal Society of Arts.

Saul, J. S. and Woods, R. (1971) 'African Peasantries', in Shanin, T. (ed.) *Peasants and Peasant Societies*, Harmondsworth, Penguin.

Schryer, F. (1980) *The Rancheros of Pisaflores*, Toronto, University of Toronto Press.

Schumacher, E. F. (1973) *Small is Beautiful*, New York, Harper & Row.

Scott, C. (1976) 'Peasants, Proletarianisation and the Articulation of Modes of Production: the case of sugar-cane cutters in Northern Peru, 1940–1969', *Journal of Peasant Studies*, 3 (3).

Sen, A. (1981) *Poverty and Famines: an essay on entitlement and deprivation*, Oxford, Oxford University Press.

Sheets, H. and Morris, R. (1976) 'Disaster in the Desert', in Glantz, M. H. (ed.) *The Politics of Natural Disaster: the case of the Sahel drought*, New York, Praeger.

Shepherd, A. (1981) 'Capitalist Agriculture in Africa', paper presented to the IVth Bi-Annual Conference of the African Association of Political Science, Harare, Zimbabwe.

Shepherd, A. (1982) 'Agricultural Capitalism and Rural Development in the Sudan', paper presented to the Development Studies Association, Dublin.

de Silva, S. B. D. (1982) *The Political Economy of Underdevelopment*, London, Routledge & Kegan Paul.

Simmie, J. (1974) *Citizens in Conflict: the sociology of town planning*, London, Hutchinson.

Simmons, I. (1974) *The Ecology of Natural Resources*, London, Edward Arnold.

Sinha, R. (1977) 'The World Food Problem: consensus and conflict', *World Development*, 5 (5–7).

Skolimowski, H. (1981) *Eco-Philosophy*, London, Marion Boyars.

Smith, J. E. (1981) *Biotechnology*, London, Edward Arnold.

Socolow, R. H. (1976) 'Failures of Discourse: obstacles to the integration of environmental values into Natural Resource policy', in Tribe, L. H., Schelling, C. S. and Voss, I. (eds) *When Values Conflict: essays on environmental analysis, discourse and decision*, Cambridge, Mass., Ballinger.

Stewart, F. (1977) *Technology and Underdevelopment*, London, Macmillan.

Stewart, F. (1983) 'Appropriate or Underdeveloped Technology?' (Book Review of Emmanuel) *Appropriate Technology*, 9 (4).

Stretton, H. (1976) *Capitalism, Socialism and the Environment*, Cambridge, Cambridge University Press.

Sunkel, O. (1980) 'The Interaction between Styles of Development and the Environment in Latin America', *CEPAL Review*, 12.

Sutcliffe, B. (1983) *Hard Times: the world economy in turmoil*, London, Pluto Press.

Tarris, M. (1976) 'Environmental Values', in Tribe, L. H., Schelling, C. S. and Voss, I. (eds) *When Values Conflict: essays on environmental analysis, discourse and decision*, Cambridge, Mass., Ballinger.

Taylor, B. (1983) *Eve and the New Jerusalem: socialism and feminism in the nineteenth century*, London, Virago.

Thomas, K. (1983) *Man and the Natural World: changing attitudes in England 1500–1800*, London, Allen Lane.

Townsend, P. (1971) *The Concept of Poverty*, London, Heinemann.

Townsend, P. (1974) 'Poverty as Relative Deprivation: resources and styles of living', in Wedderburn, D. (ed.) *Poverty, Inequality and Class Structure*, Cambridge, Cambridge University Press.

Tribe, L. H. Schelling, C. S. and Voss, I. (eds) (1976) *When Values Conflict: essays on environmental analysis, discourse and decision*, Cambridge, Mass., Ballinger.

Trigo, E., Pineiro, M. and Fiorentino, R. (1979) 'Technical change in Latin American agriculture', *Food Policy*, 4 (3).

Turner, J. F. C. (1976) *Housing by People*, London, Marion Boyars.

Turrent, A. (1979) 'El sistema agrícola: un marco de referencia necesario para la planeación de la investigación en México', Mexico City, unpublished manuscript.

UNEP (United Nations Environment Programme) (1981) *Environment and Development in Africa*, Oxford, Pergamon.

UNESCO (1982) *International Social Science Journal*, xxxiv (3).

United Nations (1972) *Development and the Environment*, Reports and Working Papers of a panel of experts convened by the Secretary-General of the United Nations, Paris, Mouton.

Vallianatos, E. G. (1976) *Fear in the Countryside*, Cambridge, Mass., Ballinger.

Van den Bosch, R. (1980) *The Pesticide Conspiracy*, London, Prism Press.

Van der Pluijin, T. (1982) 'Energy versus Food? Implications of macro-economic adjustments on land-use patterns: the ethanol programme in Brazil', *Boletin de Estudios Latinoamericanos*, 33.

Van der Velde, J. (1980) 'Water Development' in Coward, E. Walter (ed.) *Irrigation and Agricultural Development in Asia: perspectives from the social sciences*, Ithaca, Cornell University Press.

Wade, R. (1979) 'The Social Response to Irrigation: an Indian case study', *Journal of Development Studies*, 16 (1).

Wade, R. (1982) 'The System of Administrative and Political Corruption: canal irrigation in South India', *Journal of Development Studies*, 18 (2).

Wallenstein, I. (1974) *The Modern World System: capitalist agriculture and the European world economy*, New York, Academic Press.

Ward, B. (1979) *Progress for a Small Planet*, Harmondsworth, Penguin.

Warman, A. (1976) *Y Venimos a Contradecir*, Mexico City, Ediciones Casa Chata.

Warren, B. (1973) 'Imperialism and Capitalist Industrialization', *New Left Review*, 81.

Wellhausen, E. (1976) 'The Agriculture of Mexico', *Scientific American*, 235 (3).

WHO (World Health Organization) (1976) 'Community Water Supply and Waste-water Disposal', Geneva.

Willet, J. W. (1973) 'Food Needs and Effective Demand for Food', in Poleman, T. and Freebairn, D. (eds) *Food, Population and Employment: the impact of the Green Revolution*, New York, Praeger.

Williams, G. (ed.) (1976) *Nigeria, Economy and Society*, London, Collins.

Williams, G. and Allen, C. (ed.) (1981) *Sociology of Developing Countries: Sub-Saharan Africa*, London, Macmillan.

Williams, R. (1981) 'Socialism and Ecology', London, SERA.

Winder, D. (1977) 'Land Development in Mexico: a case study', *Institute of Development Studies Bulletin*, 8 (4).

Wittfogel, K. A. (1957) *Oriental Despotism: a comparative study of total power*, New Haven, Yale University Press.

Wolfe, M. (1980) 'The Environment in the Political Arena', *CEPAL Review*, 12.

World Conservation Strategy (1980) Living Resource Conservation for Sustainable Development, International Union for Conservation of Nature and Natural Resources, Gland, Switzerland.

Worthington, E. B. (1982) 'World Campaign for the Biosphere', *Environmental Conservation*, 9 (2).

Yates, L. P. (1981) *Mexico's Agricultural Dilemma*, Tucson, University of Arizona Press.

지구환경문제에 대한 제3세계의 입장

다음에 수록된 9편의 글들은 『제3세계 부활(*Third World Resurgence*)』
이라는 잡지의 UNCED 특집호(1991년 10-11월 합본호, 통권 14-15호)에
실린 글들 중의 일부이다. 이 잡지는 '제3세계 네트워크(The Third World
Network)'라는 단체의 기관지 성격을 띠고 있는 것으로 현재 말레이지아
에서 매월 발행되고 있다. '제3세계 네트워크'라는 단체는 제3세계 민중들
의 삶과 생활의 문제—환경, 기초적 수요, 정치, 문화 등—들을 선진국의
시각이 아닌 제3세계 민중들 스스로의 시각에서 바라보면서 그 해결책을
찾고자 노력하고 있는 단체로서, 변혁을 열망하는 제3세계 진보적 언론인
과 학자들로 구성되어 있다. 이 단체는 최근 들어 특히 환경문제에 관심을
기울이고 있으며, 국제적 환경회의에서 제3세계의 입장을 대변하는 활동을
활발히 펴나가고 있다. 다음에 수록된 글들도 이 단체가 1991년 8월 제네
바에서 개최된 UNCED(The UN Conference on Environment and
Development: 유엔환경개발회의) 제3차 준비위원회(Prepcom)에 참가하여
활동하면서 발표한 논문들 중 일부이다.

UNCED는 92년 6월 리우데 자네이로에서 열린 본회의(일명 리우 회의)를 앞두고 그 준비와 사전 의견 조정을 위해 네 차례의 준비위원회를 가졌다. 매 준비위원회마다 회의 참가자인 선진국, 개발도상국, 국제기구, 비공식 민간조직(NGOs)의 대표들간에 지구환경문제의 원인과 해결방안에 대한 시각이 서로 일치하지 않아 격론이 벌어졌다. 개발도상국과 NGOs 대표들은 갈수록 심각해지는 지구환경문제의 주된 책임이 선진국에 있다고 주장하고, 개발도상국의 환경파괴와 빈곤을 막기 위해 선진국의 적절한 재정지원과 기술이전을 요구하였다. 한편 선진국은 개발도상국의 인구폭발과 무능한 국가운영에 그 책임을 돌리면서 선진국이 실질적으로 지배하고 있는 국제기구를 통한 해결방안을 모색하였다. 이같이 대립된 견해는 준비위원회를 거치면서 절충, 타협되어 92년 리우 회의에서 '환경과 발전에 관한 리우 선언'을 이끌어내는 데 성공하였다. 이 과정에서 개발도상국과 NGOs가 환경문제의 원인과 그 해결방안에 대해 주장했던 내용들이 여기 수록된 글에서 잘 나타나 있다.

역자

위기의 주원인은 무엇인가?
: 남부의 인구와 북부의 생활양식간의 UNCED논쟁

차크라바티 라그하반(Chakravarthi Raghavan)

UNCED에서 가장 커다란 논쟁거리 중 하나는 남부의 인구, 빈곤, 환경 파괴와 북부의 생활양식, 과소비패턴, 그리고 그 영향들 사이의 관계이다.

UNCED 이전에 몇몇 보고서들이 이들 사이를 연결시켜 보려는 시도를 하였지만, 그밖의 대부분의 보고서들은 세계 자원에 대한 높은 수요를 촉발하고, 환경을 파괴하는 주요 원인 중의 하나로 남부의 인구성장을 강조하고 있었다.

유엔사무국의 한 문서(PV/46)는 선진공업국가들에서 부유한 중산층의 생활양식과 소비패턴(많은 양의 고기섭취, 많은 양의 냉동·편의식품 소비, 자가용 소유, 수많은 가전제품, 가정과 직장의 냉난방장치, 장기간의 해외여행, 비싼 교외생활, 자동차 통근과 자동차 쇼핑 등 포함)을 기술하고 있다.

이러한 생활양식은 개발도상국의 일부 부자들에 의해서도 공유되며 모든 사람들에게 거부할 수 없는 매력을 발휘한다. 그렇지만 기술진보를 통한 실질적인 효율 향상이 이루어진다 할지라도, 아마 100억의 인구를 그렇게 먹여살릴 수는 없을 것이다. 그러므로 양보다는 질을 강조함으로써 자원집약적이고 환경에 피해를 끼치는 소비패턴과의 관계를 줄여야 한다. 동시에 실질적인 복지를 펼칠 수 있는 생활양식을 지향하는 변화가 반드시 필요하다.

이러한 생활양식의 변화가 일어나기는 매우 어려울 것이다. 강력한 동기를 가지고 있는 현 시류를 역행해야 하기 때문에, 유권자들이 인식하고 있는 단기적인 이해에 대항해 나가야 한다. 그리고 광고산업과 많은 소비재 및 서비스부문들에게 단기적으로는 좋지 않은 영향이 올 것이다. 또한 진보와 성공에 대한 주요기준으로 산출량의 성장을 강조하는 전통적인 경제적 사고에도 대항해 나가야 한다. 하지만 선진국의 높은 생활 수준과 환경 파괴 감소를 견주어본다면, 변화된 생활양식은 복지의 손상 없이도 환경수준 향상을 상당히 달성할 수 있음을 알 수 있다. 사실 환경 파괴의 감소는 생활의 질 향상과 동시에 일어날 수 있다. 이러한 행동변화를 달성하는 데 필요한 것은 가치의 변화이다.

유엔 사무국 문서는 북부의 생활양식과 소비패턴 문제를 제기하고, 생활의 질을 향상시키는 변화가 가능한 몇몇 지역을 언급하였다. 그러나 의제 21(Agenda 21)[1])에서 제시된 프로그램과 행동계획 안에는 이에 대한 구체적인 사항이 전혀 없다(대기권 보호에 관한 제1분과에서 의장의 권고 발언을 제외하고는). 따라서 각 정부들로 하여금 지금까지와는 다른 생활양식과 소비패턴을 장려하도록 요구할 수도 없다.

그러나 열대지역에서의 삼림 파괴, 기후변화를 일으키는 CO_2의 배출 증가, 과도한 경작과 담수자원의 고갈 등에 대한 책임을 인구의 압력과 연결시키는 사람들도 있다. 심지어 어떤 사람들은 독성폐기물과 유독화학물의 증가조차도 제3세계의 인구증가 탓으로 돌리고 있다.

이와 관련된 이슈들은 또한 각 정부들 사이, 나아가 NGOs와 개발주체

---

1) 의제 21은 92년 리우지구환경회의에서 21세기를 위한 지구환경 세부 실천강령으로 채택된 것이다.

들 사이의 심각한 논쟁을 야기시키고 있다.

인구통계적 추세, 경제성장, 지속불가능한 소비패턴과 환경파괴 사이의 관계에 대한 UNCED 사무국장의 보고서에 따르면, 가능한 한 낮은 수준으로 즉각 세계인구를 안정화시킬 필요가 있다고 한다. "각 국가에서는 인구와 자원, 그리고 개발욕구 사이의 균형이 이루어져야 한다. 개발도상국내의 인구성장 억제는 그 나라의 경제성장과 생활수준 향상을 용이하게 한다. 가능한 한 낮은 수준으로 세계인구를 안정화시키는 것은 다음 세기의 평등하고 지속가능한 세계를 건설하는 데 필요한 조치를 취할 여지를 증가시켜 줄 것이다. 만일 인구성장을 억제시키는 노력이 성공한다면 세계인구는 2050년경에 현재의 2배 수준인 100억 명 선에서 안정화될 것이다."

인구의 신화

북부에서의 소비패턴이 재생불가능한 광물과 연료자원의 고갈, 해양의 오염, 온실효과를 일으키는 가스배출에 지대한 영향을 준다는 사실에 위의 보고서는 동의하고 있다.

UNCED의 인구고문인 루이제 라손데(Louise Lassonde)가 쓴 IPS 보고서에 따르면, 현재 제기된 주요 발상은 빈곤과 발전기회가 각 정부가 그 나라의 인구문제와 씨름하고 있는 방식과 연관되어 있다는 것이다.

라손데에 따르면 리우에서 채택될 예정인 의제 21의 행동계획안은 그날 그날 살아가기 위해 어쩔 수 없이 천연자원을 지속불가능하게 사용하게 되는 제3세계 국민들의 인구압력에 초점이 맞춰질 것이라고 한다.

그렇지만 인도 출신의 생태지향적 발전 전문가인 반다나 시바(Vandana Shiva)에 따르면 인구에 대한 강조와 이를 환경파괴의 주요 원인으로 간주하는 것은 잘못된 것이며, 오히려 이것은 원인이기보다는 그

문제 또는 결과의 단지 일부분이라는 것이다.

라손데에 의하면 인구의 영향이란 기술, 정치구조, 제도와 같은 문제에 의해 변경될 수 있다고 하면서, 두 나라 다 고도의 인구압력을 받고 있는 네덜란드와 부룬디(아프리가 중앙부에 있는 소국) 양국을 비교하고 있다. 그녀가 보기에 고도의 기술과 생산성을 갖춘 네덜란드는 인구성장률의 충격을 흡수할수 있으나, 부룬디는 그렇지 못하며 환경파괴와 경제침체를 동시에 일으킨다. 이것은 경제가 인구성장률을 따라가지 못하기 때문이다.

라손데에 의하면 지구온난화와 기후변화 같은 환경문제는 오염을 일으키는 기술과 선진국의 소비패턴에 의해 주로 야기된다. 그런데 (IPS 보고서에 인용된) 그녀의 생각에 따르면, 북의 소비패턴 때문에 정말 위험한 나라는 기후변화의 영향을 받을 섬나라들이다.

하지만 개발도상국의 환경문제는 기후변화가 아니라 물, 토양 침식, 삼림파괴 등이고 이들 문제는 그 나라의 천연자원을 이용하는 지역적 방식에 의해 야기된다. 그녀의 견해로는 리우 지구정상회담의 결과 중 하나는 각 나라가 그 나라의 천연자원 보유에 근거한 발전 시나리오를 작성할 필요성을 발견하게 될 것이라는 사실이다.

다른 방법은 없다. 우리는 현실적이어야 한다. 만일 한 국가가 거의 수자원이 없다면 그냥 그대로 살든지, 아니면 다른 나라의 물과 교환할 수 있는 상품을 개발해야 한다. 또는 바다에 접근할 수 있다면 탈염방법을 찾아야 한다.

제3세계 대표들은 자신들의 인구성장에 대해 어떤 행동이 취해져야 한다는 필요성에는 동의한다. 하지만 열대삼림과 생태학적 다양성을 전지구적 관심으로 만들려고 하는 북부의 견해(사무국 문서)와, 이런 종류의 논쟁(라손데)을 대조해 보아야 한다. "왜 선진국가들은 이산화탄소 방출의 흡수 방법을 찾아야만 한다고 말하지는 않는가, 그리고 왜 선진국 자신들 내부의 생태적 다양성과 유전자원을 보호해야 하는지에 대해 말하지 않는가?"라고 한 대표자는 논평했다.

라손데와는 달리 몇몇 사무국 문서에 의하면 적어도 북의 과소비패턴과 이를 흉내내고 있는 남의 부자들의 과소비 패턴은, (라손데가 제안한) 도서(島嶼) 개발도상국에 미치는 기후변화의 제한된 영향과는 다른 결과들을 초래한다는 것이다.

반다나 시바는 사무국 문서가 거의 모든 것에 대해서 인구압력을 그 원인으로 삼고 있다고 지적하면서, 이처럼 인구문제를 지나치게 강조하고 있는 점을 비난한다. 심지어 인구문제와 관련이 없는 문서들조차 부당하게 환경파괴의 원인으로 인구성장을 이야기한다고 그녀는 불만을 토로한다. 더욱이 선진국가에서 기하급수적으로 증가해 오고 있고 또한 제3세계로 이전되어 온 독성화학물질의 생산을 인구성장과 관련지어 이야기하고 있다고 그녀는 지적한다. 생물공학에 관한 의제 21의 문서에 의하면 "팽창하는 세계인구가 더욱 많은 화학물질, 더욱 많은 에너지, 더욱 많은 농업 및 산업생산물의 사용으로부터 나오는 더욱 많은 쓰레기를 발생시키고 있고 계속적으로 발생시킬 것"이라고 하고 있다.

그녀의 지적에 의하면 이러한 견해는 거의 인구집중이 없는 미국의 시골은 제3세계의 인구 집중된 지역보다 훨씬 더 많은 화학물질을 사용한다는 점과, 독성화학물질의 사용 증가는 더욱 직접적으로 화학산업에 의한 화학물질 투입의 결과와 관계되어 있다는 것을 파악할 수 없다는 것이다.

북부에서는 생산에서 이익을 남겨야 한다는 압력이 존재한다는 사실과, 점점 더 독성화학물질에 과도하게 의존한다는 사실을 무시한 채, UNCED 문서는 수백만 톤의 독성화학물질을 생산하고 사용하는 원인으로서 인구성장을 이야기하는데 이는 잘못이라고 그녀는 지적한다.

반다나 시바의 견해로는, 인구성장이 환경파괴의 주요원인으로 비난받을 수 없는데, 그 이유는 여러 가지를 들 수 있다. 첫째, 제 3세계 국가에서 많은 가난한 사람들의 인구성장이 이루어지고는 있지만 환경파괴를 야기하는 대부분의 생산품을 사용하는 데는 끼지 못하고 있다. 그들은 냉동용 CFC_s를 사용하지 않으며 따라서 오존층 파괴의 비난을 받을 수도 없다. 둘째, 제3세계의 가난한 대부분의 사람들은 북부의 사람들과 남부의 일부 부유층이 사용하는 자원사용량의 극히 일부에 불과한 적은 양을 사용하고 있다. 평균적 미국인은 평균적 나이지리아인과 비교해서 250배 더 많은 에너지를 사용하고 있다. 북부의 생활양식은 불공평하게도 남부의 자원을 포함한 전세계의 자원에 대한 압력의 원인이다.

북부의 생산과정은 원래 환경파괴적이며 이러한 시설은 인구성장과는 무관하다. 환경파괴는 생산기술의 자원파괴량의 함수이며, 일인당 생산되거나 소비되는 재화의 함수이다. 그 관계는 다음과 같다.

총 오염=생산된 경제재화의 1단위당 오염발생량×1인당 소비한 재화량×인구

이 식의 처음 두개항은 북부의 자원집약적 기술과 자원집약적으로 만들어진 생산품의 과소비에 의한 것으로, 그 원인이 북부에 대부분인 것이다.

마지막으로, 반다나 시바의 주장에 의하면 인구는 환경위기의 한 원인이 아니라 단지 한 측면일 뿐이며, 이는 초기에는 식민주의에 의해서, 나중에는 북부에 의해 부가된, 잘못된 발전 모델로 인하여 야기된 자원의 전용 및 생활의 파괴와 관련성이 있다.

높은 출생률은 현재 가난하게 되는 것의 원인이 아니다. 그것은 가난하게 된 농민의 반응형태이다. "사람이 모든 종류의 안정성을 상실하게 되면, 그때는 자식들이 유일한 경제적 안정 수단이다."

반다나 시바는 인도의 예를 인용하며 인구억제 계획은 체계적으로 실패했다고 한다. 그 이유는 가난한 사람은 '더 많은 자식을 얻기 위한 합리적인 선택'을 하기 때문이다. 케라러(Keraler)는 인도에 있는 주로서 유일

하게 인구성장률이 낮아졌는데, 이것은 토지개혁 및 이와 관련된 경제적 안정의 결과이다.

인구에 대한 잘못된 강조를 비난하면서 반다나 시바는 다음과 같이 주장한다. "수십년 동안 '인구통제'가 실패한 후, 경제적 불안정 문제의 뿌리를 직접 제기하는 것이 더 유익하다는 것은 당연하다. 사람들에게 지속가능한 생활을 할 수 있도록 자원에 대한 접근 권리를 부여하는 것이, 환경파괴 및 그와 동시적으로 나타나는 인구성장을 억제하는 유일한 해결책이다."

빈곤과 생태: '귀머거리들의 대화'

차크라바티 라그하반(Chakravarthi Raghavan)

'빈곤과 환경에 관한 본회의'의 열띤 토론에서, 제3세계 대표들과 NGO들은 "UNCED에서의 논의 및 결정과정이 빈곤의 근본적인 뿌리와 근절책에 대해서는 적절한 관심을 보여주지 않고, 단지 증상에만 초점을 맞추고 있다"고 비난하였다.

제3세계 대표들과 NGO들은 몇몇 체계적 이슈와 국제체계, 그리고 그것들의 운영들에 초점을 맞추었던 반면에, 선진국가들은 빈곤의 근절을 위한 국내적이고 미시적인 수준의 정책에만 초점을 맞추고 있었다.

일부 북측 NGO와 남측 NGO들은 부유한 선진국가들과 그들의 통제하에 있는 기구들이 빈곤근절과 지속가능한 발전에 대해 사탕발림 소리만 하고 있다고 비난하였다. 또 남부의 빈곤문제를 악화시키는 정책—예를 들어 대외부채, 상품가격, 무역조건, 무역규정, 초국적기업의 활동, 그리고 다른 근본적인 원인들에 대해서 적극적으로 대처하는 것을 거부하고 있다고 비난하였다.

"가난한 사람들은 다시 속고 있다"고 여러 NGO들과 많은 수의 G77 국가의 대표들까지도 주장하였다. 예를 들어 이들 문제를 다룬 회의 시간을 지적하고 있는데, 두 개의 회의에 주어진 시간은 약 세시간 반에 불과한 것으로 이것은 발표자에게 각각 5분간으로 제한되는 셈이었다. 결국 매우 빈약한 성명서와 대안만을 제시하는 형편이었다.

UNCED 제3차 준비위원회(Prepcom)는 다음의 내용에 해당하는 4개의 사무국 문서를 채택했다. ① 빈곤과 환경파괴에 대하여, ② 인구증가 추세, 경제성장, 지속가능하지 못한 소비패턴 등과 환경파괴 사이의 상호관계에 대하여, ③ 발전의 환경적 건전도 측면에 대하여, ④ 지속가능한 발전을 위한 교육훈련과 인식에 대하여.

이에 대하여 G77의 대변인인 가나의 에드워드 쿠포(Edward Kufour)는 "대표단들이 귀머거리들의 대화에 참여하고 있는 것처럼 보인다"고 불평하면서, "스톡홀름회의 이래로 20년 동안이나 우리는 비싼 돈 들여 인간환경을 구하는 법[귀머거리들을 치료하는 법]을 서로서로에게 이야기하려고 여기에 앉아 있다"고 말했다.

쿠포는 다음과 같이 강조하고 비판한다. "대외부채와 수출가격 하락과 같은 외부 요소들은 제3세계 빈곤을 초래하는 데 중요한 역할을 하고 있는데, 빈곤에 관한 UNCED 사무국 문서들은 이들 요소를 무시하고 있다."

유엔여성개발기금(UNIFEM)의 샤론 알라키자(Sharaon Alakija)는 "발전계획가들은 국가발전에 대한 여성들의 역할과 기여에 대해 잘못된 편견에 사로잡혀 있다"고 말한다. 의제 21이 행동을 위한 청사진이 되려면 정책결정가와 환경계획가들은 여성들의 잠재력을 이용해야만 할 것이다.

세계보전연합(IUCN)의 마틴 홀디어(Martin W. Holdear)는 "인류가 지구의 수용능력내에서 살아가기 위해서는 다른 선택사항이 있을 수 없고, 자연의 한계를 인정하고 그것에 적응하도록 노력하는 생활양식과 발전경로를 받아들여야만 한다"라고 말한다.

네덜란드의 알더스(J. G. M. Alders)는 유럽공동체와 소속 국가들을 대표하여 "빈곤과 환경파괴에 관한 보고서에 포함되어 있는 지속가능한 생활을 위한 목표들이 비현실적이다"라고 말한다. 그는 보다 공정한 체계를 주장하는데, 자원에 대한 접근성이 평등하게 분배되어야 한다는 원칙과 자원관리에 대한 책임성, 그리고 환경적으로 건전한 에너지의 효율적 사용 등을 반영해야 한다는 것이다. 그의 주장에 의하면 빈곤과 풍요는 둘 다 환경파괴와 자연자원의 고갈을 초래한다. 부자들은 대부분—반드시 그렇지는 않지만—선진국에 있으며, 그들은 세계의 재생가능한 자원이나 재생불가능한 자원을 불공평하게 사용하고 그들의 쓰레기를 마구 생태계로 배출한다. 가난한 사람들은 그들의 자원기반(resource base)을 과도하게 이용할 수밖에 없다.

빈곤과 소비패턴에 관한 사무국 문서는 좀더 정교하게 다듬어질 필요가 있다. 소비패턴과 그 결과 사이의 복잡한 상호연관성이 불충분하게 다루어지고 있는데, 특히 환경보호라는 개념에 일차적으로 더 큰 강조가 주어져야만 한다.

카나다의 존 벨(John Bell)은 환경파괴, 빈곤 그리고 국제금융과 무역체계 사이의 상호관계에 대해 더 많은 이해를 요구했다. 그리하여 UNCED 준비위원회는 공공적 인식 제고와 교육을 통하여 반드시 문제제기되어야 할 부유한 국가들의 소비패턴과 관련하여 구체적 제안서를 만들어내야 한다.

빈곤과 생태

스웨덴의 앤더스 뱅트슨(Anders Bengtcen)은 노르딕 국가들을 대표하여 "빈곤은 환경파괴의 주요한 요인이고, 빈곤의 근절은 진정한 의미의 지속가능한 발전을 성취하는 데 없어서는 안될 기본 전제조건이다"라고 말한다. 노르딕 국가들은 "빈곤퇴치가 국가적·국제적 행동에서 우선권을 가져야 한다"고 제안했다.

여기에는 가난한 사람들의 인적 자본(human capital)에 대한 투자와 '국가내부'에서 부와 자본의 공정한 분배가 포함돼야만 한다. 스웨덴의 대표가 말하는 것은 전지구상에 걸쳐 있는 불평등을 사실상 무시하고, 단순히 국제적 수준에서 말하는 것에 불과하다. 개발도상국의 노력은 우호적인 외부 경제조건에 의해 지원될 필요가 있다.

말레이지아의 팅 웬리안(Ting Wenlian)은 "아시아-태평양 지역은 세계에서 가장 가난한 지역이다"라고 말한다. 8억의 사람들이 단지 하루에 1달러도 안되는 돈으로 살기 위해 발버둥치고 있다. 빈곤의 문제는 워낙 광범위하여 개발도상국들은 그들의 국내자원만 가지고는 결코 풀 수 없다. 따라서 빈곤을 완화시키기 위한 여러 자금조달 유도책들이 있어야 한다. 환경의 질의 개선은 외부자원의 원조, 특히 선진국으로부터의 원조와 함께 이루어져야 할 것이다.

미국은 금융자원의 토론에서 어떤 종류의 추가부담도 거부하고 '시장'과 외국투자를 지지하고 있다. 미국은 가난과 기아와 싸우고 전지구적 생활수준을 높이기 위해서는, 광범위한 쌍방적·다국적 프로그램을 통한 노력이 강력하게 수행되어야 한다고 말한다. 미국대표인 보렌(C. Bohlen)은 "UNCED가 빈곤의 압력을 완화시키기 위해서는 토지, 담수, 산림, 해양에서의 특별행동 프로그램을 포함한 '지속가능한 생활과 빈곤 구제를 추구하는 계획된 수단'에 초점을 맞추어야 한다"고 주장한다. 그는 빈곤과 환경파괴의 문제를 급격한 인구증가와의 관계 속에서 파악하고 있는 사무국 보고서에 관심의 초점을 두어야 한다고 각국 대표단들에게 촉구하고 있다.

ILO에서 온 우 렁한(Yu Renghan)은 "Agenda 21에 도입된 특별행동 프로그램은 광범위한 거시경제적·무역적 관점에서 다시 검토되어야 한다"고 주장한다. 부유한 나라들의 소비패턴을 변화시키기 위해 필요한 전환과정은 공평한 과정이어야 하며, 작업환경, 특히 작업장에서의 안전과 보건 부문을 개선시키는 데 더 많은 관심이 있어야 한다고 말한다.

인도의 산왈(M. Sanwal)은 '관계장관회의'에서 빈곤의 증상만을 다루었지 원인에 대해서는 다루지 않았다고 말한다. 환경의 압박은 모든 인간행위—인구수는 물론 1인당 소비수준의 압력에 의해서—에 의해 유발된다. 빈곤의 근절을 다루기 위해 충분히 이해된 분야별 개입 대신에, 사무국은 '생태적으로 위험이 심한 지역'에 대한 국제적인 행동프로그램을 제안하고 있다. 이것은 건전하지 못하다. 그는 의제 21에 대하여 다음과 같은 대안적 선택을 요구하고 있다. 첫째, 세계 소비패턴의 재검토, 둘째, 빈곤을 다루는 쌍방적·다국적 차원의 원조프로그램들의 본질에 대한 재검토, 셋째, 고용을 포함한 인적 자원 개발의 검토. 또한 빈곤에 대한 쌍방적·다국적 차원의 원조가 지니고 있는 속성과 범위에 대한 국제적 수준의 고찰이 필요하고, 목표 대상 집단과 대상 지역을 다루는 데 치중하기보다는 오히려 빈곤의 해결을 위한 촉매 역할을 하기 위해 어떻게 의미있게 개입할 수 있을지에 대하여 조사해야 한다. 사무국은 물과 위생에 대한 접근성에 강조점을 두고 있다. 반면에 농촌지역의 자연환경들간의 근본적 관계와, 자연자원 배분 및 이용의 분산화 필요성에 대해서는 무시하고 있다.

스리랑카의 위제싱헤(L. Wijesinghe)는 "UNCED가 환경과 발전에 관련된 모든 중요한 문제를 다루는 데 있어서 세계의 모든 국가들 사이에 평등한 동반자적 관계를 유도하게 되기를 희망한다"라고 말하고 있다. 그러나 이 견해는 보전을 위한 환경 프로그램이 의제 21을 좌우한 탓에, 발전을 위한 환경프로그램이 완전히 배제되어 있는 것을 파악하는 데 혼란을 주고 있다. 개발도상국에서 환경파괴의 원인이 빈곤에 있음이 분명한데도 불구하고 의제 21에서는 이 핵심적 문제에 관한 구체적인 항목은 전혀 없을 뿐만 아니라, 발전이라는 폭넓은 문제에 대한 항목도 매우 적다. 개발도상국의 특수한 문제들이 이들 나라의 환경과 발전에 관한 특수한 문제들과의 관련성 속에서 제기되지 않는다면, UNCED의 의제는 매우 큰 공백을 가질 수밖에 없다.

탄자니아의 마캉가(P.J. Mkanga)는 "세계의 버려진 몇몇 지역을 빈곤이라는 증상의 희생물로 만드는 구조들은 시정되어야만 한다"고 말한다. 빈곤을 근절하기 위한 제도적이고 정책적인 분위기가 조성되어야만 하며, 또한 문제를 적절히 해결하기 위하여 빈곤이라는 악마에 맞서기 위한 정치적 의지가 모아져야만 한다. 억제되지 않는 풍요와 마찬가지로 비참한 빈곤은 환경에 유해하며 지속가능한 발전과 상반되는 것이다. 그러나 빈곤의 근절은 광범위한 분야별 개입을 통해서만 달성될 수 있다. 지구환경 보존을 위한 국제적 협력과 경제발전을 위한 국제적 협력이 함께 동시적으로, 그리고 긴급히 추구되어야만 한다.

오스트레일리아의 스테펜(M.N. Stephen)은 "인류가 빈곤의 문제를 다루기 전에는 발전이 결코 성취될 수 없다"라고 말하고 있다. 빈곤, 교육, 보건의 문제와 여성의 문제, 토착민에 대한 관심들은 재정지원, 기술이전과 같은 각 분야별 권고안 내용 속에 상호 결합되어야만 한다.

FAO의 카마라(J. Camara)는 보고서에서 다음과 같은 공백을 지적하고 있다. 인민을 위한 식량 안정 없이는 어떠한 환경보전도 있을 수 없으며, 그 역도 마찬가지다. 또한 보고서는 물리적 환경과 경제적 환경의 본질이 다양하며, 항상 변화하고 있다는 사실을 놓치고 있다. 그는 생산과 생산과정이 시장의 변동, 해충, 질병, 기후 등에 덜 침해받도록 하기 위해 발전과 환경에 관련된 위험들을 줄이자고 제안하고 있다.

인도네시아의 소마디 브로토디링라트(Soemadi Brotodiningrat)는 "준비위원회는 지금까지 발전과 환경의 연결고리에 관련된 기본전제들을 심각하게 고려하지 못했다"라고 불만을 토로하고 있다. 발전문제에 환경이라는 고려사항을 어떻게 통합시킬 것인가라는 일면적인 관심만 있었다. 인구문제는 특별한 관심을 필요로 한다. 하지만 지구환경에 대한 압력이 개발도상국의 출생률 통제에 의해 관리될 수 있을 것이다라는 생각은 사실이 아니다. 인구문제는 인구증가율 억제보다 또 다른 중요한 측면들이 있다. 인구, 환경 그리고 발전 사이의 연결고리는 최종선언문에서 좀더 검토되고 신중하게 고려되어야 한다.

ICFTU의 랙 그린(Reg Green)은 "국제 공동체가 환경보호와 지속가능한 발전에서 노동조합이 수행해야 할 중요한 역할에 대해서는 아직 완전히 파악하고 있는 것 같지는 않다"라고 말한다. 지속가능한 산업의 발전은 전세계에 걸쳐 있는 노동자들을 참여시켜야 한다. 그의 주장은 노동자들이 위험하고 환경에 손상을 주는 작업의 수행을 거부할 권리, 그리고 그들이 작업해야만 하는 위험한 생산품과 생산과정에 대해서 알 권리를 가져야 한다는 것이다.

시장은 생태와 발전의 문제를 해결할 수 없다

NGO 빈곤과 풍요 연구집단
(The NGO Poverty and Affluence Working Group)

UNCED에서 북측대표단은 지속가능한 발전을 달성하기 위한 수단과 원칙으로서 '시장기능'을 장려하고 있다. 유엔환경개발회의 3차 준비위원회(Prepcom)에서 70개 NGO들은 "세계시장은 자유롭지 않고 무역은 불공평하며 인간과 환경을 취약하게 하고 있다"라는 내용의 성명서에 서명했다. 따라서 시장은 규제되어야만 한다. 이 성명서는 3차 준비위원회에서 활동한 'NGO 빈곤과 풍요 연구집단'에 의해 작성되었다.

우리가 특히 주목하고 있는 것은, UNCED회의 이전의 문서들 특히 PC/47과 PC/50이 지속가능한 성장을 성취하기 위해 필요한 시장기구와 무역의 잠재력을 평가하는 데 있어서 편견을 가지고 있다는 것이다. 미국과 같은 강력한 무역국가가 지속가능한 성장을 성취하기 위한 원칙으로서 자유시장을 장려할 때에는 불균형한 시각이 더욱 강화되어 나타나고 있다.

지금까지의 UNCED 문서들은 시장적 접근을 시도하기 때문에 문제를 명확히 규명하는 데 실패하고 있다. 이것이 특별한 관심사항으로 부상하는 것은 무역과 국제경제관계에 대한 의사결정 권한이 GATT에게 주어지기 때문이다. GATT에게 위임된 임무는 '무역을 왜곡시키는 수단'을 최소화하는 것이기 때문에, GATT 안에 있는 어떠한 환경위원회도 잠재적 환경규제가 현재의 무역활동을 어떻게 왜곡시킬 것인가를 밝히는 데 주안점을 두고 있다.

그러므로 UNCED에서는 동전의 다른 면, 즉 "무역활동이 얼마나 환경과 발전을 왜곡시키는가"에 강조점을 두어야 한다. 따라서 우리는 두 가지 권고를 한다.

첫째, UNCED는 환경과 발전에 대한 시장적 접근이 가지는 한계와 무역이 내포하고 있는 문제를 고려하면서 확신있는 행동을 취해야 한다. 그리고 UNCED 회의 앞에 놓여 있는 각각의 문제[오존층협약, 온난화협약 등]들에 영향을 미치는 상품들의 수입과 수출을 규제하는 독립된 내용을 포함해야 한다.

둘째, UNCED는 환경정책과 발전정책이 무역정책보다 우선시되도록 보장해 주어야 한다. 그렇지 않으면 현재의 무역활동은 자연자원을 착취하고 파괴하면서 수출을 증가시키는 데 계속 몰두할 것이기 때문이다.

우리는 시장과 무역이 지역경제에서와 마찬가지로 국제경제에서도 그 역할이 있다는 것을 확실히 인정한다. 물물교환은 아직도 모든 공동체에서 일어나고 있고 심지어 미국에서도 그렇다. 우리들 대부분은 커피를 마시고, 이 회의에 참석한 모든 사람들이 에너지 자원을 사용한다. 그러나 무역은 절대적으로 좋은 것만은 아니다. 노예무역, 마약무역, 무기무역 그리고 멸종 위험이 있는 종의 무역은 그것들이 엄청난 경제활동을 촉발시킨다 할지라도 나쁜 것이다. 자원이 유한한 세계에서 많은 종류의 상품의 무역량이 증가하는 것은 결코 지속가능하지 않다. 그리고 어떤 상품을 손해보면서 더 많이 수출하는 것은 경제적으로도 지속가능하지 않다.

불평등한 무역은 빈곤의 원인이다

불공정하고 불평등한 국제무역정책이 개발도상국의 빈곤을 증대시키는 데 가장 큰 책임이 있다. 최근 수십년간 수백만 명의 농민들이 시장의 자극에 따라 그들의 토지를 수출작물로 바꾸고 범세계적인 상품시장에 편입되었다. 그러나 곧 초과공급과 수요감소는 이들 상품의 국제가격을 낮추어버렸다. 즉 시장이 규제받지 않고 있을 때, 농민들은 이전보다 훨씬 더 위험에 처해지게 된다. 이전보다 더 낮은 가격으로 시장에 거래되는 상품에 더욱 의존하게 된다는 것은 자원 착취 → 낮은 수입 → 환경회복에 대한 더 낮은 투자 → 자연자원의 더 큰 파괴라는 악순환을 만들어낸다. 시장은 인류와 환경을 더욱 취약하게 만드는 주된 원인이다.

UNCED 문서 PC/47은 "무역은 (특히 개발도상국에서는) '선택권을 더욱 넓히는 수단'이라고 언급하고 있다." 그러나 수출품의 양을 확대하는 것은 여러 가지 이유로 적절한 해결책이 못된다. UNCED식의 접근은 흔히 추가적인 자본대부를 필요로 하고 더 많은 투입요소를 구입해야 하는데, 결국 이것들은 외국에서 수입해야 하는 것이다. 이로 인해 무역적자는 줄어들기보다 더욱 늘어나게 된다. 원목의 수출증가는 더 빠른 환경파괴, 몇몇 동물종의 멸종, 원목가공산업의 국내고용상실 등을 의미한다. 수출량의 증가는 공급과 수요 사이의 균형을 파괴하여, 세계시장가격을 낮추고 기대되는 수출소득을 잠재적으로 없애게 할지도 모른다.

농업부문에서는 시장가격이 이미 농부들의 생산가격보다 더 낮기 때문에 세계시장에서 그들의 농작물을 더이상 팔 수가 없는 농민들을 파멸시키고 있다. 농촌의 식량생산이 감소하고 국가의 식량자급률이 낮아지는 것은 기아와 빈곤의 가장 큰 원인 중의 하나이다. 세계 여러 지역의 농부들은 소규모의 생태계에서 수백만년에 걸쳐서 지속가능한 농업활동을 발전시켜 왔다. 그러나 이런 유형의 지속가능한 농업은 많은 나라에서 수출을 위하여 토지를 화학적인 살충제에 의존하는 생산형태의 용도로 전환시키는 구조조정정책에 의해 파괴되고 있다.

PC/47은 여기에 관심을 가지고 있기는 하지만 대안, 즉 수입식품과 원조를 감소시킬 수 있는 지속가능하고 자기완결적인 국가농업전략을 발전시키는 것에는 실패하고 있다. 이런 목표를 달성하기 위해서는 광범위한 채무감면이 필수적이다. 왜냐하면 채무감면이 없으면 지속가능하지 못한 농업전략을 계속해야 하기 때문이다. 그러나 'Brady계획'은 결코 충분한 것이 못된다. 국가들 사이의 경제관계를 근본적으로 변화시키지 않으면—환율·상품가격·국내이자율의 안정화를 가능하게 하는 거시경제정책과, 인간적·사회적·생태적 가치와 비용에 대한 인식전환을 포함하여—극단적인 부채증가를 초래하는 현재의 양상이 계속될 것이다.

시장은 자유롭지 못하다

세계시장은 '자유로운 시장'이 아니다. 세계시장은 정보에 대해 동등한 접근과 기회를 가진 주체들간의 상품 및 서비스 교환체계로 작동하고 있지 않다. 세계시장은 통제된 시장이다. 즉 상품과 자본, 정보시장을 조작하는 극소수의 초국적기업에 의해 통제되고 있다. 만약 자유로운 시장을 원한다면, 그때에는 각 정부들의 규제를 통해 시장이 초국적기업의 통제로부터 자유로워져야만 한다.

시장은 과거에는 정부에 의해 규제를 받아 왔다. 그러나 최근의 GATT 협상에서 각국 정부들은 계속해서 초국적기업을 규제해야 할 정부의 권리를 더 많이 포기해 왔다. 광범위한 규제의 필요성은 불공평한 무역체계에 의해 초래된 인간과 환경의 피해를 생각해 볼 때 훨씬 더 시급하다.

PC/50은 "규제가 '아마도 한계에 도달'해 있고, 경제적 수단이 '더 효율적인 정책수단'이다"라는 전제를 무비판적으로 수용하고 있다. 우리는 여기에 동의하지 않으며, UNCED가 경제적 수단의 사용을 조심스러운 규제 정책과 균형을 이루기를 권고한다. 이 보고서(PC/50)에는 또 다른 잘못된, 그리고 균형잡히지 않은 내용이 많이 있고, 우리는 이를 좀더 자세히 살펴보고자 한다.

시장은 잘못된 신호를 보내고 있다

PC/50에서는 "경제적 수단의 장점은 '오염을 취급하고 희소한 자원을 배분하는 데 있어서 가장 비용 효과적인 방법에 대한 결정을 규제자가 아닌 생산자와 소비자에게 맡기고 있다'는 것이다"라고 주장한다. 그러나 실제로 이른바 시장적 접근들의 대부분은 배출권을 사고 팔수 있도록 기업들간의 시장을 자극하는 몇몇 종류의 정부주도력과 신뢰할 만한 강제성을 필요로 한다.

또 PC/50에서는 "시장적 접근방법에 대한 관심이 개발도상국을 포함하여 점점 증가하고 있다"라고 한다. 그러나 실제로는 대안적 발전 모델에 대해서도 마찬가지로 관심이 증가하고 있는데, 이에 관해서는 PC/50에서

전혀 언급하지 않았고 UNCED 문서 전반에 걸쳐 부적절하게 다루어지고 있다.

나아가 PC/50에서는 "시장이 '창조력'을 해방시키고 '지속가능한 발전의 중요한 추진력'이다"라고 주장한다. 그러나 실제로 시장의 혜택은 기업 엘리트들의 손에 집중되어 있고, 창조력은 팔 수 있는 이해에만 한정된다. 그러므로 지속가능한 발전은 의사결정과정에 대한 광범위한 참여와 지역적 이해에 기반한 프로그램의 실행에 달려 있다.

"'환경적으로 건전한 기술'은 '산업이 환경 친화적인 행위를 하도록 고무시키는 시장 신호의 결과'이다"라고 PC/50에서는 주장하고 있다. 그러나 실제로 대부분의 생태계는 지역의 자원을 지속가능하게 이용하도록 하는 토착기술들과 원주민 공동체의 환경 친화적인 행위에 의하여 훨씬 더 잘 보호되어 왔다. 시장지향적 산업과 산업기술이 침입하기 전까지는 적어도 그리하였다.

전체적으로 PC/50의 주된 문제점은 외부성(externalities)에 가격을 매기고, 그것을 내부화하는 데 대해 적절히 언급하지 못한다는 것이다. PC/50에서는 "가격은 생산자와 소비자의 행위를 결정하는 핵심요소이고 활동의 총비용을 반영하고 있다"라고 주장한다. 그러나 이 보고서는 '총비용'이 어떻게 결정되는지를 고려하는 데 실패하고 있을 뿐만 아니라, 생산자, 소비자 행위와는 독립적으로 가격에 영향을 미치는 거시경제적 변수를 반영하는 데도 실패하고 있다. 사실 국제경제에서 인과관계는 경제이론에서 제시되는 것과는 훨씬 다르다. 가격변화가 생산자와 소비자를 어떤 특정 방식으로 행동하게 하는 것이 아닌 것과 마찬가지로, 생산자와 소비자의 행위가 가격을 결정하는 것도 아니다.

'활동의 총비용'을 규정하는 데에 특별한 관심이 주어지지 않는다면, 시장은 환경과 발전에 관련된 인간활동에 결코 적절한 자극을 주지 못하며 적절한 반응을 이끌어내지도 못한다. 또한 이 보고서는 '환경가치에 가격표를 붙이는 것'이 어렵다는 것을 인정하고 있는 반면, 공공정책 측면에서의 가격결정이 시장 행동을 통한 가격결정과는 매우 거리가 멀다는 것은 인식하지 못하고 있다. 그리고 가격과 또 다른 적절한 경제적 수단들을 규정하는 데 있어서 민주주의적 절차가 가지는 역할에 대해서는 논의가 전혀 없다.

나아가 PC/50에서는 가격결정에서 환경비용을 내부화하는 것에 대하여 언급하고 있긴 하지만, 시장이 UNCED의 목적을 달성하기 위한 수단으로 이용되려면 가격결정에서 반드시 내부화되어야만 하는 인간적 가치와 그 비용을 포함할 필요성에 대해서는 전혀 언급조차 하지 않고 있다.

마지막으로 UNCED 문서들에는 시장의 잠재적 효율성을 이용하여 얻은 이득의 분배가 어떻게 이루어져야 하는지에 대하여 전혀 논의가 없다.

결론적으로 우리가 이번 UNCED 회의에 대해 주장하는 것은 이 회의가 무역과 경제적 수단을 논의할 때 균형을 맞추어야 한다는 것과, 우리가 제기했던 고려 사항들을 통합하여 다음번 보고서와 어떠한 최종 결과물에도 꼭 반영되어야 한다는 것이다.

빈곤 근절을 위해 국가적 차원과 지방적 차원에서 할 일은?

코(K.P. Khor)

빈곤 창출의 국제적인 측면은 많은 다른 글들에서 강조되어 왔던 주제이다. 여기서는 빈곤과 환경이라는 문제에 대응하기 위해, UNCED의 의제 21(Agenda 21)이 국가적 차원과 지역적 차원에서 어떤 조치를 취하고 있는지 소개한다.

빈곤·부·환경 문제는 국가적·사회적 형평성 문제뿐 아니라 남-북 관계와도 복잡하게 얽혀 있다. 선진국의 경제 모델 및 개발도상국의 발전 모델과 국제적 경제 관계는 모두 빈곤과 지속가능한 발전이라는 이슈와 관련된다. 그러므로 이런 이슈들이 빈곤에 관한 의제 21에서 중심적인 위치를 점해야 한다.

빈곤은 국제적, 국가적, 지역적인 근원을 가진다. 사업 수행 프로그램이 신뢰를 얻으려면 이 세 가지 차원 모두에서 빈곤 문제에 대응해야 한다. 국제적인 차원의 측면은 다른 곳에서 많이 다루어 왔으므로, 여기서는 빈곤 근절의 국가적, 지역적인 차원에 초점을 맞추겠다.

국가적 차원의 조치

다음에서 볼 수 있듯이, 의제 21은 국가적 차원에서 정부가 받아들일 수 있는 조치를 제안해야 한다.

선진국의 정부는 자국내에서 나타나고 있는 빈곤의 확산 추세에 대응하기 위해, 빈곤층을 위한 사회 보장을 강화해야 한다. 그들은 국제적, 국내적으로 나타나는 격심한 소득 격차를 줄일 수 있는 조치를 취해야 한다. 이런 조치는 기업과 고액납세자에게 주는 보조금을 삭감하고, 사치성 소비 품목 및 부유층과 중산층에 높은 세금을 부과함으로써 가능하다. 계획과 금융 조처를 통해 사치 성향의 프로젝트 투자를 저지해야 한다.

종합적인 전략이 고안돼야 한다. ① 각 국가내에서 전반적인 소득, 수입, 소비의 실질적인 삭감을 용이하도록 하는 것, 반면에 ② 이런 조정이 수용되도록 하기 위해서 조정이 주는 부담을 아주 공정하고 공평한 방식으로 분배하는 것.

개발도상국에서 정부는 그들의 발전 전략을 재조정해야 하는데, 빈곤의 근절, 인간적이고 기본적인 필요의 충족, 그리고 기술상으로 환경에 건전한 생산 체계에 그 우선순위가 주어져야 한다. 이 조정은 빈곤층을 위한 토지재분배나 토지에 대한 접근성 향상을 우선적으로 실시하는 사회적으로 적절한 정책들을 포함하며, 보건, 영양, 주거, 교통과 다른 여타 사회 정책들의 민중지향성에 강조를 둔다.

개발도상국 정부는 기술, 경제 활동 규모, 사회적 형평성과 빈곤 완화의 관계에 대해 재검토하기 시작해야 한다. 부적절한 현대 기술이 지역 경제의 기술적·사회적 기반(예를 들면 어업, 식량생산과 소규모 산업의 기반)을 파괴시켜 왔는데, 이 과정은 반전돼야 한다.

국가적인 개발은 그 개발계획으로 인해 순수 사회 비용(댐건설이나 벌채를 위해 토착민 등 수천 명의 농촌 사람들을 이주시키는 것 등)을 초래하지 않아야 한다. 오히려 개발은 다른 지향점을 가져야 하며, 토지와 기본적인 편의(물, 위생, 보건 등)에 대한 소규모 지역공동체의 권리가 신장되는 방향으로 이루어져야 한다.

생태적으로 조화로운 기술(대부분 그것은 지역에서 발견되므로 수입될 필요가 없다)이 재발견되고 증진되고 확장되어야 한다. 그 기술을 운용하는 원칙은 다음과 같은 것이 돼야 한다. '기본적이고 인간적인 필요를 충족하기 위해서는, 지역 공동체가 그 지역의 자원과 적정한 기술을 이용하여 그들의 지속가능한 생존을 보장할 수 있는 자원을 확장해야 한다.'

지역 공동체 차원의 조처들

국가 정책이 진정으로 빈곤층에 수익을 주는 방식으로 운용되기 위해서는 지역적 차원에서 공간이 확장돼야 한다. 국가와 국제적인 체계가 주민들의 자연 자원을 탈취하고 스스로에게 집중시키는 과정을 통해 빈곤이 나타나는 것이다.

자원에 대한 권력을 국제적 체계로부터 국가로, 국가에서 지역 공동체로 이전하는 과정이 시작돼야 한다.

적절한 사회 경제 체계에 관한 논쟁에서 대부분 선택되는 부문은 '사적 부문'(기업)이나 '국가'(거대 공공 기업 혹은 국가 운영 기업)이다. 대부분의 개발도상국 국민이 속하고 있는 제3 부문은 아이러니하게도 제외된다.

제3 부문이란 이른바 '비공식 부문' 혹은 아시아의 NGOs에서 보다 적절한 용어라고 주장하는 '민중의 경제'이다. 즉 가족 노동을 이용하며 가족에 의해 소유, 운영되는 소규모 농장이나 소기업이 그것이다. 이 부문은 국가 보조금도, 세계은행의 대출도 요구하지 않으며, 생태계나 국가 재정에 긴장을 부과하지도 않는다.

민중의 경제가 요구하는 것은 민중의 경제가 존재하고 번성할 정당한 권리를 가지고 있음을 정부가 인식해 주는 것뿐이다. 빈농에게는 토지를 사용하게 해주고, 소기업(식량 생산자, 행상인, 소규모 제조업과 수공업자)에게는 운영권이나 허가를 내주며, 담보없는 소규모의 신용대부가 그라민 (Grameen) 민중은행 모델을 따라 주어져야 하고 시장거래는 정비되어야 한다.

무엇보다도 필요한 것은 다음과 같다. 민중들이 몇세대 동안 소유, 이용하고 보전해 온 토지와 자연자원이(여전히 그것들을 소유하고 있는 지역 공동체에 의해) 보유되야 하고 (현재 박탈로 인한 빈곤을 겪고 있는 지역 공동체에게로) 되돌려져야 한다. 그리고 어떤 경우에도 민중 경제의 권리는 존속되고 확장돼야 한다는 것을 인식해야 하고, 지속가능한 발전의 중심 교의의 한 부분으로 자리매김되어야 한다.

G77의 입장
: UNCED에서도 무역과 재정 문제를 논의해야 한다[2]

에드워드 쿠포(Edward Kufour)

G77 대표들은 왜 낮은 상품 가격, 무역 장벽, 외채와 재정 의존이 **UNCED**에서 해결해야 할 중요한 이슈들인지 준비위원회에서 설명했다.

개발도상국들은 지속가능한 발전을 위한 효과적인 자원운용을 위해서

---

2) 77그룹의 탄생은 1962년 7월 카이로 개발도상국 회의에서 무역 및 경제개발을 위한 국제회의 개최를 권고하는 선언문을 채택하면서 부터였다. 1963년 11월에는 유엔 제18차 총회시 75개 개도국 공동선언문을 채택하였다. 1964년 3월 UNCTAD 제1차 총회에서 개도국은 공동보조를 통해 총회운영을 주도하였다. 이때 75개국에 한국, 월남이 참여하여 77그룹으로 호칭되기 시작하였다. 동년 6월 UNCTAD 제1차 총회 종결시 77개 개도국은 공동선언(The Joint Declaration of the Seventy-seven)을 채택하였다.
  77그룹의 성격은 국제경제 문제에 대한 개도국간 상호 의견교환 및 조정을 통해 개도국의 공동입장을 수립, 선진국과의 협상에 있어서 협상능력을 강화키 위해 결성된 비공식 개도국 교섭단체의 성격을 지니고 있다. 그런데 비동맹운동과는 달리 회원국들의 정치적 이해관계의 상이성을 고려, 일반적으로 정치문제는 취급하지 않는다. 대신 77그룹은 경제문제에 관한 개도국 공동이해를 토대로 선진국과의 협상에 의하여 기존 경제관계를 개편코자 한다.

건전한 국내 경제정책이 필요하다는 사실을 인정하고 있다. 그러나 개발도상국들도 국제경제체계에 긴밀하게 통합되어 있는 한 부분이므로, 발전 진전에 필요한 자원 획득을 위해서는 현재의 국제경제환경을 역전시킬 수 있는 획기적인 개선이 필수적임을 굳게 믿고 있다.

따라서 국내적인 차원과 국제적인 차원간의 관계를 인식하고 필요한 행동을 그 두 차원 모두에서 취해야만 한다. 그러나 선진국들은 국내적인 차원만 강조하고 외부 요인들의 역할을 과소평가하는 것이 보통이다.

낮은 상품 가격

UNCED 보고서 PC/47은 국제경제가 개발도상국의 경제 행위를 침해하는 중요한 방식 몇 가지를 명백히 제시하고 있다. 첫번째 관심영역은 국제무역이다. 1989년 개발도상국들의 무역 적자액은 6백10억 달러에 달했다. 석유와 무관한 상품 가격은 지난 1980년에서 1988년 사이 40%나 떨어졌으며, 현재의 추세대로라면 가격은 더욱 하락할 것으로 예상된다.

PC/47 보고서에는 다음과 같이 씌여 있는데, 이것은 정당한 지적이다. '실질적인 자원 비용이 가격에 반영되는 무역이 이루어져야만, 희소자원은 효율적으로 배분되고 경제복지도 최대화될 것이다.' 그런데 왜 선진국들은 많은 경우 커피, 코코아, 차, 그리고 다른 일상품들을 생산가격 이하로 그저 얻으려고 고집하는 것일까?

이런 상황에서는 희소자원의 효율적인 분배도, 경제복지의 극대화도 이루어지지 않을 것이다. 오히려 한계 토지마저 경작에 내몰리게 될 것이고, 빈곤은 개발도상국에서 보다 광범하게 유포될 것이다. 다른 여타 외부 요인들을 비롯하여 상품가격변동의 근본적 원인들이 규명되지 않는다면, 아무리 적절한 거시경제정책이라 할지라도 도움이 되지 않을 것이다.

무역 왜곡과 그 장벽들

마치 우리가 자유무역체제 속에서 움직이고 있는 듯하지만, 선진국에는 무역을 제한하고 왜곡하는 조치들이 엄청나게 많다. 많은 개발도상국들이 농업에 기반하고 있다는 점을 감안하면, 오늘날 대부분의 농업 관련 무역이 GATT 통제에서 벗어나 행해지고 있다는 사실은 받아들이기 힘들다.

그 결과 2천억 달러가 매년 선진국 농부들에게 보조금의 형태로 낭비되고 있다. 따라서 희소자원들의 배분은 효율적이지 않게 되는데, 왜냐하면 부존자원이라는 비교우위를 가진 국가들이 선진국의 농부들에게 그 자리를 넘겨주기 때문이다. 여기서 다시 복지는 극대화되지 못한다. 오히려 서로 다른 이유로 인해 선진국과 개발도상국 모두가 환경과 관련한 피해를 입는다.

심지어 근근히 자국내 원료물질의 공산품 가공 과정과 경제의 다양화를 기할 수 있는 개발도상국들조차도 엄격한 관세 장벽에 부딪치고 있다. 선진국들은 여러 가지 이유로 인해 관세장벽을 유지하지 못하게 되면 보건과 기술상의 근거를 들어 비관세협정을 새로 만들고 있다. 말할 것도 없이 선진국이 채택한 보조금과 보호주의적 조치는 생산과 무역손실로 인한 엄청난 비용을 개발도상국들에게 떠넘긴다.

외채와 통화 변동

보고서가 초점을 맞추고 있는 두번째 영역은 개발도상국의 발전에서 심각한 장애요인이 되고 있는 외채 문제이다. 부채를 갚으면 갚을수록, 개발도상국들은 변동 이자율과 추가비용 재조정 정책 때문에 더욱더 심한 외채난에 빠지게 된다. 1983년까지 개발도상국들은 6천7백3십억 달러의 부채를 졌다. 그 동안 6천8백6십억 달러를 갚았으나 외채는 1조 3천억 달러로 늘어났다. 엄청난 외채를 들여오면서 낮은 상품가격과 이윤의 본국 송환을 약속하기 때문에, 개발도상국에서 선진국으로의 재원(財源)의 순 이전은 당연한 결과이다.

환율 변동 역시 개발도상국에서 선진국으로의 자원 이전에 한몫을 담당했다. 시장의 힘에 의해 다양한 통화의 가치가 결정된다고 가정하는 변동환율제에 기초하여 선진경제의 지도자들이 모임을 갖고 외국환 시장의 자유로운 작동에 개입하는 일을 수시로 볼 수 있다. 이러한 일이 잘못된 것인지 어쩐지는 아무도 알 수 없지만, 많은 개발도상국의 국제수지가 이러한 모임 후 혼란에 빠지는 일이 종종 일어난다. 그런데도 바로 그 지도자들은 돌아서서 시장의 자유로운 작동이 필요하다고 우리에게 연설하고 있다.

개발도상국 쪽에서도 국제 경제정책과 관련된 결정사항에 깊이 언급하지 않기는 마찬가지다.

우리는 보고서 PC/47에서 제안된 이슈들이 다른 곳에서 더 잘 해결될 수 있다고 하면서 연기되거나 기각되지 않고 UNCED 진행에서 중심의제가 되었으면 한다. 그렇지 않으면 지속가능한 발전은 우리 모두에게 공염불로 남게 될 것이다.

세계은행은 환경을 보호할 수 없다

반다나 시바(Vandana Shiva)

몇몇 나라들은 세계은행이 '지구 정상회의(Earth summit)' 이후에 UNCED의 결의사항을 이행할 수 있는 제도와 재정기구 중에서 중요한 역할을 수행할 제1순위 후보라고 추천하고 있다. 이 논문은 환경과 발전분야에서 세계은행이 남긴 부정적인 기록들을 간단히 살펴보고 있다. 실제로 세계은행은 남부에서 생태파괴적 발전모델의 주요한 후원자가 되어왔다. 그리고 세계은행의 의사결정구조는 비민주적이다. 따라서 저자는 현재의 형태로 세계은행에 환경보호 또는 지속가능한 발전에 대한 책임을 지우는 것은 현명하지 못하다고 주장한다.

북부에 기반을 두고 있는 구조가 남부의 사람들과 정부를 지배하고 있다는 사실은 최근 몇십년간에 걸쳐 가속화되고 있는 환경위기의 일차적인 이유이다. 댐, 발전소와 화학 농업은 환경파괴와 제3세계 부채의 주요한 원인들 중의 하나이다.

그 동안 세계은행은 환경파괴에 책임져야 할 정책 및 원조기구들 중에서 가장 중요한 기구였다. 환경운동이 세계은행과 같은 국제적인 대부기구들과 그것들의 지역적 협력체들을 강력하게 비판해 온 것은 놀랄 만한 일이 아니다.

생태운동이 다국간 개발은행(Multilateral Development Banks: 이하 MDBs)을 강력하게 비난하는 데에는 세 가지 중요한 이유가 있다.

첫째, 이들 은행의 차관과 신용대부의 대부분은 농업, 임업, 댐, 관개(灌漑)와 같이 환경적으로 민감한 부분에 할당되었다. 1983년에 총 220억 달러(미국 US달러, 이하의 화폐단위는 모두 US달러임)의 차관 중에서 절반이 전지구적으로 이러한 부분에 투자되었다.

따라서 전체 경제투자의 비율에서 보면 이러한 차관이 미미할지 모르지만, 자연자원체계에 대한 영향에서 보면 이것들은 아주 중요하다. 여기에서 제시하고 있는 사례연구에서 보듯이 세계은행의 재정지원은 자연자원에 대한 갈등을 일으키는 데 촉매 역할을 해왔다. 삼림이든 댐이든 관개계획이든간에 자원이용을 생태적 균형의 유지와 인간생존의 지속으로부터 단기적 이윤 창출로 전환하는 데 세계은행기금은 중요한 역할을 해왔다.

둘째, MDBs가 제3세계 국가들의 발전유형과 자원이용을 결정하는 데 있어서 중요한 역할을 한다. 이는 이 은행들이 이른바 '대충(對充)'기금(conterpart fund)의 지원을 약속하고 보완투자도 자신들의 자금으로 이루어지도록 함으로써, 대부를 받은 정부들에게 계획의 이행을 보고하도록 요구한다는 사실에서 잘 반영된다. 세계은행은 특별히 국가계획안, 부문별 정책보고서, 국가경제보고서 등을 통해서 전반적인 발전정책에 압도적인 영향을 미치고 있다. 그러나 MDBs의 가장 커다란 영향력은 '구조조정'과 부문대여(sector lending)에 있다. MDBs는 이를 통해서 하나의 프로젝트뿐만 아니라 장기적인 경제정책에도 영향을 미친다. 세계은행의 구조조정 차관은 '사유화'와 '수출주도 성장의 채택'을 지향하는 장기적인 제도변화를 일으키고 있는데, 이 두 가지 모두 자연자원의 통제와 이용형태에 강력한 영향을 미치고 있다.

셋째, MDBs가 자연자원의 이용에 영향을 미치는 메커니즘은 외국의 원조와 수출금융지원 사이의 연결을 통해서이다. 1978년에 미국 경제 및 산업관료회의 부책임자 존스톤(J. Johnston)은 미의회에서 "우리가 MDBs에 지불하는 1달러는 미국 회사에 3달러어치의 사업을 만들어줄 것이다"라고 증언했다. 미국 재무성의 국가개발국 부국장인 부시넬(Bushneil)은 1976년 3월 16일 주택투자위원회의 국외사업에 관한 소위원회에서 다음과 같이 진술했다.

"미국의 관점에서 보면, 이 은행들은 우리 경제에 잘 부합되는 노선을 따라 개발을 촉진시키고 있다. 이 은행들은 자원의 효율적 배분과 대외지향적 무역경제의 발전에 있어서 시장의 역할을 강조하고 있다. 국제적 개발은행에 대한 참여는 기초원자재에 좀더 확실하게 접근할 수 있도록 해줄 것이고 개발도상국에 대한 미국의 투자에 더욱 우호적인 분위기를 제공해 줄 것이다."

제3세계에 미치는 영향

국제금융이 제3세계 국가들의 경제개발에 대폭 개입하게 되면 이 나라들의 천연자원 관리전략은 급격하게 변화하게 된다. 수출지향적인 자원이용의 급격한 성장은 많은 나라들을 채무의 함정에 빠뜨렸으며 동시에 생태파괴를 유발시켰다. 채무와 생태파괴 사이의 관련성에 대해서는 브라질의 경우가 좋은 본보기가 되고 있다. 1980~82년 사이에 브라질은 약 3억 달러를 빌렸는데, 이것이 1983~84년에는 9억5천만 달러로 증가하였다. 대출금을 다 사용했을 때도 브라질은 계획을 완수하기 위한 보충기금을 조성할 수가 없었고, 완수하지 못한 계획에 대해서 차관이 다시 제공되었다. 이 부담이 수출농업에 지워졌고 이것은 아마존 삼림벌채와 주민 이주를 초래하고 있다.

가장 치명적인 생태위기를 나타내고 있는 아프리카 대륙의 경우도 크게 다르지 않다. 1983년에는 아프리카의 어떤 나라도 외채를 가지고 있지 않았다. 그러나 오늘날 42개 사하라 사막 주변국의 외채는 1,300억 달러에서 1,350억 달러로 추산되고 있다. 수단(Sudan)은 아프리카에서 현재 무엇이 진행되고 있는지를 보여주는 좋은 예이다. 수년 전 세계식량농업기구(FAO) 같은 기구는 수단을 곡물수출에 있어서 가장 거대한 농업잠재력을 보유한 국가로 보았다. 수단은 과중한 외채를 지면서 농업을 발달시켰다.

현재 수단은 100억 달러의 외자 상환 기간을 재조정한 후, 긴급원조 7천8백만 달러와 이자 대금 2억 1천3백만 달러를 요구하고 있다. 그러나 현재 수천명의 아프리카인들이 죽어가고 있다. 이는 개발이 주민들의 생존기반을 파괴했으며, 이 개발을 위해 진 부채를 상환하는 것이 주민들의 생존권을 박탈하는 결과를 초래한 탓이다. 경제가 전체적으로 무너지게 되면 아프리카 생태계의 회복은 틀림없이 요원해질 것이다. 개발의 무정부주의적 상태와 그 여파는 페루의 전대통령 가르시아 페레즈(Garcia Perez)의 다음과 같은 말로 요약될 수 있다.

"아프리카, 아시아, 남미의 수백만의 사람들이 식량을 헛되이 기다리고 있는 이 순간에도, 빈곤과 폭력이 우리 사회를 휘감고 있는 이 순간에도, 세계은행은 기다릴 수 있다. 그렇지만 가난한 국가들은 이성(理性)과 정의(正義)를 위해서 충분히 오랫동안 기다려왔다. …우리는 우선 우리의 자연적 부(natural wealth)를 방어할 필요가 있다. 세익스피어의 『베니스의 상인』에서처럼 우리 인민의 피와 살을 지불하지는 않을 것이다. 우리는 사악한 세계 경제구조가 외부로 직접 가져가려고 하는 잉여와 자원을 우리나라 안에서 지키고 보유할 것이다."

생활수준을 저하시키지 않고 이를 향상시킬 수 있는 발전, 생태적 안정성을 만들어낼 수 있는 발전의 필요성은 명백하다. 시장 지향적인 경제개발의 위기는 환경운동과 함께 지역공동체의 반응을 불러일으켰다. 제3세계의 생존을 위한 자원 기반(resource base)의 생태적 파괴 과정에서 국제적 개발원조와 차관이 조금이라도 기여한 것이 있다면, 그것은 남부에서뿐만 아니라 북부에서도 생태운동의 전지구적 연대를 위한 발판을 제공했다는 것이다.

세계은행의 삼림계획에 대한 사례연구

'세계 열대우림보전 운동(The World Rainforest Movement)'은 삼림파괴에 관심이 있는 조직과 개인들의 범세계적 동맹이다. 이 단체는 세계은행에 의해서 시작된 국제적 계획의 일부인 80억 달러 상당의 열대삼림행동계획(Tropical Forest Action Plan: 이하 TFAP)이 열대우림지역에서 열대삼림보호라는 허울 아래 상업적 삼림활동을 확장하는 것을 목적으로 하는 것이라고 강하게 비판하고 있다.

첫째, 이 계획은 댐건설, 광산개발, 재정착 프로젝트 등으로 인한 열대림 파괴과정에서 국제적 개발금융이 수행한 역할은 고려하지 못하는 대신, 파괴의 책임을 가난한 사람에게 돌리고 있다. 이 계획의 형식과 내용을 보면 가난한 사람들에 대한 편견으로 가득차 있다.

둘째, TFAP는 사회적으로 생태적으로 매우 부정적인 영향을 미치고 있는, 현재 진행중인 세계은행 삼림계획의 확장 및 연장에 불과하다. 이 계획은 철저히 '투자 회수의 논리'에 근거하고 있으며, 천연삼림뿐만 아니라 주요 농토마저도 공업용목재 생산을 위한 상업적 플랜테이션으로 대규모로 전환시키고자 한다. 이 계획은 상업적·공업적 편향을 가지고 있으며 인간과 생태적 관심에는 무관심하다.

셋째, '농림업', '유역개발', '산업적 플랜테이션'과 같은 다양한 범주의 상이한 여러 계획들 모두 이러한 상업적·공업적 편향을 가지고 있다. TFAP의 계획일람표와 투자분석표 모두 잘못되었다. 그것은 임업을 지역

공동체의 통제로부터 벗어난, 자본집약적이고 외부에 의해 통제되는 활동으로 만들어버렸다.

넷째, TFAP는 선사시대부터 열대우림에 거주해 온 원주민들의 권리를 전혀 고려하지 않는다. 그것은 천연삼림과 식량생산에 근거를 두고 있는 부족들과 소농들의 삶의 경제를 무시하며, 대신 상업적인 목재생산 경제에만 배타적으로 관심을 집중한다.

세계은행이 열렬히 선전하고 있는 '시장 맹신학파(市場盲信學派)' 이론에서는 삼림 및 토지이용의 상업화가 주된 목표이다. 상업적 이해는 상업적 가치가 있는 수종들을 벌채하여 시장에서 이익을 극대화하는 것을 우선 목표로 한다. 따라서 삼림생태계는 상업적으로 가치있는 종들의 벌채로 인해 파괴되게 된다.

시장에 기초한 TFAP는 열대 생태계의 파괴를 증가시키고 지역공동체의 붕괴를 촉진하는 계획이다. 종다양성의 파괴와 종다양성에 근거하는 생태적 안정성의 파괴는 국제화 논리 속에 내재되어 있는 것이다. 현재의 식량 위기와 기근 상황은 녹색혁명을 통한 농업의 국제화에 그 원인이 있다. 가까운 미래에 열대지역 국가에서 제2차 녹색혁명—국제화와 삼림(그 속의 유전인자까지를 포함한)의 완전한 상업화—으로 인해 생태적 파괴가 더욱 악화될 것이다.

환경 보전은 다양성의 유지를 전제로 하며, 다양성은 오직 지역적으로만 유지될 수 있다. 열대삼림과 열대지역의 사람들을 구하기 위한 인간지향적 행동계획은 시장 법칙이 아니라 자연과 인간의 생존필요라는 관점에 근거해야 한다. 인간지향적 행동계획은 착취하고 벌채하는 '녹색황금'으로서의 숲의 이데올로기에 근거해서는 안되며, 보호되어야만 하는 생명유지 장치로서의 숲의 이데올로기에 근거해야 한다. 특히 그것은 자연 및 지역공동체의 보호를 책임지는 사람들의 전통 위에 수립되어야만 하며, 그 사람들을 세계 시장과 국제적 계획의 희생물이 되도록 해서는 안된다.

생태 회복은 집중화되고 국제화된 자원의 통제에 근거해서는 안된다.

세계은행이 부적절한 이유

이러한 이유로 세계은행은 환경친화적 발전의 새로운 시대에는 적당치 않은 기구이다. 재원 흐름의 제도적 틀에 관한 연구를 통해서 우리는 UNCED 과정이 세계은행에 기대를 걸어야만 한다는 말을 믿을 수 없다. 그 이유는 다음과 같다.

첫째, 최근까지의 활동을 평가해 볼 때 세계은행은 주요한 환경파괴 기구이다.

둘째, 세계은행은 환경회복과 생태적 계획에 어떠한 전문성도 가지고 있지 않다.

셋째, 미국과 다른 선진국가에 종속된 투표행태에서 보이는 것처럼, 세계은행의 비민주적 구조는 자신의 자원에 대한 통제권을 가지고 이 통제권에 근거하여 자원을 보존하고자 하는 제3세계 사람들과 정부의 능력을 방해할 것이다.

피해주민과 채무국정부가 세계은행 대출금의 생태적 회계감사를 할 수 있도록 하는 새로운 제도적 체계가 개발될 필요가 있다.

설립되는 모든 '녹색기금(green fund)'도 1991년 6월 베이징에서 개최된 '환경과 발전에 관한 관계장관회의(Ministerial Conference on Environment and Development)'에서 제안된 UN의 '1국가 1표' 원칙에 근거할 필요가 있다. 환경보호를 가능하게 하는 자원이용 형태를 이끌어주는 민주적 원칙을 만들어내는 데 있어서 기금운영체계의 민주화가 매우 중요하다.

따라서 세계은행이 그러한 민주적 과정의 통제를 받든가, 아니면 좀더 민주적인 구조가 UN 체제와 연계되어 설립되어야만 한다.

기술이전에 대한 남북간의 대립

라그하반, 코(C. Raghavan and K.P. Khor)

남북간의 지적 소유권에 대한 이견이 환경적으로 건전한 기술의 이전을 위한 UNCED 제3차 준비위원회 자문회의에서 대두되었다. G77국들과 중국은 환경적으로 건전한 기술이 개발도상국들에게 좀더 쉽고 좀더 싸게 이전이 되어야 한다는 주장을 담은 의사결정 초안을 제출함으로써 이 논란에 불을 붙였다. 그러나 미국은 지적 소유권이 완전히 보호되어야 한다는 입장이다. 제3세계국가 대표들은 만약 이러한 결정이 내려진다면 개발도상국에 환경적으로 건전한 기술이 이전되는 것은 불가능하다고 입을 모으고 있다.

G77국과 중국은 이외에도 비상업부문의 특허를 개발도상국에서 구입할 수 있는 국제적인 메커니즘이 마련되어야 하며, 특허보호 기간 문제를 포함하여 특허와 노하우(know-how)의 이전이 좀더 용이해져야 한다고 주장하고 있다. 이번 뉴욕회의(92년 3월)에서 초점이 맞춰져야 하는 부분은 환경적으로 건전한 기술의 이전을 위한 국제적인 메커니즘의 구축과 이에 필요한 재정문제라는 것이다. G77국과 중국은 그러한 메커니즘이 또한 다음과 같은 목표를 추구해야 하다고 주장한다.

* 제3세계에서 내생적인 능력의 구축을 발전시키는 것이어야 한다.

* 개발도상국들이 과학기술정보에 쉽게 접근할 수 있어야 하며, 특히 지역별, 국가별 국제 데이터베이스의 구축을 통하여 이미 개발된 기술과 기술매매권, 무역조건, 기술이전가격, 기술안보에 관한 정보를 자유롭게 접할 수 있어야 한다.

* 기술, 특히 신기술에 대한 기술적 평가와 환경 평가를 할 수 있어서 환경적으로 건전한 기술을 선택할 수 있는 능력을 발전시킨 경험을 개발도상국가들간에 나누어야 한다.

* 비상업적 영역에서 개발도상국이 특허를 구매할 수 있도록 해야 한다.

* 개발된 본국에서도 환경과 보건에 대한 영향이 알려지지 않은 신기술에 대해서는 보호장치를 마련해야 한다.

* 최근에 선진국 연구기관에서 근무하고 있는 개발도상국 출신 전문가들, 특히 환경적으로 건전한 기술 분야 전문가들의 정규적인 단기 방문이나 영구 귀국을 장려해야 한다.

* 개발도상국에서 무시되고 왜곡되기 쉬웠던 기술의 개발과 유지를 지원해야 한다.

또한 다음과 같은 요소들도 포함된다.

* 국제적 기업들이 자기 관할권하에 있는 기업들을 자극시켜 환경적으로 건전한 기술을 개발도상국으로 이전시키게 만들 수 있는 경제적 유인 체계—재정적인 인센티브를 주는—를 형성한다.

* 그와 같은 기술의 개발과 사용에 관련된 공정, 설비, 전문가 등에 대하여 개발도상국이 자유롭게 접근할 수 있게 장려하는 수단과 방법들이 마련되어야 한다.

* 특허보호 기간에 관한 문제를 포함하여 특허와 노하우의 이전을 쉽게 해야 한다.

* 환경적으로 건전한 기술의 이전문제가 UN의 초안내용에 부합되어야 한다.

3차 준비위원회 자문회의에서, G77국과 중국은 기술이전 문제에 있어서 핵심적인 원칙으로 '지적 소유권의 보호'를 포함시키려는 미국으로부터 심한 압력을 받았다. 도리어 미국은 우수한 기술을 개발도상국으로 이전시키는 것을 장려하는 시도들이 지적 소유권의 보호에 대한 편견없이 진행돼야 한다고 주장했다.

이에 대해 파키스탄의 줄피가르 알리 쿠레쉬(Zulfigar Ali Qureshi)는 지적 소유권 보호가 기술 이전에 심각한 장애를 형성하기 때문에 이러한 주장을 합의서에 포함시키지 말 것을 UN에 호소했다. 이것을 계속 주장하는 것은 환경적으로 건전한 기술의 이전에 대해 UNCED가 취하고자 했던 모든 행위들을 헛되게 만들 것이고 관련된 모든 협상 문서들을 빈껍데기로 만든다는 것이다. 제네바에 온 대표들은 결국 아무런 성과없는 회의를 하러 온 셈이 될 것이며, 모든 협상은 바람 속에서 휘파람을 부는 것과 같이 쓸데없는 짓이 될 것이다.

캐나다와 네덜란드(EC를 대표하여)도 또한 환경적으로 건전한 기술이 개발도상국으로 용이하게 흐를 수 있도록 하는 메커니즘은 상업적인 구조를 이용해야 한다고 주장했다. 이 주장에 대해 인도 대표인 산왈(M. Sanwal)은 기술이전을 상업적인 방법으로 처리하려는 것은 '특혜적' 기술이전에 대한 원칙-UNCED에서 확립된 유엔 평의회의 결의 44/228의 원칙-에 위배된다고 말하며 반대하였다. 인도의 입장은 가나와 튀니지를 포함하는 다른 개발도상국들의 지지를 얻고 있다.

미국과 EC-캐나다의 제안 모두는 UNCED 제4차 준비위원회에서 계속 토의하는 것으로 결정되었다. 기술이전에 대한 북-남 사이의 큰 견해 차이는 4자 순비위원회의 의제 21 행동프로그램을 기안하는 데 가장 중요한 핵심사항 중의 하나가 될 것이 틀림 없다. 개발도상국은 환경적으로 건전한 기술에 대하여 좀더 쉬운 접근을 요구하는 데 반하여, 산업메이저들은 그들 산업의 소유권을 완전히 보호하고 이 분야에서 국제적인 독점을 형성하기 위해 완강히 반발하고 있다.

"선진국들이 우리에게 로얄티 사용 비용을 전부 낼 것을 주장한다면 이미 합의했던 특혜적 기술이전을 부정하게 되는 것이다"라고 3세계 대표단들은 주장하고 있다.

심각한 환경위기를 해결하기 위해서는, 상업적 이익이라는 좁은 시각에서 벗어나 자기희생을 각오할 정치적 의지가 UNCED에 요청된다는 사실을 북부의 국가들은 잊고 있는 듯하다. 결국은 환경적으로 건전한 기술이 개발도상국으로 이전되어야 하며, 환경을 개선하고 지속가능한 개발을 하기 위한 기술에 대해서는 특허권보호에 예외 조항이 만들어져야만 한다.

기술을 논한다고 해서 낡은 문제들이 다 해결될까?

차크라바티 라그하반(Chakravarthi Raghavan)

UNCED 제3차 준비위원회에서 있은 기술문제에 대한 토의는 지난 이십여 년 남짓의 기간 동안 남북간 대화의 주제가 되었던 낡은 이슈들에 대해 전혀 새로운 논의를 더하지 못했다.

준비위원회에서는 지속가능한 발전을 위해서 요구되는 여러 부문의 과학 기술 이전이라는 주제를 토의하였다.

그러나 '지속가능한 발전을 위한 사무위원회(Business Council for Sustainable Development)' 소속의 북부의 초국적기업과 EC회원국들은 기술이전이라는 용어 자체를 싫어하는 듯하며, 그보다는 '기술협력'이라는 말을 선호하고 있다. 이러한 기술협력은 사무위원회의 입장에서 보면 '사업이 되는 발전(business development)'과 '개발도상국이라는 새로운 시장에서의 경쟁'을 의미하고 있다. 따라서 이 말에는 개발도상국들이 기술협력을 통하여 국제시장에서 '경쟁성'을 확보할 수 있을 것인지에 대해서는 언급이 없다.

개막 회의에서 G77국들은 개발도상국의 내생적인 능력을 발휘하는 데 도움을 줄 뿐 아니라, 상당히 우호적인 조건에서 환경적으로 건전한 기술의 개발도상국 이전을 촉진할 수 있는 적절한 국제적인 틀과 기제가 필요함을 역설하였다.

G77 대변인인 가나의 에드워드 쿠포(Edward Kufour)는 과거 남부에 행해진 부적절한 기술이전에 대해서 언급하였다. 이러한 기술들은 남부의 환경과 국민보건 및 안전에 부정적인 영향을 끼쳤기 때문에, 기술들을 평가해서 환경적으로 그리고 사회적으로 건전한 기술이 개발도상국으로 이전되도록 하는 틀이 필요하다고 강조하였다.

그는 또 만약 제3세계 국가들이 모든 측면에서 지속가능한 발전을 추구하려면 80년대의 기술이전 감소추세는 역전되어야 한다고 주장했다. 그 감소추세라는 것은 사무국이 지적했던 것처럼 주로 역진적인 금융 제약조건 때문이었다. 따라서 새롭고 추가적인 자원 공급과 기술이전, 그리고 환경 사이에는 밀접한 관계가 있다.

환경적으로 건전한 기술의 제3세계 이전을 촉진하고 장려하는—적절한 기제에 의해 뒷받침되면서—국제경제질서와 환경정책을 만들어야 할 필요가 있었다. 그것은 금융과 국제수지로 인한 개발도상국의 불리한 제약조건을 상쇄할 수 있고, 특히 지적 소유권, 서비스, 투자 방식과 같이 국제무역정책에 관련된 이슈들에서 제3세계의 발전 정도, 무역과 기술적 목표들을 고려하는 국제 경제질서와 환경정책이다.

기술 비용, 특히 환경적으로 건전한 기술의 비용은 매우 비싸기 때문에 [기술이전에] 필요한 선진국 정책의 기본 골격은 공정하며 누구나 쉽게 접근할 수 있는 조건으로 기술 이전을—인센티브를 통해서—촉진하는 데 중점을 두어야 한다.

또한 제3세계 국가들이 기술을 받아들여 익히고 유지하고 자국에 알맞는 형태로 변형시킬 수 있는 능력을 기르는 것도 중요하다. 특정기술이 그들의 환경에 대해 건전한 것인지에 대한 판단은 개발도상국이 자국의 특정한 환경과 필요에 따라 스스로 결정해야 하므로, 새로운 기술이 환경에 끼치는 영향과 위험을 평가할 수 있는 개발도상국의 능력이 강화되야 한다.

이제까지 개발도상국으로의 기술이전은 환경과 국민보건에 부정적인 영향을 끼쳤다. 제초제나 단일종경작법의 도입은 토양과 품종의 다양성에 영향을 끼쳤으며 대형 트롤어선은 수산자원을 고갈시키는 결과를 낳았다. 개발도상국은 또 시대에 뒤떨어지고 폐기 단계에 있는 기술의 쓰레기장이 되었으며, 때로는 선진국에서 금지된 기술이 도입되어 인도 보팔시의 대참사와 같은 재난을 불러일으키기도 하였다. 생명공학기술과 같은 기술들은 그 기술이 잠재적으로 보건에 위험을 주는지 어쩐지 세심한 검사도 거치지 않은 채 개발도상국으로 이전되었다. 따라서 사회적으로 부적절하거나 환경에 해악을 가하거나 잠재적으로 유해한 기술들을 금지할 수 있는 조치가 필요하다.

아세안(ASEAN) 국가들을 대표해서 필리핀은 다음과 같이 말했다. "이제는 환경질의 저하를 막는 데 기여할 수도 있고 개발도상국에 적절한 기술을 이전할 수도 있는 초국적기업들이 적절한 행동 양식의 채택을 고려할 시기이다."

그러나, UNCTC는 선진국이나 개발도상국 그리고 중동부 유럽에서 도입된 '대부분의 기술'들은 환경적으로 건전하지 못하다고 말한다. UNCTC의 환경부서 대표인 해리스 그렉만(Harris Gleckman)의 주장에 따르면 환경적으로 건전한 기술을 위한 시장의 규모와, 새로운 환경우호적인 공장을 만들어 낡은 환경 파괴적인 공장을 대체하기 위해 필요한 자본의 규모는 너무 엄청나다.

토착 지식

국제 사회와 각 정부들, 그리고 개별적인 초국적기업들은 생태적으로 건전한 투자정책과 프로그램에 대해 구체적이고 명료한 태도 표명을 해야 한다. 4차 준비위원회와 리오에서 초국적기업들은 환경적으로 건전한 기술을 위해 개별적으로 그들이 지출할 수 있는 연구개발(R&D) 비용과 제3세계에서의 환경우호적인 투자 계획을 밝혀야 한다.

그렉만은 말하길, 환경적으로 건전한 기술은 자연과 조화를 이루는 생산기술들에 대한 토착 지식(개별 자본의 확장에 의해 파괴되어 가는 경향이 있는)과 소규모 기업들에 의한 연구개발(최근들어 생명공학기술이나 농업분야에서 두드러지는)과 초국적기업에서 나온다고 한다. 그는 초국적기업들이—대학, 개별 과학자들, 정부와 비교해서—매년 엄청난 수의 특허를 출원하고 있다는 사실에 주목한다.

따라서 초국적기업들이 가지고 있는 방대한 양의 환경적으로 건전한 기술을 사용할 수 있게 해주는 접근 방식에 초점을 맞춰야 한다는 것이다. 선진국 정부의 환경규제에 대한 압력과 일반대중의 기대로 인해 초국적기업들은 환경우호적인 다양한 기술들을 저장하고 있다. 따라서 그는 "선진국 정부들이 환경친화적인 기술을 개발도상국으로 우호적인 조건에서 이전할 수 있도록 하는 프로그램을 개발하고 동기부여를 해야 한다"고 주장한다.

세금 혜택, 시장지배에 대한 불만을 처리하는 심사기구의 설립, 더 많은 차관 이용—기술협정을 위한—등을 포함한 여러 복합적인 정책들이 정부에 의해 고려돼야 하지만, 이와 동시에 환경적으로 불건전한 기술이 이용되지 못하도록 하는 노력도 필요하다고 그렉만은 강조한다. "UNCED는 환경적으로 불건전한 기술들이 국가간에 매매되는 것을 제한하는 노력의 시발점이 되어야 한다. 이는 UNEP에서 유독성 화학물질 사용을 엄격하게 제한하고 무역을 통해 거래되는 독성물질에 대한 정보망을 확립하려하는 노력과 동일선상에 있다."

개발과정에서 초국적기업이 가장 큰 영향력을 발휘한다는 사실을 고려해 볼 때, 제3세계 NGO들은 그들이 UNCED에서 간과되었다고 생각했던 문제에 대한 UNCTC의 노력에 일단 환영의 뜻을 표시하고 있다.

WIPO 의장인 아파드 보그쉬(Arpad Bogsch) 박사는 모든 발명들이 보호되지는 않았으며 공공영역에서의 발명은 자유롭게 이용할 수 있다고 본다. 특허보유자에게 주어지는 권리의 범위와 시한이 제한되어야 한다는 것이다. 또한 특허가 부여된 나라에서만 권리가 인정되도록 영토적 제한을 둘 수도 있다. 제3세계에서는 훨씬 적은 수의 특허가 등록되고 승인되므로 선진국내에서는 보호받는 특허라 하더라도 이들 나라에서는 이용가능하다.

따라서 그는 최근 한 국가 내지 몇몇 국가내에서 보호되고 있는 기존의 발명들이 15년 혹은 20년 전의 발명과 마찬가지로 나머지 국가들에서도 자유롭게 이용될 수 있어야 한다고 주장한다. 그렇게 되면 매년 50만 건이 넘는 발명들 중에서 거의 대부분을 제3세계에서 자유롭게 이용할 수 있게 된다. 왜냐하면 단지 몇몇 국가들에서만 특허권이 적용되기 때문이다. 기술 보호를 원하는 기술 보유자들은 발명품을 제조하는 것과 발명에 대한 특허 때문에 보호를 원하는 것이므로, 경험적으로 보면 기술이전에 관한 협상에 기꺼이 응한다.

몇몇 NGO들에 따르면, 특허 보유자들에 대해서 단일한 국제규범 및 기준을 적용하고 전세계적 독점을 확보하려는 TRIPs 협정(우루과이 라운드 협상에서의)을 위한 GATT의 제안들로 인해 특허 체계를 주관하는 WIPO 산하의 제한조치들이 폐지될 위기에 처해 있다고 한다.

미국은 '자유시장과 자유국제무역'이 오늘날 세계에서 환경적으로 건전한 기술, 특히 상업적으로 적용가능한 기술의 응용과 확산을 위한 중요 동인이라는 점을 반복했다. 지적 소유권을 적절히 보호해 주고, 사업의 설립과 운영이 상대적으로 용이하며, 이윤의 본국 송환을 보장하는 사업환경을 가진 국가들에서 기술이 성공적으로 채택되었다는 주장이다.

미국은 '상업부문에 대한 이런 식의 접근[자유시장과 자유국제무역 구조를 갖추라고 요구하는 태도]은 환경적으로 건전한 기술 도입에 있어서 장애가 아니다'라고 한다. 미국은 기술이전에 관한 보고서의 몇몇 제안들에 유보조건을 표명했다.

미국은 그러한 제안이 '개별적이고 사적인 기업의 활동 영역에 불리하게 작용할 수 있다'고 주장하였던 것이다.

다른 선진국들도 지적 소유권으로 보호되는 기술의 소유라는 문제에 대해 유사한 입장을 채택하고 있다. 유럽공동체들은 '지적 소유권과 관련한 어려움은 지나치게 강조되었으며 그 문제는 다른 전문적인 토론회(예를 들어 WIPO)에 맡겨야 한다'고 말한다. CANZ 그룹(카나다, 호주, 뉴질랜드) 역시 지적 소유권 이전은 '사람들이 말하는 것처럼 그렇게 큰 장벽이 아니다'라고 말한다.

노르딕 국가들은 지적 소유권 논쟁을 피하기 위해서는 UN이 이 문제에 대해 더 연구해야 한다고 주장한다.

그러나 모로코는 최근 GATT의 우루과이라운드 협상에서 이 체계(즉 GATT 체계)를 통해 지적 소유권을 강화하려는 노력들이 있음을 언급하고, 이런 노력들은 기술이전의 미래에 대해 심각한 함의를 가질 것이라고 지적한다.

제3세계 네트웍 대표들은 UNCED에서 지적 소유권을 지나치게 강조했다는 의견에 동의하지 않는다. 치 요크 링(Chee Yoke Ling)은 오히려 이 문제가 불충분하게 논의되었다고 주장한다.

환경적으로 건전한 기술의 이전이 유일한 해결책이며, 이런 기술들은 단지 선진국에서만 개발될 수 있어서 개발도상국으로의 기술이전은 추가적인 재원(財源)이 필요하다는 UNCED 보고서의 전제들이 너무 단순하다고 제3세계 네트웍 대표들은 지적한다.

초국적기업의 하부조직격인 '지속가능한 발전을 위한 사무위원회'의 스테판 슈미트하이니(Stephan Schmidheiny)는 '기술이전'이라는 용어를 좋

아하지 않으며 '기술협력'이라는 용어를 선호한다. 기술이전은 그 자체가 목적이 아니며 '자유로운 경쟁시장에서 작동하는 기업간 거래'에서 가장 잘 이루어진다. 반면에 기술협력은 개발도상국의 새로운 시장에서 사업발전과 [기업] 능력의 제고, 그리고 경쟁 등과 관련되어 있다. 환경의 질, 생산물과 생산과정의 질, 혁신, 폐기물 최소화, 자원이용의 효율성, 그리고 기술, 이 모든 것들의 수렴현상은 환경비용을 내부화해 온 개방된 경쟁시장에 의해서 고양되었고 촉진되었다는 것이다. 그러나 그는[슈미트하이니를 가리킴] 재정적 지원을 포함한 더 많은 지원이 존재하는 특별한 상황에서만 가능한 이야기를 말하고 있을 뿐이다.

기술이전은 환경위기를 해결할 수 없다

치 요크 링(Chee Yoke Ling)

여러 토론회에서 기술과 기술이전, 그리고 지적 소유권에 관해 논의되고 있기는 하지만, 우리는 UNCED에서 이러한 매우 중요한 주제(기술이전과 지적 소유권)가 포함된 것을 환영하는 바이다. 다소 협소한 내용에 초점을 맞추고 있는 GATT나 WIPO 같은 기구들을 이끌어나갈 포괄적인 원칙을 수립하는 데는, 국가간 회의의 대표격으로 떠오를 UNCED가 적격이라고 믿는다.

UNCED의 지배적인 가정은 환경적으로 건전한 기술의 이전이 환경위기의 유일한 해결책이라는 것이다. 더 나아가 이 기술들은 오직 북부에서만 개발될 수 있으며 남부로의 기술이전은 추가적인 재원도 함께 이전되어야 한다고 가정하고 있다.

그러나 이런 가정들을 단순히 받아들이는 데는 세 가지 문제가 있다. 첫째, UNCED 보고서에는 환경적으로 건전한 기술의 개념이 없다는 것이다. 둘째, 환경에 관련된 지식이 남부에서 북부로는 이전될 수 없다고 가정할 아무런 이유도 없다. 우리는 과학과 기술의 자생적 능력에 대한 요구가 증가하는 것을 환영한다. 이러한 관점에서 본다면 제3세계의 여러 나라들이 어장, 삼림, 숲 등의 자원을 관리하면서 환경적으로 건전한 기술들을 발전시킨 경험을 통해서 배울 것이 많이 있다고 믿는다. 마지막으로, 우리는 무조건 더 많은 기술을 요청하는 것에 주의해야 한다. 이것은 거꾸로 된 재정이전, 즉 남부에서 북부로 더 많은 재정이전을 초래할 수 있는 상태를 만들어낼 수 있다. 이러한 발전은 오직 남부의 부채와 종속성을 더 악화시킬 뿐이다.

이러한 점에서 우리는 다음과 같이 제안하는 바이다.

첫째, 이미 많은 대표단이 지적한 것처럼, 제3세계의 건강과 환경에 파괴적인 영향을 끼친 건전치 못하고 부적절한 기술이 그 동안 실행되었기 때문에, 이제 어떤 기술을 검토할 때에는 기술이 환경적·사회적, 그리고 경제적 기반에 미치는 영향을 평가할 수 있는 틀을 개발해야 할 필요가 절실하다.

둘째, 제3세계 국가 수준의 자생적 능력을 발전시킬 때, 전통적 공동체의 지식체계와 경험을 반드시 고려해야 한다.

이러한 [남부와 북부간의] 중재에서 초점이 되고 있는 지적 소유권 문제에 대해서 UNCED가 지나친 강조를 했다고는 믿지 않는다. 사실 우리들은 지적 소유권 문제가 충분할 만큼 논의의 초점이 되지 못했다고 본다. 최근 특허권 분야에서는 선진국과 개발도상국 사이에 심각한 불균형이 존재하고 있다. 이러한 사실은 오늘날 제3세계 특허권의 80% 이상이 외국인 소유—주로 미국, 영국, 독일, 스위스의 초국적기업들—라는 점에서 알 수 있다. 그 특허권의 95% 이상이 개발도상국의 생산에서는 전혀 사용되지 않고 있다.

특허법은 개개인의 발명작업을 보상하는 일과, 생산이라는 목적을 위해 사회에 유용한 지식을 보급하는 일 사이의 균형을 맞추기 위한 시도로서 시작되었다. 따라서 이는 특허라는 수단을 통한 일시적인 독점적 권리라는 의미를 담고 있다. 그러나 오늘날에는 더이상 이런 의미로 사용되고 있지 않음을 보게 된다. 또한 지적인 자산을 인류 공동의 유산으로 여기는 논의가 국제적인 차원에서 계속되어 왔음을 주목해야 한다. 예를 들어 선진국은 생물종다양성(biodiversity) 자원을 인류 공동의 유산으로 요청하고 있음을 우리는 보고 있다. 반면에 기술적 지식은 특별히 초국적기업을 보호하기 위해서 지적 소유권 법에 의해 사적인 영역으로 남아 있다. 이런 경향은 이미 기술 지식 분야에서 초국적기업들의 독점이 점점 강화되고 있다는 사실과, 그 동안 아무런 효과적인 기술이전이 없었던 제3세계 각 나라들의 지난날의 경험에 비추어볼 때 매우 불안하다. 그러므로 새로이 기술이전을 요청할 때는 지적 소유권의 발전—특히 GATT에서의—을 심각하게 고려해야 한다. 우리는 우루과이 라운드 협상이 아직 아무런 국제적 합의가 없는 영역에 심각한 영향을 줄 것이라는 데 큰 관심이 있다.

그러나 우리는 동시적으로 진행되고 있는 우루과이 라운드 논의가 UNCED에서 검토되지 않고 있음을 주목하며, 우루과이 라운드에서 무엇이 벌어지건간에 이는 UNCED의 결론을 기다려야만 한다고 굳건하게 믿고 있다. UNCED는 기술이전에 대한 가장 포괄적인 원칙을 결정할 회의인 것이다.

우리는 UNCTAD(UN Conference on Trade And Development: 유엔 무역개발회의)에서 기술이전을 위한 행동 지침을 마련하기 위해서 거의 20년 이상을 소비했다는 사실에 주목한다. 그러나 지난 20년간의 노력의 결과가 여기 이 논의에 집결되었다고 보지는 않는다. 비록 여러 문건들이 토론장 안으로 들어왔지만, UNCED 과정을 통해 공식적으로 소개되지는 않았다.

기술이전에 대해서는 서로 다른 토론회를 통해 이미 여러 차례 논의되었고 UNCED에서는 반드시 다루어져야 한다. 우리는 UNCED야말로 이런 문제를 논의하기에 가장 적합한 형태라고 믿는다. 지적 소유권이라는 것은 사실 전혀 권리가 아니라 특권이다. 따라서 우리는 환경적, 경제적,

그리고 사회적 토대에 근거하여 전반적 공익을 수호하는 차원에서 지적 소유권을 다루어야 한다.

그러므로 지적 소유권의 초점은 다음 뉴욕 준비위원회에서 중심 주제가 되어야 한다.

□ 역자소개
강현수 서울대학교 공과대학 졸업
        중부대학교 환경공학과 교수
이상헌 연세대학교 사회학과 졸업
        서울대학교 환경대학원 박사과정 수료
장윤희 연세대학교 사회학과 졸업
        서울대학교 환경대학원 석사과정 수료

한울 공간환경시리즈 2
발전과 환경의 위기 —새로운 환경이념의 모색

ⓒ 강현수·이상헌·장윤희, 1993

지은이／마이클 레드크리프트
옮긴이／강현수·이상헌·장윤희
펴낸이／김종수
펴낸곳／도서출판 한울

초판 1쇄 발행／1993년 12월 20일
초판 2쇄 발행／1996년 5월 20일

주소／120-180 서울시 서대문구 창천동 503-24 휴암빌딩 201호
전화／326-0095(대표)
팩스／333-7543
등록／1980년 3월 13일, 제14-19호

Printed in Korea.
ISBN 89-460-2074-1 93330

값 7,000원